信 息 素 养 文 库 · 高等学校信息技术系列课程规划教材

Visual Basic 程序设计教程

◎ 主 编 许 洋 聂黎生 周晓云
◎ 副主编 田慧珍 徐 建 耿夫利

【微信扫码】
本书导学，领你入门

南京大学出版社

内容简介

高校非计算机专业学生的教学计划中用于Visual Basic的学时有限，传统教材的内容过于详尽，面面俱到，学生学习时很难把握主次。本书力图用简明的语言、典型的例题、通俗的解释将枯燥乏味的理论知识传授给学生，循序渐进地介绍Visual Basic的概念、语法基础和应用实例，并辅之以图表说明，实用性强，学生容易上手。

本书每章后面都附加了丰富的习题，大多取材于等考真题，既有复习的作用，又有备考的效果。

与本书配套出版的《Visual Basic上机实验与学习指导》主要包括考试真题和上机实践指导两部分内容。由浅入深地配合主教材编排内容，其中有的题目给出了实验步骤、程序代码，有的只提供了设计思路和提示，有的只有题目要求，逐步培养学生独立分析和解决问题的能力。

图书在版编目(CIP)数据

Visual Basic程序设计教程 / 许洋, 聂黎生, 周晓云主编. — 南京：南京大学出版社, 2018.1
（信息素养文库）
高等学校信息技术系列课程规划教材
ISBN 978-7-305-19753-6

Ⅰ.①V… Ⅱ.①许… ②聂… ③周… Ⅲ.①BASIC语言—程序设计—高等学校—教材 Ⅳ.①TP312.8

中国版本图书馆CIP数据核字(2017)第317743号

出版发行 南京大学出版社
社 址 南京市汉口路22号 邮 编 210093
出 版 人 金鑫荣

丛 书 名 信息素养文库·高等院校信息技术课程精选规划教材
书 名 Visual Basic程序设计教程
主 编 许 洋 聂黎生 周晓云
责任编辑 王秉华 王南雁 编辑热线 025-83597482

照 排 南京南琳图文制作有限公司
印 刷 丹阳市兴华印刷厂
开 本 787×1092 1/16 印张 15 字数 350千
版 次 2018年1月第1版 2018年1月第1次印刷
ISBN 978-7-305-19753-6
定 价 37.80元

网址：http://www.njupco.com
官方微博：http://weibo.com/njupco
官方微信号：njupress
销售咨询热线：(025) 83594756

前　言

Visual Basic 作为一种结构化、模块化、面向对象、包含协助开发环境，以事件驱动为机制的可视化程序设计语言，具有功能强大、易学易用的特点，成为许多程序设计初学者首选的编程语言。人们可以用它轻松快速地建立应用程序。

许多单位、部门把掌握一定的计算机知识和应用技能作为人员聘用、职务晋升、职称评定、上岗资格的重要依据之一。全国计算机等级考试(NCRE)为此提供了一个统一、客观、公正的标准。编者根据十多年 Visual Basic 教学经验和《全国计算机等级考试二级 Visual Basic 考试大纲》的要求编写了本书，旨在提高学生计算机应用的理论水平和实际操作能力。本书既可作为二级 Visual Basic 科目的培训教材与自学用书，也可作为学习 Visual Basic 的参考书。书中以 Visual Basic 语言为工具介绍程序设计的基本思想和基本方法，为读者将来学习其他编程语言打下良好的基础。

本书的编写团队由江苏师范大学智慧教育学院基础部多年从事 Visual Basic 教学的一线教师组成，经验丰富。书中一、二章由聂黎生老师编写，三、四章由团队共同编写，五、六章由田慧珍老师编写，七、八、九章由许洋老师编写，徐建老师参与编写了三、四章。周晓云教授在百忙之中审阅了全部书稿，并提出了许多宝贵的意见和建议。在此对她的辛勤付出表示衷心的感谢！

本书还配套有不少网络资源，内容包括导学、习题解答、在线练习、其他相关资源等，覆盖相关章节，能够让学习者随时随地用手机观看。这些网络资源以二维码的形式在书中呈现，无需下载与注册，只需用微信扫描即可查阅。

由于作者水平有限，书中错误和缺点在所难免，恳请读者批评指正。

编　者

2017 年 12 月

前　言

Visual Basic 作为一种程序设计[illegible]

[illegible]

[illegible]全国计算机等级考试（NCRE）[illegible]

[illegible]Visual Basic[illegible]

Visual Basic[illegible]

[illegible]Visual Basic[illegible]

Visual Basic[illegible]Visual Basic[illegible]

[illegible]

[illegible]Visual Basic[illegible]

[illegible]

[illegible]

[illegible]

目　录

第1章　Visual Basic 程序开发环境 …… 1
1.1　可视化与事件驱动编程机制 … 1
1.1.1　编程的可视化 …… 1
1.1.2　事件驱动的编程机制 …… 1
1.2　Visual Basic 的启动与退出 …… 2
1.2.1　VB 6.0 的启动 …… 2
1.2.2　VB 6.0 的退出 …… 3
1.3　Visual Basic 集成开发环境(IDE)的组成 …… 3
1.3.1　VB 的三种工作模式 …… 3
1.3.2　VB 集成开发环境介绍 …… 4
1.4　对象及其操作 …… 7
1.4.1　对象(Object) …… 7
1.4.2　属性(Property) …… 7
1.4.3　事件(Event) …… 8
1.4.4　方法(Method) …… 8
1.4.5　属性、方法和事件之间的关系 …… 8
1.5　程序设计的一般步骤 …… 9
1.5.1　创建用户界面 …… 9
1.5.2　设置对象属性 …… 10
1.5.3　编写事件代码 …… 11
1.5.4　保存程序文件 …… 12
1.5.5　运行及调试程序 …… 12
1.5.6　生成可执行程序 …… 12
本章习题 …… 13
第2章　创建用户界面 …… 14
2.1　创建窗体 …… 14
2.1.1　窗体的结构、常用属性和事件 …… 14
2.1.2　定制窗体的属性 …… 17
2.1.3　窗体的装载、卸载和显示、隐藏 …… 17
2.1.4　Print 方法 …… 18
2.1.5　与 Print 有关的函数 …… 20
2.1.6　Move 方法 …… 20
2.1.7　Cls 方法 …… 21
2.1.8　格式输出函数 Format …… 21
2.2　VB 常用控件 …… 22
2.2.1　概述 …… 22
2.2.2　常用控件 …… 23
2.3　制作菜单 …… 37
2.3.1　菜单概述 …… 37
2.3.2　用菜单编辑器建立菜单 … 39
2.3.3　创建弹出式菜单 …… 40
2.4　多窗体和多文档界面 …… 42
2.4.1　多窗体设计 …… 43
2.4.2　多窗体程序设计示例 …… 44
本章习题 …… 47
第3章　Visual Basic 程序设计基础 …… 50
3.1　过程与模块 …… 50
3.1.1　过程 …… 50
3.1.2　模块 …… 51
3.2　Visual Basic 程序的书写规范和常用语句 …… 52
3.2.1　书写规范 …… 52
3.2.2　常用语句 …… 52
3.3　数据类型 …… 54

3.3.1 基本数据类型 …………… 54
3.3.2 用户定义的数据类型 …… 56
3.4 常量和变量 ………………… 57
3.4.1 常量 …………………… 58
3.4.2 变量 …………………… 60
3.5 运算符与表达式 …………… 64
3.5.1 算术运算符 …………… 64
3.5.2 关系运算符与逻辑运算符 ………………………… 66
3.5.3 表达式的执行顺序 ……… 69
3.6 常用内部函数 ……………… 70
3.6.1 数学函数 ……………… 70
3.6.2 转换函数 ……………… 72
3.6.3 字符串函数 …………… 73
3.6.4 日期和时间函数 ……… 76
3.6.5 InputBox 函数与 MsgBox 函数 ………………………… 77
本章习题 ……………………… 82
第 4 章 选择结构与循环结构 … 83
4.1 选择结构 …………………… 83
4.1.1 If 条件语句 …………… 83
4.1.2 Select ...Case 语句 ……… 88
4.1.3 条件函数 ……………… 91
4.2 循环结构 …………………… 92
4.2.1 For 循环控制结构 ……… 92
4.2.2 当循环控制结构 ……… 97
4.2.3 Do 循环控制结构 ……… 100
4.3 多重循环 …………………… 104
本章习题 ……………………… 106
第 5 章 数 组 ………………… 109
5.1 数组的概念 ………………… 109
5.1.1 数组的定义(声明) ……… 109
5.1.2 数组函数 LBound()和 UBound() ………………………… 111
5.1.3 变体型数组 …………… 112
5.2 静态数组与动态数组 ……… 113
5.2.1 动态数组的定义 ……… 113
5.2.2 Erase 语句 …………… 115
5.3 数组的基本操作 …………… 116
5.3.1 数组元素的引用 ……… 116
5.3.2 数组元素的赋值 ……… 117
5.3.3 For Each ...Next 语句 …… 123
5.4 控件数组 …………………… 125
5.4.1 基本概念 ……………… 125
5.4.2 建立控件数组 ………… 125
5.4.3 使用控件数组 ………… 126
5.5 程序设计举例 ……………… 127
本章习题 ……………………… 135
第 6 章 过 程 ………………… 138
6.1 事件过程 …………………… 138
6.2 Sub 子过程 ………………… 140
6.2.1 建立通用 Sub 子过程 …… 140
6.2.2 调用 Sub 过程 ………… 142
6.3 Function 过程 ……………… 143
6.3.1 建立 Function 过程 …… 143
6.3.2 调用 Function 过程 …… 145
6.4 不同模块间的过程调用 …… 146
6.5 参数传送 …………………… 146
6.5.1 形参与实参 …………… 147
6.5.2 按值传递参数 ………… 147
6.5.3 按地址传递参数 ……… 147
6.5.4 数组参数的传送 ……… 150
6.6 递归过程 …………………… 151
6.6.1 递归的概念 …………… 151
6.6.2 递归子过程和递归函数 ………………………… 152
6.7 可选参数与可变参数 ……… 153
6.7.1 可选参数 ……………… 153
6.7.2 可变参数 ……………… 155
6.8 对象参数 …………………… 156
6.8.1 窗体参数 ……………… 156
6.8.2 控件参数 ……………… 157

6.9 键盘与鼠标事件过程………… 160
6.9.1 键盘事件过程 ………… 160
6.9.2 鼠标事件过程 ………… 163
6.10 变量的作用域 ………… 170
6.10.1 局部变量………… 170
6.10.2 模块级变量………… 171
6.10.3 全局变量………… 171
6.10.4 同名变量………… 171
本章习题………… 172
第7章 数据文件………… 173
7.1 数据文件处理………… 173
7.1.1 数据文件概述 ………… 173
7.1.2 访问文件的语句和函数 ………… 174
7.2 顺序文件………… 179
7.2.1 顺序文件的写操作 ………… 179
7.2.2 顺序文件的读操作 ………… 182
7.3 随机文件………… 187
7.3.1 变量声明 ………… 187
7.3.2 随机文件的打开 ………… 188
7.3.3 随机文件的写操作 ………… 188
7.3.4 随机文件的读操作 ………… 188
7.3.5 增加、删除随机文件中的记录 ………… 192
7.4 二进制文件………… 193
本章习题………… 193
第8章 文件管理与通用对话框控件 ………… 194
8.1 文件管理控件………… 194
8.1.1 驱动器列表框 ………… 194
8.1.2 目录列表框 ………… 195
8.1.3 文件列表框 ………… 196
8.1.4 组合使用文件管理控件 ………… 197
8.1.5 执行文件 ………… 199
8.2 通用对话框………… 200
8.2.1 概述 ………… 200
8.2.2 文件对话框 ………… 201
8.2.3 其他对话框 ………… 204
8.2.4 通用对话框控件的应用 ………… 206
本章习题………… 210
第9章 图形处理………… 212
9.1 坐标系统………… 212
9.1.1 默认坐标系统 ………… 212
9.1.2 自定义坐标系 ………… 213
9.2 色彩函数………… 214
9.3 图形控件………… 215
9.3.1 Shape(形状)控件………… 215
9.3.2 Line(直线)控件 ………… 217
9.3.3 PictureBox(图片框)控件 ………… 218
9.3.4 Image(图像框)控件………… 221
9.4 绘图方法………… 222
9.4.1 Pset(画点)方法………… 222
9.4.2 Line(画线或矩形)方法…… 222
9.4.3 Circle(画圆)方法 ………… 223
9.5 应用举例………… 224
本章习题………… 229
参考文献 ………… 231

【微信扫码】

第1章 Visual Basic 程序开发环境

1.1 可视化与事件驱动编程机制

Visual Basic(以下简称 VB)是用于开发和创建 Windows 操作平台下具有图形用户界面(Graphical User Interface，GUI)应用程序的强有力工具之一。作为一种可视化、基于事件驱动、面向对象(Object-oriented Programming，OOP)的编程工具,具有易学易用且功能强大的特点。

1.1.1 编程的可视化

VB 提供了可视化的编程工具,通过把 Windows 界面设计的复杂性"封装"起来,编程人员不必为界面设计而编写大量代码,只需要按设计要求的界面布局,采用系统提供的工具(控件),在屏幕上画出各种"控件",并设置这些对象的属性,VB 自动产生界面设计代码,程序设计人员只需要实现程序功能的那部分代码。也就是说,编程工作是在图形用户界面上进行,在开发过程中实现了"所见即所得"。之所以叫作"可视",用户只要看到 VB 的界面就会明白,无需编写大量代码去描述界面元素的外观和位置,把预先建立的可视对象拖到屏幕上即可。若要建立一个命令按钮,只要选择命令按钮的工具图标,用鼠标在所需的位置上拖拽放置就可以完成。开发者在开发的过程中,就能让用户看到当前开发的部分成果,容易提出修改意见。而这些成果想要在传统的面向过程的编程方法下实现,则要经过相当复杂的工作,通常要等程序全部完成并调试正确后才能演示。

1.1.2 事件驱动的编程机制

所谓事件,就是使各个对象进入活动状态(称为"激活")的一种动作或操作。在事件驱动的应用程序中,程序代码根据要求分别组织到不同的事件过程中,代码不是按照预定的路径执行,而是在响应不同的事件时驱动不同的事件代码,以此来控制对象的行为。事件可以由用户操作触发,也可以由来自操作系统或其他应用程序的消息触发,甚至由应用程序本身的消息触发。程序如何运行的控制权交给了用户,即使每次执行同一个程序的过程中,用户可能触发的事件次序也不一定完全一样。这就是事件驱动方式的应用程序设计原理。

尽管 VB 中的对象能够自动识别预定义的事件集,但必须通过代码判定它们是否响应具体事件以及如何响应具体事件,代码(即事件过程)与每个事件对应。为了让窗体或控件响应某个事件,必须把代码放入这个对象的事件过程之中。

对象所能识别的事件类型有很多,多数类型为大多数对象所共有。例如,大多数对象都能识别 Click 事件,即单击事件;如果单击窗体,则执行窗体的单击事件过程中的代码;如果单击命令按钮,则执行命令按钮的单击事件过程中的代码。此外,某些事件可以在运行期间触发。例如,当在运行期间改变文本框中的文本时,将引发文本框的 Change 事件,如果 Change 事件过程中含有代码,则执行这些代码。

1.2 Visual Basic 的启动与退出

1.2.1 VB 6.0 的启动

通过"开始"菜单启动 VB 6.0,操作步骤为:

(1) 单击 Windows 桌面任务栏的"开始"按钮,弹出"开始"菜单,将鼠标指针指向"程序"选项,在"程序"项的级联菜单中选中"Microsoft Visual Basic 6.0 中文版",然后在其打开的下级级联菜单中将光标条定位在"Microsoft Visual Basic 6.0 中文版"命令上。

(2) 单击鼠标左键,屏幕出现如图 1-1 所示的 VB 6.0 启动画面。

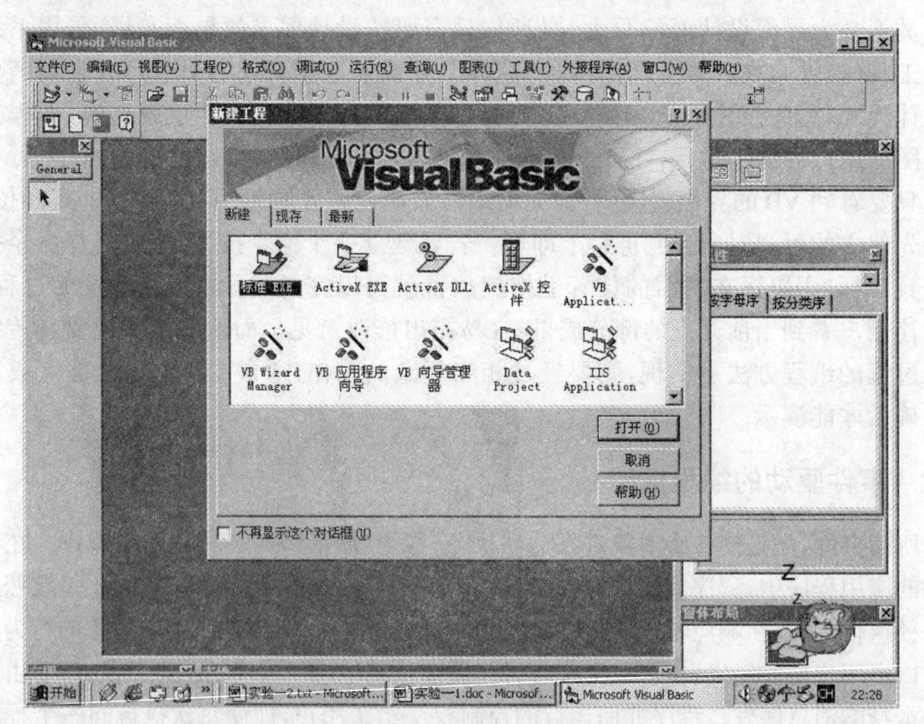

图 1-1 启动 VB 6.0

(3) 要建立一个新的工程,选择"新建"选项卡,从中选择"标准 EXE"项(默认),然后单击"打开"按钮,进入如图 1-2 所示的 VB 6.0 应用程序集成开发环境。

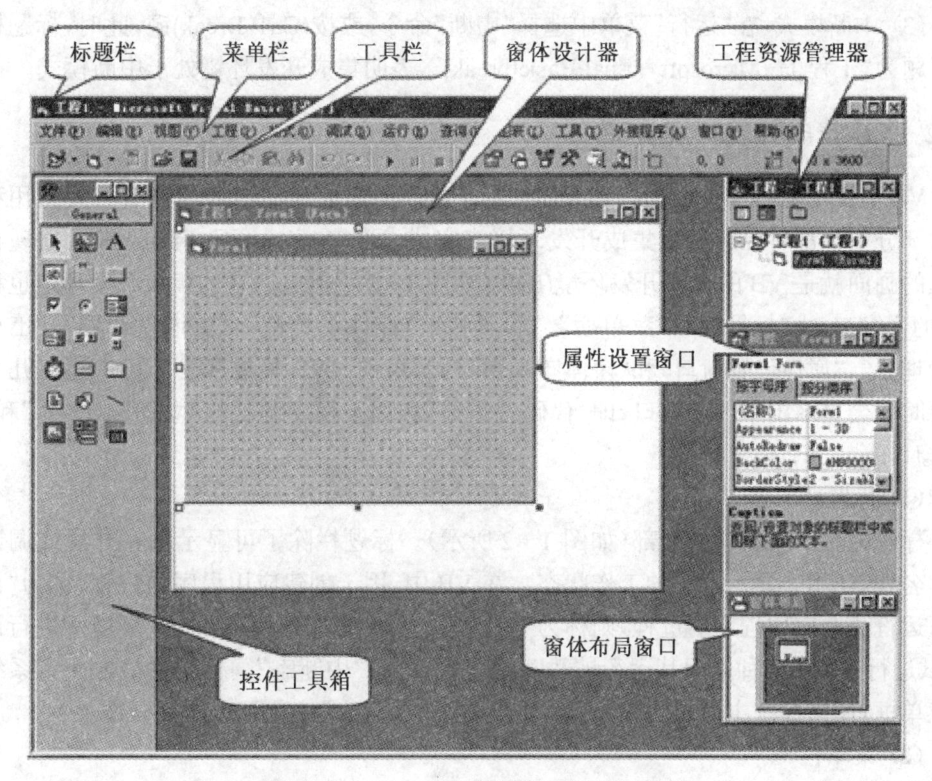

图 1－2　VB 6.0 应用程序集成开发环境

1.2.2　VB 6.0 的退出

在图 1－2 所示的 VB 6.0 应用程序集成开发环境窗口中，从“文件”菜单中选择“退出”命令，或双击窗口控制菜单图标，或单击窗口关闭按钮均可退出 VB 6.0。在退出时，系统可能会提示用户保存工程文件和窗体文件，有关保存文件的操作在后续内容进行详细说明。

1.3　Visual Basic 集成开发环境(IDE)的组成

1.3.1　VB 的三种工作模式

(1) 设计模式：启动 VB，选择新建一个新的工程，进入如图 1－2 所示的 VB 6.0 集成环境。此时，标题栏中的标题为“工程 1—Microsoft Visual Basic[设计]”，表明集成开发环境处于设计模式。

(2) 运行模式：用鼠标单击工具栏中的“!”按钮(启动)，或在“运行”菜单中选择“启动”命令，此时，标题栏中的标题为“工程 1—Microsoft Visual Basic[运行]”，表明集成开发环境处于运行模式。

(3) 中断模式：在“运行”菜单中选择“中断”命令，或按(Ctrl+Break)键，此时，标题栏中的标题为“工程 1—Microsoft Visual Basic[break]”，表明集成开发环境处于中断模式。

1.3.2 VB 集成开发环境介绍

VB 为用户提供了一个功能强大而又易于操作的集成开发环境，用 VB 开发应用程序的大部分工作都可以通过该集成开发环境来完成。在 Windows 下，启动 VB 后出现在屏幕上的画面就是 VB 的集成开发环境(IDE)(如图 1－2 所示)。VB 的集成开发环境也称为 VB 的主窗口，由“标题栏”、“菜单栏”、“工具栏”、“控件工具箱”、“窗体设计器”、“工程资源管理器”、“属性设置窗口”和“窗体布局窗口”等组成。VB 集成开发环境中还有几个在必要时才会显示出来的子窗口，即“代码编辑器”和用于程序调试的“立即”、“本地”和“监视”窗口等。

(1) 标题栏

标题栏位于主窗口的顶部(如图 1－2 所示)。标题栏除了可显示正在开发或调试的工程名外，还用于显示系统的工作状态。在 VB 中，用于创建应用程序的过程，称为“设计态”；运行一个应用程序的过程，则称为“运行态”；当一个应用程序在 VB 环境下进行调试(即试运行)，由于某种原因其运行被暂时终止时，称为“中断态”。标题栏最左侧为系统控制菜单框，用来控制主窗口的大小、移动、还原、最大化、最小化及关闭等操作。

(2) 菜单栏

菜单栏位于标题栏的下面(如图 1－2 所示)。VB 的菜单栏除了提供标准的“文件”、“编辑”、“视图”、“窗口”和“帮助”菜单之外，还提供了编程专用的功能菜单，如“工程”、“格式”、“调试”、“运行”、“查询”、“图表”、“工具”和“外接程序”等。

(3) 工具栏

工具栏一般位于菜单栏的下面(如图 1－2 所示)。VB 的工具栏包括有“标准”、“编辑”、“窗体编辑器”和“调试”四组工具栏。每个工具栏都由若干命令按钮组成，在编程环境下提供对于常用命令的快速访问。在没有进行相应设置的情况下，启动 VB 之后只显示“标准”工具栏。“编辑”、“窗体编辑器”和“调试”三个工具栏在需要使用的时候可通过选择“视图”菜单的“工具栏”命令中的相应工具栏名称来显示，也可通过鼠标右击“标准”工具栏的空白部分，从打开的弹出式菜单中选择需要的工具栏名称来显示。

(4) 控件工具箱

控件工具箱又称工具箱，一般位于 VB 主窗口的左边(如图 1－2 所示)。它提供的是软件开发人员在设计应用程序界面时需要使用的常用工具(控件)。这些控件以图标的形式存放在工具箱中，软件开发人员在设计应用程序时，使用这些控件在窗体上“画”出应用程序的界面。常用控件的图标和名称如图 1－3 所示。

工具箱除了最常用的控件以外，根据设计程序界面的需要也可以向工具箱中添加新的控件，添加新控件可以通过选择“工程”菜单中的“部件”命令或通过在工具箱中右击鼠标，在弹出菜单中选择“部件”命令来完成。

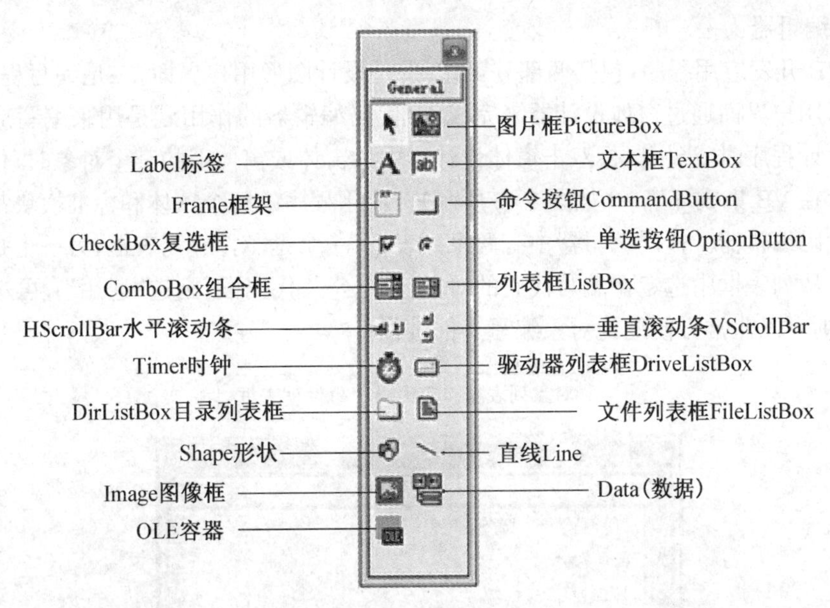

图 1-3　VB 的控件工具箱

(5) 窗体设计器

窗体设计器位于 VB 主窗口的中间(如图 1-2 所示)。它是一个用于设计应用程序界面的自定义窗口。应用程序中每一个窗体都有自己的窗体设计器。当启动 VB 开始创建一个新工程时,窗体设计器和它中间的初始窗体“Form1”一道出现。要在应用程序中添加其他窗体,可单击工具栏上的“添加窗体”按钮。

(6) 属性设置窗口

属性设置窗口一般位于窗体设计器的右方(如图 1-2 和图 1-4 所示)。它主要用来在设计界面时,为所选中的窗体和窗体上的各个对象设置初始属性值。它由标题栏、“对象”列表框、“属性”列表框及属性说明几部分组成。属性设置窗口的标题栏中标有窗体的名称。用鼠标单击标题栏下的“对象”列表框右侧的按钮,打开其下拉式列表框,可从中选取本窗体内的各个对象,对象选定后,下面的属性列表框中就列出与该对象有关的各个属性及其设定值。

属性窗口设有“按字母序”和“按分类序”两个选项卡,可分别将属性按字母或按分类顺序排列。当选中某一属性时,在下面的说明框里就会给出该属性的相关说明。

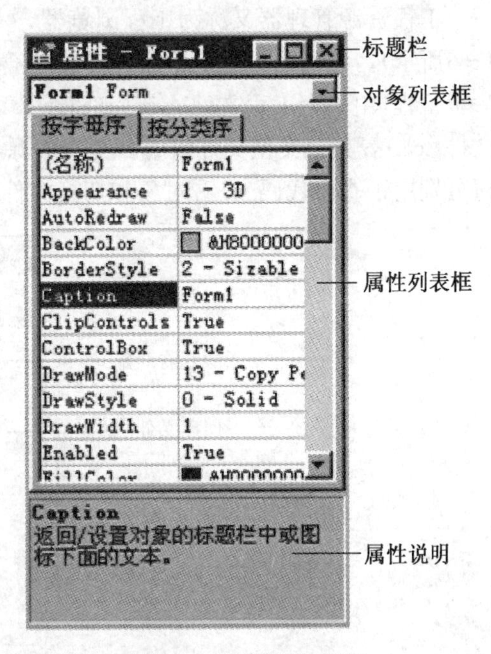

图 1-4　属性设置窗口

(7) 编辑器

用 VB 开发应用程序,包括两部分工作:一是设计图形用户界面;二是编写程序代码。设计图形用户界面通过窗体设计器来完成;而代码编辑器的作用就是用来编写应用程序代码。设计程序时,当用鼠标双击窗体设计器中的窗体或窗体上的某个对象时,代码编辑器将显示在 VB 集成环境中(如图 1-5 所示)。应用程序的每个窗体和标准模块都有一个单独的代码编辑器。代码编辑器中有两个列表框,一个是"对象"列表框,另一个是"事件"列表框。从列表框中选定要编写代码的对象(若是公共代码段,则选"通用"),再选定相应的事件,则可以非常方便地为对象编写事件过程。

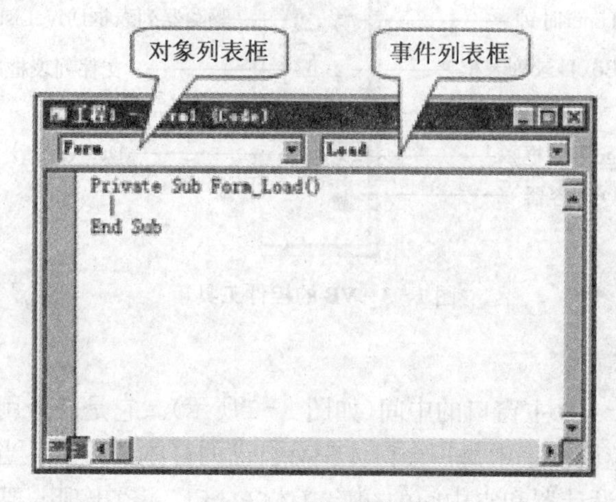

图 1-5 代码编辑器

(8) 工程资源管理器

工程资源管理器又称为工程浏览器,一般位于窗体设计器的右上方(如图 1-2 和图 1-6所示)。它列出了当前应用程序中包含的所有文件清单。一个 VB 应用程序也称为一个工程,由一个工程文件(.vbp)和若干个窗体文件(.frm)、标准模块文件(.bas)与类模块文件(.cls)等其他类型文件组成。工程资源管理器窗口上有一个小工具栏,上面的三个按钮分别用于查看代码、查看对象和切换文件夹。在工程资源管理器窗口中选定对象,单击

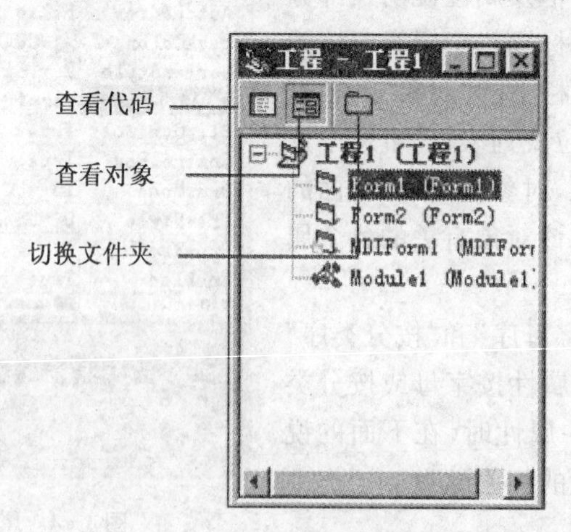

图 1-6 工程资源管理器

“查看对象”按钮，即可在窗体设计器中显示所要查看的窗体对象；单击“查看代码”按钮，则会出现该对象的“代码编辑器”窗口。

(9) 窗体布局窗口

窗体布局窗口位于窗体设计器的右下方(如图1-2和图1-7所示)。在设计时通过鼠标右击表示屏幕的小图像中的窗体图标，将会弹出一个菜单，选择菜单中的相关命令项，可设置程序运行时窗体在屏幕上的位置。

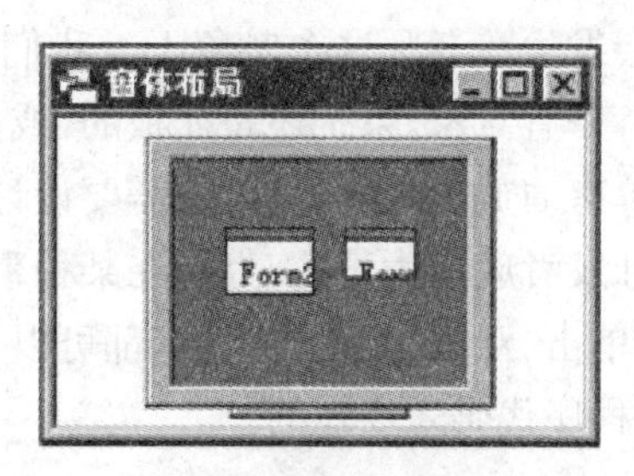

图1-7 窗体布局窗口

1.4 对象及其操作

用 Visual Basic 进行应用程序设计，实际上是与一组标准对象进行交互的过程，就是把这些标准对象按照要求放置在合适的位置，并设计程序完成相应的功能。因此，准确理解和认识对象的概念，是设计 Visual Basic 应用程序的重要一步。

1.4.1 对象(Object)

对象是 Visual Basic 中的重要概念，离开了对象，Visual Basic 的程序设计将无从谈起。在面向对象程序设计中，“对象”是系统中的基本运行实体。在 Visual Basic 中，对象分为两类：一类是由系统设计好的，称为预定义对象，可以直接使用或对其操作；另一类由用户定义，可以像C++一样建立用户自己的对象。本书主要讨论两种最基本的预定义对象：窗体(Form)和控件(Control)。

Form：窗体或称表单，其实指的就是窗口。

Control：控件，指的是各种按钮、标签等。

对象类是指具有某一类特殊性质(属性)和行为方式(方法)的实体。建立一个对象以后，其操作通过与该对象有关的属性、事件和方法描述。

1.4.2 属性(Property)

属性是用来描述对象的特性，比如姓名、性别、民族、籍贯都是你这个对象的属性。VB 中的每个对象都有它的属性，并且“Name”属性是共有的，有了“Name”属性才可以在程序中进行调用。对象的属性是可以改变的，可以在窗体界面设计时完成，也可以在程序运行中改变，这取决于用户的需要，但有些属性是只读的，它只能在设计态的时候改变。

我们将在以后的实例中具体介绍各个对象属性的作用。

1.4.3 事件(Event)

事件是发生在对象上的动作。比如敲桌子是一个事件,它是发生在桌子这个对象上的一个动作。比如 Click、DblClick 或 GotFocus 是发生在文本框控件上的事件。然而事件的发生不是随意的,某些事件仅发生在某些对象上而已,比如"逃避早操被抓住"可以发生在学生这个对象上,但它不会发生在老师这个对象上。我们可以把一个应用系统看成是由若干个对象组成的。但是,单有对象,系统还是死板的(或静态的),无法做出各种动作,无法运行。就像一个话剧,单有演员出现还不够,还需要设计每个演员在规定条件下应有的台词和动作。因此,软件开发者应该为某些对象,在某种事件的触发下,设计程序代码,完成指定的动作。通常鼠标单击、双击、右击、拖动等都可以作为事件,指定对象响应指定事件所做的动作就是靠编写程序代码来实现的。

1.4.4 方法(Method)

"方法"是对象可以进行的动作或行为。人们可以通过"方法"使对象改变行为或做某种动作。

这是一个直译,是一个较难理解的概念,它是对象本身内含的函数或过程,它也是一个动作,但不称作事件,在 VB 里,方法和事件的格式是这样的:

事件:

```
Private Sub 对象名_事件名
    (事件内容)
End Sub
```

方法:

```
对象名.方法名
```

对于窗体,有隐藏、显示方法;文本框有刷新、设置焦点等方法。

所以方法是一个简单的不必知道细节的无法改变的事件,同样,方法也不是随意的,一些对象有一些特定的方法。如果以上概念你记不住,不要紧,实践中你会明白一切,请继续学习。

注意:许多事件伴随其他事件发生。例如,在双击事件发生时,MouseDown、MouseUp 和单击事件也会发生。

1.4.5 属性、方法和事件之间的关系

VB 对象具有属性、方法和事件。属性是描述对象的数据;方法告诉对象应做的事情;事件是对象所产生的事情,事件发生时可以编写代码进行处理。

VB 的窗体和控件是具有自己的属性、方法和事件的对象。可以把属性看作一个对象的性质,把方法看作对象的动作,把事件看作对象的响应。

日常生活中的对象,如小孩玩的气球同样具有属性、方法和事件。气球的属性包括可以看到的一些性质,如它的直径和颜色。其他一些属性描述气球的状态(充气的或未充气

的)或不可见的性质,如它的寿命。通过定义,所有气球都具有这些属性;这些属性也会因气球的不同而不同。

气球还具有本身所固有的方法和动作。如:充气方法(用氦气充满气球的动作),放气方法(排出气球中的气体)和上升方法(放手让气球飞走)。所有的气球都具备这些能力。

气球还有预定义的对某些外部事件的响应。例如,气球对刺破它的事件响应是放气,对放手事件的响应是升空。

在 VB 程序设计中,基本的设计机制就是:改变对象的属性、使用对象的方法、为对象事件编写事件过程。程序设计时要做的工作就是决定应更改哪些属性、调用哪些方法、对哪些事件做出响应,从而得到希望的外观和行为。

1.5 程序设计的一般步骤

一个 VB 程序也称为一个工程,由窗体、标准模块、自定义控件及应用所需的环境设置组成。开发步骤一般如下:

① 创建程序的用户界面

② 设置界面上各个对象的属性

③ 编写对象响应事件的程序代码

④ 保存工程

⑤ 测试应用程序,排除错误

⑥ 创建可执行程序

下面我们通过一个简单的例子来说明如何在 VB 环境下设计应用程序。这个例子很简单,但它展示了应用程序设计的全过程。

程序要求:图 1-8 是本例的程序界面。在窗口中的标签上有一行文字:“你好!”和一个命令按钮。用鼠标单击命令按钮,窗口中的文字就会自动变成图 1-9“欢迎学习 VB!”。

图 1-8 初始界面

图 1-9 运行界面

1.5.1 创建用户界面

即设计窗体以及在窗体中放置控件和对象。主要完成以下工作:

(1) 启动 VB,新建一个工程

可采用以下两种方法：

方法 1：从窗口的开始菜单中启动 VB 6.0，出现“新建工程”对话框，在该对话框中，选择“标准 EXE”，然后单击“打开”按钮。

方法 2：在 VB 集成开发环境中，在“文件”菜单中单击“新建工程”子菜单，然后在“新建工程”对话框中，选择“标准 EXE”，然后单击“打开”按钮。

此时，VB 给定一个默认的工程名称，叫作“工程 1”，而这个工程一开始只含有一个默认的窗体叫“Form1”。

(2) 创建用户界面，向窗体中添加控件

本例需要向窗体上添加一个“Label1”标签控件和一个“Command1”命令按钮控件。

第一步，用鼠标单击工具箱中的“标签控件”，然后将鼠标移动到“窗体设计器”中新建的窗体上，此时鼠标为十字状。

第二步，按下鼠标左键，向右下拖动鼠标，当大小适当时松开鼠标，此时就在该窗体上画出了一个“标签控件”。

然后重复以上第一步、第二步，向窗体中添加所需要的“命令按钮”。

1.5.2 设置对象属性

对于本例而言，需要将“Label1”标签和“Command1”命令按钮的“Caption”属性分别设置为“你好”和“确定”。可以通过以下方法和步骤完成。

对窗体和控件等对象进行属性的设置，可以在程序设计阶段进行，也可以通过程序代码在应用程序运行时修改它们的属性。

1. 在设计阶段利用属性窗口设置对象属性

在程序设计阶段，可以利用属性窗口设置对象的属性，由于不同的属性，VB 可能提供了不同的属性值的设置方法，所以，下面分三种情况进行介绍：

(1) 在属性窗口中直接键入新属性值

① 在窗体设计器中选择某一控件。

② 激活属性窗口。

③ 在属性窗口中找到所需要的属性，单击该属性，再单击该属性的属性值栏，即把插入点移到该属性的属性值栏中。

④ 用 Del 键或退格键删去原有的属性值，输入新属性值并回车。

(2) 通过下拉列表选择所需要的属性值

有的对象的某些属性，如 BorderStyle、ForeColor、BackColor、MaxButton、MinButton 等的属性值，它们的取值是固定的，所以对这样的属性值的设置，不需要用户输入，而只需从属性窗口选择即可，其方法是：

① 在窗体设计器中选择某一控件。

② 激活属性窗口。

③ 在属性窗口中找到所需要的属性，单击该属性，可见该属性的属性值的右端出现一个向下的箭头(即：下拉列表)。

④ 单击该下拉列表的右端箭头，可见列表中将显示出该属性所有可能的取值。

⑤ 从下拉列表中，单击某一取值，即把该属性设置成该值。

上述过程的第④、⑤两步也可以通过以下方法实现。

④ 此时按下 Alt+↑或 Alt+↓，在下拉列表中将显示所以可供选择的属性值。

⑤ 此时按下↑或↓光标移动键，把蓝色的光条移动到所需要的属性值上，然后按下回车键即可。

(3) 利用对话框设置属性值

某些属性(如：Font、Picture、Icon、MouseIcon 等属性)的属性值的设置是通过对话框来完成。

2. 在程序代码中设置对象属性值

对于对象的大多数属性的属性值设置，既可以在设计阶段通过属性窗口设置，也可以通过程序代码设置，而有些属性只能用程序代码或属性窗口设置，通常把只能在设计阶段通过属性窗口设置的属性称为“只读属性”，如：“Name”属性就是只读属性。在程序代码中设置属性值的格式如下：

对象名称.属性名称=属性值

注意：在设置对象的属性值的过程中，要特别注意区分对象的 Name 属性(名称)和 Caption 属性(标题)二者间的区别。

(1) Name 是系统用来识别对象的，编程时需要用它来指代各对象；Caption 是给用户看的，提示用户该对象的作用；

(2) Name 可以采用系统默认的名称，但 Caption 应该根据实际情况改成意义明了的名词；

(3) 所有对象都有 Name 属性，但不一定都有 Caption 属性。

1.5.3　编写事件代码

本程序所要响应的事件是用鼠标单击命令按钮。

(1) 利用前面介绍的方法打开“代码编辑窗口”。

(2) 单击该窗口中的“对象下拉列表框”右边的箭头按钮，从中选定“Command1”(命令按钮 1)；再单击该窗口中的“事件下拉列表框”右边的箭头按钮，从中选定“Click”(单击)。

(3) VB 会在代码编辑窗口中自动生成以下代码：

```
Private Sub Command1_Click()
    ……
End Sub
```

第一行代码表示这是命令按钮 1 响应单击事件的过程，下面一行代码是过程的结束行。两行之间可添加具体的用以响应单击事件的程序代码。将鼠标在两行中间的空白行处单击，并输入以下代码：

```
Label1.Caption="欢迎学习 VB!"
```

由此可以看出，在 VB 中，一个对象的事件过程的名称总是由对象名、下划线“_”和事件的名称三部分组成。当该对象的某一事件发生时，VB 会按该名称查找该过程是否存在,如果存在,则执行该过程中的代码,如果不存在,则忽略此事件的发生。这就是事件驱动的程序设计的基本思想。

注意:代码输入的基本规则:

(1) 按行输入,一行输完,光标移向下一行,可接着输入下一行代码;

(2) 输入英文字母可不分大小写(用双引号括起来的文字除外);

(3) 代码行中所有有意义的符号均为西文符号。

1.5.4 保存程序文件

一个工程可由窗体文件(扩展名为.frm)、工程文件(扩展名为.vbp)、标准模块文件(扩展名为.bas)、工程组文件(扩展名为.vbg)、类模块文件(扩展名为.cls)等其中的几种组成。所以在保存工程时,必然是分不同类型的文件来保存。

在保存工程文件之前,应先分别保存窗体文件和标准模块文件(如果存在)。在本节的例子中,需要保存两种类型的文件,即窗体文件和工程文件。

单击"文件"菜单,在出现的下拉菜单中,单击"保存工程"菜单项,在打开的"文件另存为"对话框中,首先给窗体取个名字保存;接着会出现"工程另存为"对话框,再给工程取个名字,最后单击"保存"按钮即可。

1.5.4 运行及调试程序

在 VB 集成开发环境的设计状态下,单击工具栏上的"启动"按钮或按 F5 键,即可运行当前正在打开的工程,这种运行程序的模式称为解释运行模式。因此执行速度较慢。

如果程序在执行过程中,遇到了代码在语法上的错误时,则系统自动会弹出错误提示信息对话框,并暂停程序的执行,并将错误的代码显示在代码编辑窗口中。错误代码行以黄色背景显示,行首用箭头来表示当前行是出现代码错误的程序行。

1.5.6 生成可执行程序

为了使编写好的程序能够脱离 VB 环境,作为一个程序在 Windows 环境下独立运行,则需要将程序编译成可执行的.EXE 文件,这种运行程序的模式称为编译运行模式。下面是生成可执行程序的方法和步骤:

(1) 单击"文件"菜单,在出现的下拉菜单中,单击"生成[工程名].exe"。

(2) 在对话框中,"文件名"部分是生成的可执行程序的文件名,由此可见默认的可执行文件名与工程文件名是相同的,其扩展名为.EXE。

(3) 单击对话框中的"确定"按钮,则 VB 就对此工程中的各个程序模块进行语法分析和编译处理,如果有错误,则需要对程序进行重新修改并重复以上过程。如果此过程中没有任何错误,则生成可执行程序。

1. 程序初始界面首先在标签上显示一句欢迎辞,“你好,欢迎进入编程世界”,当按下命令按钮时,会显示“这是我的第一个程序”。

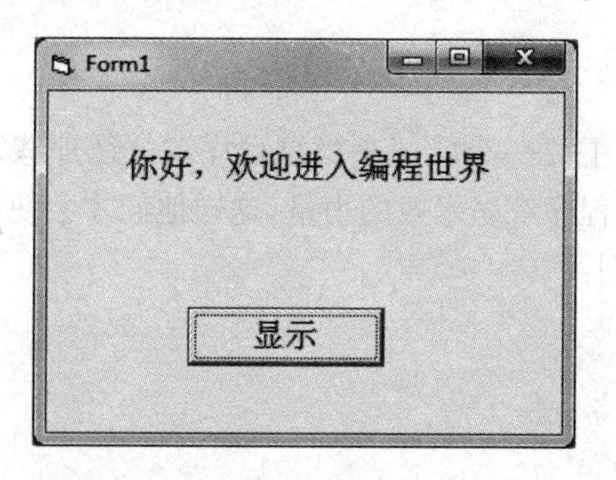

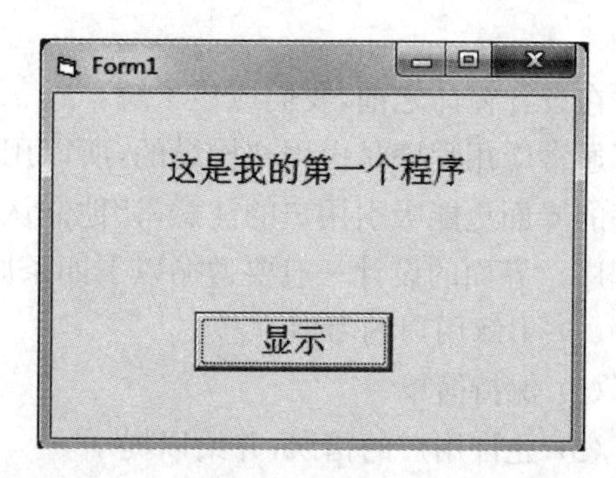

2. 在窗体上添加一个命令按钮,命令按钮标题设置为“完成”。实现以下功能:程序运行时,标签不显示任何文字,当单击“完成”按钮时,标签上的文字改变为“太棒了,我已经学完第一章了”。

【微信扫码】
在线练习&参考答案

第2章　创建用户界面

在设计窗体之前，我们应该了解：

通常应用程序是由用户操纵的，所以用户需要一个界面来操纵程序。往往那些简单漂亮的界面更能吸引用户的注意，让他们认为程序有魔术般的力量，这样他们才会使用这个程序。界面的设计一般要遵循以下四条原则：

(1) 了解用户的习惯

(2) 保持简单

(3) 允许用户的错误，并给以提示

(4) 让用户了解他在程序中的位置

2.1　创建窗体

2.1.1　窗体的结构、常用属性和事件

1. 窗体的结构

窗体如同控件一样，是 Visual Basic 中的对象，在 Visual Basic 设计状态下，称其为窗体。窗体相当于一块“画布”，用户可以向其中画出各种对象，如文本框、命令按钮等。当程序运行时，每个窗体就对应着一个窗口。

2. 窗体的属性

当用户在创建新工程时，VB 自动在窗体设计器中加入一个空白的窗体，VB 为这个窗体设置一些缺省属性，用户可以保留，也可以重新设置属性值来改变窗体的外观和行为。

(1) Name 属性

Name 属性用于给对象取标识名，以便在程序代码中引用，必须非空且唯一。由于在程序代码中要引用窗体名称以识别不同的窗体对象，所以对窗体的命名必须遵守一定的规则：窗体名必须以一个字母开头，可包含数字和下划线，但不能包含空格和标点符号；应用程序的第一个窗体的缺省名为 Form1。

(2) Caption 属性

用于返回或设置窗体的标题。当利用“工程”菜单中的“添加窗体”命令添加窗体时，新添加窗体的标题默认为 Form1，Form2……用户根据需要可利用此属性重新设置窗体标题为所需要的名字。一定要区分开标题属性和名称属性。

该属性可适用于窗体、复选框、命令按钮、框架、标签、菜单、单选按钮、数据控件等对象。

(3) BackColor 属性、ForeColor 属性

分别用于返回或设置窗体工作区的背景颜色和前景颜色，颜色值采用一个十六进制常量表示，如：&H000000FF&。

该属性可适用于窗体及大多数控件，如：复选框、组合框、命令按钮、目录列表框、文件列表框、驱动器列表框、框架、标签、列表框、单选按钮、图片框、形状及文本框等。

(4) BorderStyle 属性

用于返回或设置窗体边框的类型。其设置值可为6个预定义值中的某一个，每个设置值的功能如下：

① 0—None：设置为该值时，表示窗体无边框；

② 1—Fixed Single：表示窗体边框为固定单边框，这时窗体中含有控制菜单、标题栏、最大化按钮和最小化按钮，窗体的大小不能靠拖动边框线来改变，而只能用最大化或最小化按钮改变；

③ 2—Sizable：这是该属性的默认值，边框为双线边界，窗体大小可由拖动边框线的方法改变；

④ 3—Fixed Dialog：表示该窗体为固定对话框，有双线界，窗体中含有控制菜单框和标题栏，但没有最大化和最小化按钮，窗体的大小不能改变；

⑤ 4—Fixed ToolWindow：表示窗体为固定工具窗口，窗体大小不能改变，只有关闭按钮，并用缩小的字体显示标题栏；

⑥ 5—Sizable ToolWindow：表示窗体为可变大小工具窗口，窗体大小可改变，只显示关闭按钮，并用缩小的字体显示标题栏；

在运行期间，该属性为“只读”属性。也就是说，它只能在设计阶段设置，不能在运行期间改变。

(5) Enabled 属性

用于激活或禁止一个对象，其设置值可为 True 或 False。当设置为 False 时，对象呈灰色显示，表示处于禁止状态，用户不能访问。

(6) Visible 属性

用于设置对象的可见性，其设置值可为 True 或 False。如果设置为 False，则对象将被隐藏，即不可见。默认情况下，该属性值为 True。该属性只有在程序运行期间才能起作用，在设计阶段不起作用。该属性可适用于除计时器外的其他对象。

(7) Font 属性

用于设置输出字符的字体、大小、修饰等。可适用于窗体及大部分控件。

(8) Height 属性、Width 属性

用来分别返回或设置窗体的高度和宽度。单位为 twip(1/1440 英寸)。

(9) Left 属性、Top 属性

这两个属性用来设置对象的顶边和左边的坐标值，用以控制对象的位置。坐标值的默认单位为 twip。当用程序代码设置时，其格式如下：

对象.Top=y

对象.Left=x

这里的“对象”可以是窗体和绝大多数控件。当“对象”为窗体时，Left 属性用于设置窗体左边界与屏幕左边界的相对距离，Top 属性用于设置窗体的顶边与屏幕顶边间的相对距离。而当“对象”为控件时，是指控件的左边和顶边与窗体的左边和顶边的相对距离。

（10）Picture 属性

用来在窗体工作区中显示一个图形，用该属性可以显示多种格式的图形文件，如：.ico、.bmp、.wmf、.gif、.jpg、.cur 等。

该属性可适用于窗体、图像框、图片框和 OLE 控件等。

3. 与窗体有关的方法

Hide：隐藏方法。

Move：移动方法。

Print：打印方法。

PrintForm：打印窗体方法。

Refresh：刷新方法。

Show：显示方法。

Cls：清除方法。

语法格式为：

[窗体名.]方法名

注意：当省略格式中的“窗体名”，或使用 me 代替时，都表示对象为当前窗体；窗体输出是先把要输出的信息送到窗体上，然后再用 PrintForm 方法把窗体上的内容打印出来。

4. 与窗体有关的事件

（1）单击（Click）事件

当在程序运行过程中，单击一个窗体的空白区域，则会产生窗体的单击事件，此时系统自动调用执行窗体事件过程 Form_Click。

（2）双击（DblClick）事件

当在程序运行过程中，双击一个窗体的空白区域，则会产生窗体的双击事件，此时系统自动调用执行窗体事件过程 Form_DblClick。

（3）装入（Load）事件

在程序运行过程中，将一个窗体装入内存时，则产生该事件，此时系统自动执行 Form_Load 事件过程，一般可将程序中需要初始化的程序代码写在该事件过程中。

（4）卸载（Unload）事件

在程序运行过程中，当从内存中清除一个窗体时，则产生该事件。此时系统会自动执行 Form_Unload 事件过程，所以可将窗体消失前应做工作的程序代码写在该事件过程中。

(5) Resize 事件

当窗体改变大小时，会触发本事件。

（6）对象激活（Activate）事件

程序运行过程中，一个窗体变为活动窗口时，则产生该事件。此时系统自动执行 Form_Activate 事件过程。

（7）对象变为非活动（Deactivate）事件

程序运行过程中，一个窗体变为非活动窗口时，则产生该事件。系统会自动执行 Form_DeActivate 事件过程。

2.1.2　定制窗体的属性

1. 创建窗体

用户创建窗体时，大多使用缺省属性。可以通过两种方式定制窗体（或其他对象）属性。

- 设计态：通过“属性”窗口修改属性
- 运行态：通过程序代码修改属性

2. 在程序代码中设置对象属性值

对于 VB 中的对象，大多数属性的设置既可以在设计阶段通过属性窗口设置，也可以通过程序代码来设置。而有些属性只能用程序代码或属性窗口设置，通常把只能在设计阶段通过属性窗口设置的属性称为“只读属性”，如“Name”属性就是只读属性。在程序代码中设置属性值的格式如下：

对象名称.属性名称=属性值

在设置对象的属性值的过程中，要特别注意区分对象的“标题”属性和“名称”属性二者间的区别。例如：

为窗体对象的标题属性赋予新值：“窗体示例”。

```
Frmtest.Caption="窗体示例"    '字符串需用西文引号引起来
```

为标签改变标题属性：

```
Label1.Caption="欢迎学习 VB"
```

改变字体属性[亦可用 Font 属性设定]：

```
[对象名].FontName="宋体"
[对象名].FontSize=20
[对象名].FontItalic=True
```

3. 显示“代码编辑器”窗口

在程序设计过程中，用户若需要显示“代码编辑器”窗口，通常有以下三种方法：

- 双击对象
- 通过“工程资源管理器”
- “视图”菜单—“代码窗口”

2.1.3　窗体的装载、卸载和显示、隐藏

单窗体程序只有一个窗体，不存在调用其他窗体的情况。但是多窗体程序中需要在各个窗体间频繁的进行调用、切换，这时可以使用 VB 提供的一些语句和方法来加载、卸载、显示、隐藏窗体。

1. Load 语句

语法格式：Load 窗体名称

Load 语句是把一个窗体装入（加载）内存。之所以要用到 Load 语句，是因为多窗体

程序在开始运行时，并不是所有的窗体都被加载的，而是只加载和显示启动窗体，其他的窗体要加载入内存，就必须执行 Load 语句。执行 Load 语句后，可以引用窗体中的控件以及各种属性，但此时窗体并不会在屏幕上显示出来。

2. Unload 语句

语法格式：Unload 窗体名称

Unload 语句与 Load 语句功能相反，其作用是清除（卸载）内存中指定的窗体。一般在某个窗体暂时不会被使用时，用 Unload 清除窗体在内存中占用的空间，可以提高程序的运行速度。

3. Show 方法

语法格式：[窗体名称].Show[模式]

Show 方法用来显示一个窗体。如果省略“窗体名称”，则显示当前窗体。参数“模式”代表窗体的状态，有两种值：0 和 1（注意不是 False 和 True）。当“模式”值为 1（或常量 VbModal）时，表示窗体是“模式型”。在该模式下，鼠标无法移动到其他窗口进行操作，除非关闭该窗口。当“模式”值为 0（或常量 VbModaless）时，表示窗体是“非模式型”，在该模式下，鼠标不用关闭该窗口也可以对其他窗口进行操作。

Show 方法兼有装入和显示窗体两种功能。即执行 Show 时，先把窗体装入内存，然后将窗体显示出来。

4. Hide 方法

语法格式：[窗体名称].Hide

Hide 方法用来隐藏一个窗体。如果省略“窗体名称”，则隐藏当前窗体。注意经过 Hide 的窗体，依然驻留在内存中，这与使用 Unload 语句的结果是不同的。

5. 关键字 Me

代表当前窗体。如果当前窗体为 Form1，则下列语句：

Form1.Hide 和 Me.Hide 是等价的。

6. 结束程序执行

语法格式：End

功能：当程序中执行了 End 语句时，从内存中卸载所有窗体，程序的运行就宣告结束。相当于在 Windows 下，通过使用菜单命令中的“关闭”命令或应用程序窗口上“关闭”按钮来关闭窗口，结束程序的运行。

2.1.4 Print 方法

Print 方法用于将文本输出到屏幕上或输出到打印机上。如果缺省对象名，将把文本输出到窗体上。使用形式如下：

[对象名].Print P_1<s>P_2<s>……

说明：

(1) “对象名”可以是窗体（Form）、图片框（PictureBox）或打印机（Printer），也可以是立即窗口（Debug）。

(2) P_1，P_2……是一个或多个表达式，可以是数值表达式或字符串。对于数值表达式，打印出表达式的值；而字符串则原样输出。如果省略表达式，则输出一个空行。例如：

```
a=10:b=20
Print a
Print
Print "ASDF"
```

输出结果为：

```
 10

ASDF
```

(3) s 是输出项之间的分隔符。当输出多个表达式或字符串时，各表达式用逗号(，)或分号(；)隔开。

逗号：两个输出项将分别输出到两个标准分区，每个分区的长度为 14，超过宽度的输出可占用多个分区。

分号：两个输出项将按照紧凑输出格式输出数据。例如：

```
x=3:y=6:z=9
Print x,y,z,"ASDF"
Print x;y;z;"你好";"欢迎学习 VB!"
```

输出结果为：

```
 3            6            9            ASDF
 3 6 9 你好欢迎学习 VB!
```

注意：如果输出项为数值，则数值前面有符号位，数值后面有空格。如果输出项为字符串，则前后都没有空格。

(4) Print 方法具有计算和输出双重功能，对于表达式，它先运算后输出。例如：

```
a=8:b=10
Print (a+b)/3
```

该例中的 Print 方法先计算表达式(a+b)/3 的值，然后输出。但是应注意，Print 没有赋值功能，例如：

```
Print c=(a+b)/3
```

不能打印输出 c=6，而是输出一个逻辑值(True 或 False)。

(5) 不换行输出。如果 Print 末尾没有标点(逗号或分号)，输出下一项时则自动换行，也就是说后面执行 Print 时将在新的一行上显示信息。如果 Print 末尾有逗号或分号则不换行，即下一个 Print 输出的内容将接在当前 Print 所输出的信息的后面。例如：

```
Print"20+30=",
Print 20+30
Print"40+60=";
Print 40+60
```

输出结果为：

```
20+30=        50
40+60= 100
```

2.1.5 与 Print 有关的函数

在 Visual Basic 里信息要按一定的格式输出，需要使用 Tab、Spc、Space 函数，这些函数必须与 Print 方法配合使用。

1. Tab 函数

格式：Tab(n)

功能：把光标移到由参数 n 指定的位置，从这个位置输出信息，输出的内容放在 Tab 函数的后面，并用分号隔开。例如：

```
Print Tab(10);5;Tab(20);-8
```

将在第 10 个位置输出 5 的符号位，正号不显示，数字 5 出现在第 11 个位置；在第 20 个位置输出负号，数字 8 出现在第 21 个位置。

说明：

(1) 参数 n 是一个整数，它是下一个输出位置的列号，最左边的列号为 1。

(2) 当在一个 Print 方法中有多个 Tab，每个 Tab 函数对应一个输出项，各输出项之间用分号隔开。

2. Spc 函数

格式：Spc(n)

功能：在 Print 方法中，用 Spc 函数，可以跳过 n 个空格。例如：

```
Print "ABC";Spc(8);"DEF"
```

首先输出“ABC”，然后跳过 8 个空格，接着输出“DEF”。

说明：

(1) 参数 n 是一个整数，其取值范围为 0～32767 的整数。Spc 函数与输出项之间用分号隔开。

(2) Spc 函数和 Tab 函数作用类似，而且可以互相代替。二者有区别：Tab 函数是从左端开始计数，而 Spc 函数只是表示两个输出项之间的间隔。

3. 空格函数 Space

格式：Space(n)

功能：返回 n 个空格。例如：

```
S="ABC"+Space(5)+"DEF"
Print S
```

2.1.6 Move 方法

Move 方法可以使对象移动，在移动的同时还可以改变对象的大小。Move 方法可用于窗体与大多数控件。

Move 方法语句格式：对象名.Move Left [Top],[Width],[Height]

Move 方法有 4 个参数，其中参数 Left 与 Top 分别是指对象左、上顶点的横坐标与纵坐标，参数 Width 与 Height 分别是指对象的宽度与高度。参数 Left 是必需的，其他参数是可选的。如果对象是窗体，则“左边距”和“上边距”是以屏幕左边界和上边界为准。如果对象是控件则是以窗体的左边和上边界为准。

例如,可以通过

Form1.Move 0,0,Form1.Width/2,Form1.Height/2

语句将窗体移动并定位在屏幕的左上角,同时窗体的长宽也缩小一半。

2.1.7　Cls 方法

Cls 方法用来清除由 Print 方法在窗体上显示的文本或图形。Cls 方法可用在窗体、图片框控件等。

Cls 方法语句格式:对象名.Cls。

如对象名缺省,则表明清除当前窗体上的内容。

2.1.8　格式输出函数 Format

用格式函数 Format,可以使数值或日期按指定的格式输出。

格式:Format(数值表达式,格式字符串)

功能:按"格式字符串"指定的格式,输出"数值表达式"的值。

若省略格式字符串,则与 Str 函数相似,不同的是当输出一个正数时,Str 函数会在输出值前产生一个空格,而 Format 函数则不会。

使用该函数主要确定格式字符串。格式字符串及用法见表 2-1。

表 2-1　Format 格式字符串及用法

字符	作用及用法
#	数字:#的个数决定了显示的长度。如数值位数小于指定的长度,则数值左对齐,多余位不补 0;否则按原样显示。
0	数字:功能与#相同,只是在多余位补 0。
.	小数点:与#或 0 结合使用,根据其位置,小数部分多余的数字将按四舍五入处理。
,	千分位分隔符:从小数点左边开始,向左每 3 位用一个逗号分开。起到"分位"的作用。逗号可以放在小数点左边除头部和紧靠小数点的任何位置。
%	百分比符号:放在格式串的尾部,用来输出%。
$	美元符号:放在格式串的开头,在所显示的数值前加上一个$。
+、-	正、负号:指定输出的数值带+符号或-符号。在所要显示的数值前面强加上一个正号或负号。
E+、E-	指数符号:以指数的形式显示数值。两者的作用基本相同。

例如:

(1) Print Format(1223.456,"#####,##.##")

输出:1,223.46

Print Format(25634,"########")

输出:25634

Print Format(850.72,"###.##")

输出：850.72

(2) Print Format(1223.456,"000,00.0000")

输出：01,223.4560

Print Format(25634,"00000000")

输出：00025634

Print Format(7.876,"000.00")

输出：007.88

(3) Print Format(.456,"# 0.0%")

输出：45.6%

(4) Print Format(123.45,"$000.0")

输出：$123.5

(5) Print Format(123.45,"-000.0")

输出：-123.5

Print Format(-123.45,"-000.0")

输出：--123.5

Print Format(-123.45,"+000.0")

输出：-+123.5

(6) Print Format(123.45,"+000.0")

输出：+123.5

(7) Print Format(12345.67,"0.00E+00")

输出：1.23E+04

(8) Print Format(.00012345,"0.00E+00")

输出：1.23E-04

2.2 VB 常用控件

2.2.1 概述

控件是构成用户界面的基本元素，只有掌握了控件的属性、事件和方法，才能编写具有实用价值的应用程序。常见的 Windows 应用程序窗口或对话框，都是由文本框、列表框、命令按钮、滚动条和菜单等标准控件组成。Visual Basic 通过控件工具箱提供了与用户进行交互的可视化部件，对于程序开发人员来说，只需要简单的操作，在窗体上安排所需要的控件，完成应用程序的用户界面要求即可。

Visual Basic 中的控件分为了两类，一类是标准控件（或称内部控件），另一类是ActiveX控件。本节将系统和深入介绍部分标准控件的用法，包括标签、文本框、命令按钮、单选按钮、复选框、框架、列表框、组合框、水平滚动条、垂直滚动条、计时器、图片框、图像框等。

1. 显示“控件箱”

- “视图”菜单——“工具箱”；
- 单击工具栏中的 按钮。

2. 使用“控件箱”向窗体添加控件的方法

- 单击所需控件，将鼠标移向窗体，在窗体的适当位置上松开鼠标左键；
- 双击所需的控件，控件将自动添加到窗体中间。

2.2.2 常用控件

1. 文本框（TextBox）

文本框 TextBox 控件常用来接收用户输入和显示输出信息，利用该控件显示的文本一般是可以被用户进行编辑、修改的，但也可以将其 Locked 属性设为 True 或将其 Enabled 属性设为 False，使其变为只读。文本框可以用单行或多行显示和输入信息。

(1) 属性

① Name（名称）：文本框名称。命名规则同窗体名（以下同）。

② Text（文本）：该属性用来设置文本框中显示的内容。

③ PasswordChar：口令属性。本属性缺省值为空字符串，表示用户可以看到输入的字符；如果该属性的值设为某个字符（例如*），则表示文本框用于输入口令，用户输入的字符显示时将被替换为设定的字符，但系统仍然可以正确的获取用户实际输入的内容。

④ Maxlength：最大长度属性。缺省值为 0，表可接受任意多字符。

⑤ MultiLine：多行属性。本属性值若为“True”，则可输入多行文本；若为“False”，只能输入一行文本。该属性不能在程序中改变。

⑥ ScrollBars：滚动条属性。该属性用来确定文本框中有没有滚动条，可以取 0、1、2、3 四个值，其含义分别为：

0—None：缺省值，文本框中没有滚动条；

1—Horizonal：表示有水平滚动条；

2—Vertical：表示有垂直滚动条；

3—Both：表示水平与垂直滚动条两者都有。

此属性只有在 MultiLine 属性为“True”时，才能用 ScrollBars 属性在文本框中设置滚动条。此外，当在文本框中加入水平滚动条（或同时加入水平和垂直滚动条）后，文本框中文本的自动换行功能将不起作用，只能通过回车键换行。

⑦ Alignment：对齐属性。缺省值为“0”，表示文本左对齐；若为“1”，表示文本右对齐，若为“2”，表示文本居中。

⑧ SelLength：返回或设置选定字符的数目。如果 SelLength 属性值为 0，则表示未选中任何字符。

⑨ SelStart：返回或设置选定文本的起始位置。如果没有选定文本，则指示插入点的位置。0 表示选择的开始位置在第一个字符之前，1 表示第二个字符之前开始选择，以此类推。

⑩ SelText：返回或设置当前选定文本的字符串。如果没有选定字符，则该属性包含

空字符串("")。如果在程序中设置 SelText 属性,则用该值代替文本框中选中的文本。例如,假定文本框 Text1 中有以下文本:

Study hard and make progress every day.

并选择了"hard",则执行语句:

```
Text1.SelText="well"
```

后,上述文本将变成:

Study well and make progress every day.

此外,文本框属性还包括 BorderStyle、Enabled、Visible 和 Font 等,它们的意义和窗体中的同名属性完全相同。但 Left、Top、Heigh、Width 等属性表示的则是本控件在窗体中的坐标及大小。

(2) 方法

① Refresh:刷新。

② SetFocus:设置焦点(缺省情况下,焦点放在窗体上建立的第一个控件上)。通过本方法,可以设置文本框成为焦点。

(3) 事件

① Change:文本的内容发生变化时,触发本事件;

② GotFocus:当文本框具有输入焦点(即处于活动状态)时,触发本事件;

③ LostFocus:当光标离开文本框时,触发本事件;

④ KeyPress:当用户在键盘上按下某个按键时将触发 KeyPress 事件。

(4) 应用

在程序设计中,文本框有着重要作用,下面通过例子说明它的用途。

例 2-1 用 Change 事件改变文本框的 Text 属性。

在窗体上建立 3 个文本框和一个命令按钮,其 Name 属性分别为 Text1、Text2、Text3 和 Command1,然后编写如下事件过程:

```
Private Sub Command1_Click()
    Text1.Text="Microsoft Visual Basic 6.0"
End Sub
Private Sub Text1_Change()
    Text2.Text=LCase(Text1.Text)  '将大写字母转换为小写字母
    Text3.Text=UCase(Text1.Text)  '将小写字母转换为大写字母
End Sub
```

程序运行后,单击命令按钮,在第一个文本框显示的是由 Command1_Click 事件过程设定的内容,执行该事件后,将引发第一个文本框的 Change 事件,执行 Text1_Change 事件过程,从而在第二、第三个文本框中分别用小写字母和大写字母显示文本框 Text1 中的内容。

2. 标签(Label)

标签控件显示静态文本,即在程序运行过程中,用户不能编辑和修改标签中显示的文本。例如用作窗体的状态栏,添加注释文字等。

(1) 属性

① Name(名称):标签名称。

② Caption:标题属性。即标签所显示的文本内容,文本长度内容不超过 1024B。

③ Alignment:对齐属性。缺省值为"0",表示文本左对齐;若为"1",表示文本右对齐;若为"2",表示文本居中。

④ AutoSize:大小自适应属性。当取值为"True"(真)时,可根据文本大小自动调整标签大小,当取值为"False"时,标签大小不能改变,过长的文本将被截掉。

⑤ BackStyle:背景风格属性。缺省值为"1",表示图片不透明,若为"0",则表示图片透明,即标签后的背景色或图片是可见的。

(2) 方法

① Refresh:刷新。

② Move:移动。

(3) 事件

提供文字说明的标签可以接受 Click(单击)、DbClick(双击)等事件。但这些事件很少使用。

3. 命令按钮(CommandButton)

命令按钮是用来设计用户与应用程序进行交互访问的一个控件。用户用鼠标单击命令按钮,就表示执行一条命令,但具体产生的动作则由相应的事件过程中的程序代码决定。其常用属性、方法和事件如下:

(1) 属性

除了与上述控件及窗体共同的一些属性之外,命令按钮还有以下重要属性。

① Caption:标题属性。即显示在按钮上的文字。

② Cancel:取消属性。当本属性值设为"True"(真)时,按 Esc 键即等同于单击按钮。对话框中常用的"取消"(Cancel)按钮的 Cancel 属性一般就被设为"True"。

③ Default:缺省属性。当某个命令按钮的本属性被设为"True"(真)时,窗体中其他命令按钮的该属性自动设为"False"。在程序运行时,当无其他命令按钮获得焦点,按回车键即等同于单击本按钮(一般用于"确定"按钮)。

④ Enabled:活动属性。当本属性被设为"True"(真)时,该按钮处于"活动状态",即可操作状态;若为"False"(假)时,该按钮将变灰,表示处于不可操作状态。

(2) 方法

SetFocus:设置焦点。通过本方法,可以设置命令按钮成为焦点。

(3) 事件

命令按钮最常用的事件是单击(Click)事件。当单击一个命令按钮时,触发 Click 事件。注意,命令按钮不支持双击(DblClick)事件。

(4) 应用举例

例 2-2　开发一个加法计算器应用程序。功能如下:

在被加数和加数相应的文本框内输入数据,单击"计算"按钮,便能在"和数"对应的文本框中看到相加的结果。当用户单击"清除"按钮时,就会清除各文本框中的数据。当用户单击“结束”按钮时就会关闭该窗口并退出应用程序。

首先摆放如图 2－1 所示 9 个控件到窗体上。

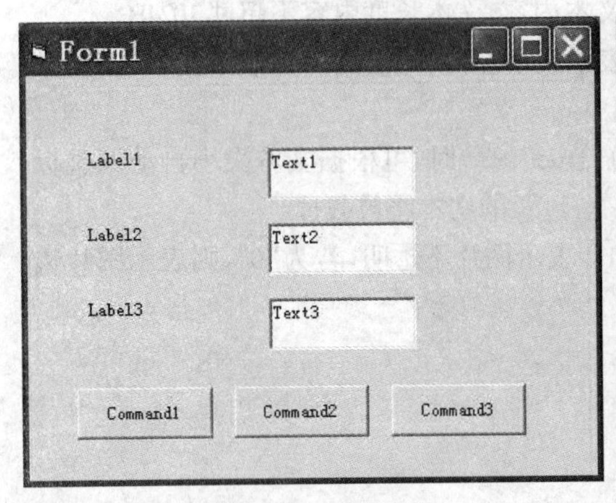

图 2－1 布置窗体

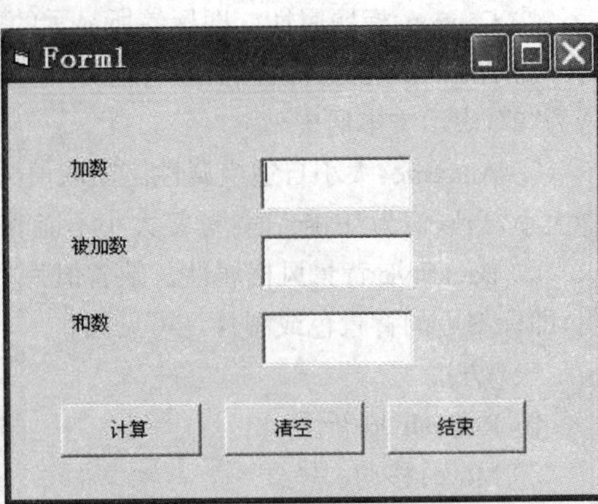

图 2－2 设置 Caption 属性

然后分别修改文本框的 Text 属性为空，标签和命令按钮的 Caption 属性值如图 2－2 所示。

最后添加代码如下：

```
Private SubCmdAdd_Click()
    txt3.Text=Str(Val(txt1.Text)+Val(txt2.Text))
    '如不使用 Val 转换函数，可能导致字符连接运算
End Sub
Private SubCmdClear_Click()
    txt1.Text=""        '清空文本框 1
    txt2.Text=""        '清空文本框 2
    txt3.Text=""        '清空文本框 3
End Sub
Private SubCmdClose_Click()
    End                 '关闭应用程序
End Sub
```

对以上程序代码作如下的说明：

① 由于文本框中的 Text 属性的值是字符串类型的，所以不能将两个文本框中的字符串直接进行加法运算，需要先用 Val 函数将代表数值的字符串转换成双精度实数，才能进行数值运算。数值变量的运算结果还是数值型的，需要用 Str 函数将其转换成字符串后，才能赋给文本框的 Text 属性。

② 给文本框的 Text 属性赋空字符串，就是将其内容清空。

③ End 语句表示终止应用程序的运行。

4. 列表框（ListBox）

列表框（ListBox）用于提供一组条目（数据项），用户可以用鼠标选择其中一个或者多

个条目,但是不能直接编辑列表框的数据。当列表框不能同时显示所有项目时候,将自动添加滚动条,使用户可以滚动查阅所有选项。

(1) 属性

① List:表属性。用于保存列表内容。

在设计时向列表添加项目,可选定 List 属性并单击向下箭头,输入列表项目。每输入一项按 Ctrl+Enter 键换行,全部输完后按回车键确定。

使用以下形式来访问列表项。

[对象名].List(列表项序号)

对象名为列表框的 Name 属性值;列表项的序号由上到下依次为 0,1,2,3……

例如:

S=List1.List(5)

将列表框 List1 第六项内容赋值给 S。

也可以改变数组中已有的值,格式为:

[列表框].List(下标)=S

例如:

List1.List(3)="AAAA"

将把列表框 List1 第四项的内容设置为"AAAA"。

② ListCount:表示列表框中列表项目的个数,即 List 数组的元素个数。

③ ListIndex:列表项索引。该属性只能在程序中设置和引用。其值为程序运行时被选定的列表项的序号,列表项的序号由上到下依次为 0、1、2、…、ListCount-1。如果未选任何项,则其值为-1。

④ Text:列表项正文。其值为选中的列表项的文本。由于 Text 的值就是被选中的列表项的文本内容,所以"列表框名.List(列表框名.ListIndex)"就等于"列表框名.Text"。

⑤ Columns:列表框显示形式。取值为 0:逐行显示列表项(即列表项安排在一列中,可能有垂直滚动条);取值大于 0:列表项可占多列显示,先填第一列,再填第二列,等等。

⑥ Sorted:排序属性。取值为 True,各列表项按 ASCII 代码排序,取值为 False,则不排序。

⑦ Selected:选择属性。该属性只能在程序中设置和引用。当某一列表项被选中时,该列表项的本属性值将为"True",否则为"False"。Selected(i)的值为 True 表示序号为 i 的项被选中。

⑧ MultiSelect:多选属性。本属性决定了选项框中的内容是否可以进行多重选择,只能在界面设置时指定,程序运行时不能予以修改。MultiSelect 共有三个值:

0—None,不允许多项选择,如果选择了一项就不能选择其他项;

1—Simple,可以同时选择多项,后面的选择不会取消前面所做的选择项。可以用鼠标或空格选择;

2—Extended,可以选择指定范围内的表项。通过结合 Shift 键或 Ctrl 键完成多个表项的选择。其方法是:单击所要选择的范围的第一项,然后按住 Shift 键,再单击选择范围最后一项。如果是按住 Ctrl 键,并单击列表框中的项目,则可以不连续的选择多个表项。

⑨ SelCount：如果 MultiSelect 属性设置为 1(Simplement)或 2(Extended)，则该属性用于读取列表框中所选项的数目。通常它与 Selected 一起使用，以处理控件中的所选项目。

⑩ Style：风格属性。当取值为 0 时为标准格式；取值为 1 时，则在列表项目前自动增加一个用于表示可以复选的“□”符号。在程序运行后，用户可通过在“□”上方点击，选中多个列表项。图 2－3 Style 属性示例为列表框的 Style 属性示例。

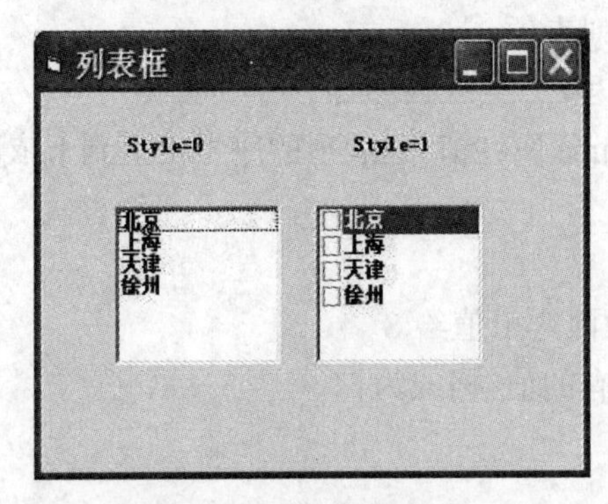

图 2－3　Style 属性示例

(2) 方法

列表框和组合框中的列表项既可以在设计状态通过属性窗口中的 List 属性设置，也可以通过 AddItem、RemoveItem 和 Clear 等方法，在运行期间修改。

① AddItem 方法

格式：

对象.AddItem 项目字符串[,索引值]

对象可以是列表框或组合框。AddItem 方法把“项目字符串”的文本内容加入列表框或组合框中。“索引值”决定了新增选项在列表框或组合框中的位置。如省略，则加在最后，对于第一个选项，索引值取值为 0。

② RemoveItem 方法

格式：

对象.RemoveItem 索引值

对象可以是列表框或组合框。RemoveItem 方法是从列表框或组合框删除以“索引值”为地址的项目。对于删除第一选项，索引值取值为 0。

③ Clear 方法

格式：

对象.Clear

对象可以是列表框、组合框。它可清除对象中的全部内容。

假定在窗体上建立一个列表框 List1 和两个命令按钮 Command1、Command2，则下面的过程：

```
Private Sub Command1_Click()
    List1.AddItem "Test",0
```

```
End Sub
Private Sub Command2_Click()
    List1.RemoveItem 0
End Sub
```

可以分别向列表框增加和删除项目。单击命令按钮 Command1，可以把字符串"Test"加到列表框 List1 的开头，而单击命令按钮 Command2，则可以删除列表框开头的一项。

(3) 事件

列表框接收 Click 和 DblClick 事件。但一般不需要编写 Click 事件过程，因为通常在单击命令按钮或发生 DblClick 事件时才读取 Text 属性。

以上介绍了列表框的属性、事件和方法。下面举一个例子。

例 2-3　交换两个列表框中的项目。

其中一个列表框中的项目按照字母升序排序，另一个列表框中的项目按照加入的先后顺序排序。当双击某个项目时，该项目从本列表框中消失，并出现在另一个列表框。

首先在窗体上建立两个列表框，其名称分别为 List1 和 List2，然后把列表框 List2 的 Sorted 属性设置为 True，列表框 List1 的 Sorted 属性使用默认值 False。

编写如下代码：

```
Private Sub Form_Load()
    List1.FontSize=14
    List2.FontSize=14
    List1.AddItem "IBM"
    List1.AddItem "HP"
    List1.AddItem "FUJI"
    List1.AddItem "ACER"
    List1.AddItem "长城"
    List1.AddItem "联想"
    List1.AddItem "四通"
    List1.AddItem "佳能"
End Sub
Private Sub List1_DblClick()
    List2.AddItem List1.Text
    List1.RemoveItem List1.ListIndex
End Sub
Private Sub List2_DblClick()
    List1.AddItem List2.Text
    List2.RemoveItem List2.ListIndex
End Sub
```

例 2-4　实现对列表框中的项目进行添加、删除、修改操作。

界面如图 2-4 列表框操作所示。

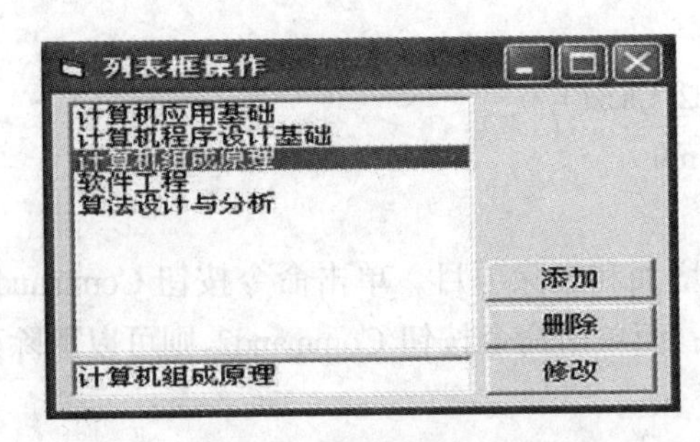

图 2-4 列表框操作

```
Private Sub Form_Load()
    List1.AddItem  "计算机文化基础"
    List1.AddItem  "VB 6.0 程序设计教程"
    List1.AddItem  "操作系统"
    List1.AddItem  "多媒体技术"
    List1.AddItem  "网络技术基础"
End Sub
Private Sub Command1_Click()
    List1.AddItem Text1.Text
    Text1.Text=""
End Sub
Private Sub Command2_Click()
    List1.RemoveItem List1.ListIndex
End Sub
Private Sub Command3_Click()
    List1.List(List1.ListIndex)=Text1.Text
End Sub
Private Sub List1_Click()
    Text1.Text=List1.Text
    Text1.SetFocus
End Sub
```

5. 组合框(ComboBox)

ComboBox(组合框)是组合 ListBox 控件和 TextBox 控件而成的控件,既可以在控件的文本框部分输入信息,也可以在控件的列表框部分选择一项。组合框可以看作是一个文本框加上一个列表框。组合框在其列表中列出参考项另外还有一个文本框,若其列表框中没有所需要的选项,可以在文本框中用键盘输入。若组合框的列表框中有选项被用户选中,该选项内容将自动被装入文本框中显示出来。

(1) 属性

列表框的属性基本上都可以用于组合框,此外它还有自己的一些属性。

① Style(外观)属性

这是组合框的一个重要属性，其值可以为 0、1、2。它决定了组合框三种不同的类型。

Style 属性为 0：称为"下拉组合框"，仅显示文本编辑框和下拉箭头。单击下拉箭头打开列表框，既可以输入文本也可以从下拉列表中选择表项。单击右端箭头可以下拉显示表项，并允许用户选择，可识别 Dropdown、Click、Change 事件。

Style 属性为 1：称为"简单组合框"。显示列表框内容和文本框，文本框右侧没有下拉箭头。可以输入列表框中没有的项。可识别 Change、DblClick 事件。

Style 属性为 2：称为"下拉列表框"。不能输入列表框中没有的项，文本编辑框右有下拉箭头。它不能识别 DblClick 及 Change 事件，但可识别 Dropdown、Click 事件。

② Text（文本）属性

用户所选择项目的文本内容或直接从编辑区输入的文本。

（2）方法

同 ListBox 控件。

（3）事件

列表框控件所能识别的事件类型与其风格属性的取值相关。

① Click：0 和 2 风格

② DbClick：1 风格

③ Change：0 和 1 风格

6. 图像控件（Image）和图片框控件（PictureBox）

图片框和图像框是 Visual Basic 中用来显示图形的两种基本控件，可以用于在窗体的指定位置显示图形信息。图片框比图像框更灵活，且适用于动态环境；而图像框适用于静态情况，即不需要再修改的位图、图标、Windows 元文件及其他格式的图形文件。其默认名称分别为 PictureX 和 ImageX(X 为 1，2，3……)。

图片框和图像框以基本相同的方式出现在窗体上，都可以装入多种格式的图形文件。其主要区别是:图像框不能作为父控件，而且不能通过 Print 方法接收文本。

7. 选项按钮（OptionButton）、复选框（CheckBox）与框架控件（Frame）

（1）属性

前面介绍的大多数属性都可用于单选按钮，包括 Caption、Enabled、Fontbold、FontItalic、FontName、FontUnderline、Height、Left、Name、Top、Visible、Width 等属性。此外，还可以使用下列属性：

① Value 属性

Value 属性用来表示单选按钮（OptionButton）和复选框（CheckBox）的状态。对于单选按钮来说，Value 取值为 True 或 False，默认为 False，即不被选中。

对于复选框来说，Value 取值可以设置为 0、1 或 2。其中：默认为 0 即不被选中，值为 1 表示被选中，值为 2 表示该复选框变为灰色（但不是不能用，和 Enabled 变为 False 是不一样的）。

② Alignment 属性

Alinment 属性用来设置单选按钮控件标题的对齐方式，它可以在设计时设置，也可以在运行期间设置。

③ Style 属性

该属性用来指定复选框或单选按钮的显示方式，以改善视觉效果。在对复选框或单选按钮进行设置时，应该注意以下几点：

- Style 是只读属性，只能在设计时使用。
- 当 Style 属性被设置为 1 时，可以用 Picture、DownPicture 和 DisablePicture 属性分别设置不同的图标或位图，以表示未选定、选定和禁用。
- Style 属性被设置为 1 时，虽然复选框或单选按钮的外观类似于命令按钮，但其作用与命令按钮是不一样。

(2) 事件

复选框和单选按钮都可以接收 Click（单击）事件，当单击复选框或单选按钮时，将自动变换其状态。

例 2－5 开发一个应用。具体要求如下：

其运行窗口中有一个文本框和两个框架（字号框架和风格框架）；

字号框架中有两个单选按钮，标明字号为 16 号和 24 号；

风格框架中有两个复选框：粗体和斜体；

在文本框中可输入多行汉字。

利用字号框和风格框内的控件可以改变文本框中文字的字号和风格，程序界面如图 2－5 字号风格实验所示。

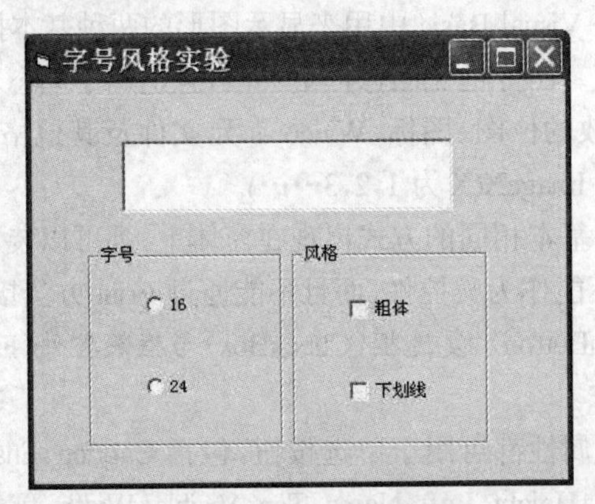

图 2－5 字号风格实验

首先在窗体中先建立文本框，然后利用工具箱中的 Frame 图标建立“字号”框架和“风格”框架。在“字号”框架内，利用工具箱中的“OptionButton”建立两个单选按钮，在“风格”框架内，利用工具箱中的“CheckBox”图标建立两个复选框。按表 2－2 设置各对象的属性值：

表 2－2 设置属性

对象	属性名	属性值
窗体	(名称)	FrmTextStyle
	Caption	字号风格试验

(续表)

对象	属性名	属性值
文本框	(名称)	Txt1
	Text	
	MultiLine	True
字号框架	(名称)	FraSize
	Caption	字号
单选按钮 1	(名称)	Opt16
	Caption	16
单选按钮 2	(名称)	Opt24
	Caption	24
字体框架	(名称)	FraStyle
	Caption	风格
粗体复选框	(名称)	ChkBold
	Caption	粗体
下划线复选框	(名称)	ChkUnderline
	Caption	下划线

文本框的属性 MultiLine=True 时，可以输入多行文字(在设计时可以在属性窗口中方便地用 Ctrl+Enter 键换行)

该窗体中的程序代码如下：

```
'字号框中单选按钮 16 选中事件的程序代码：
Private Sub Opt16_Click()
    Txt1.FontSize=16
End Sub
'字号框架中单选按钮 24 的选中事件的程序代码：
Private Sub Opt24_Click()
    Txt1.FontSize=24
End Sub
'风格框中复选框 ChkBold 的选中事件的程序代码：
Private Sub ChkBold_Click()
    If ChkBold.Value=1 Then
        Txt1.FontBold=True
    Else
        Txt1.FontBold=False
    End If
End Sub
```

'风格框中复选框 ChkUnderline 的选中事件的程序代码：

```
Private Sub ChkUnderline_Click()
    If ChkUnderline.Value=1 Then
        Txt1.FontUnderline=True
    Else
        Txt1.FontUnderline=False
    End If
End Sub
```

在同一框架中的单选按钮，只能有一个被选中。用户选中一个时，另一个就自动不选中。这种效果是系统自动赋予的，无须编程。单选按钮的 Click 事件就是选中该按钮。

而复选框可以同时选中多个，每个复选框之间是独立地选择的。单击复选框就是改变该框的选中状态:原来没有选中的，现在就被选中；原来选中的，现在就不选中。因此，复选框的 Click 事件的程序代码中，还需要判断究竟是选中还是取消选中。

单选按钮的 Value 属性，其值是逻辑型的。True 表示选中，False 表示未选中(缺省)。

复选框的 Value 属性，其值为 0 表示未选中(缺省)，1 表示选中，2 表示禁用。

注意：*在程序代码中使用了条件语句。End 与 If 之间应有空格。*

8. 水平滚动条(HscrollBar)与垂直滚动条(VscrollBar)

利用滚动条控件可对与其相关联的其他控件中所显示的内容的位置进行调整。VB 的控件工具箱中有水平滚动条(HscrollBar)和垂直滚动条(VscrollBar)两种形式的控件。水平滚动条进行水平方向的调整，垂直滚动条进行垂直方向的调整，两种滚动条也可同时使用。两种滚动条除外观不同，作用和使用方法是相同的，下面将以水平滚动条为例，介绍滚动条的属性、方法和事件。

程序运行时，水平滚动条在窗体上的外观如图 2-6 所示，滚动条两端带箭头的按钮称之为滚动箭头，两滚动箭头之间的部分称之为滚动框，滚动框中可以左右移动的滑块称之为滚动滑块。小幅度的调整通常通过单击或连续单击滚动箭头来实现，如果要进行较大幅度的调整，可用鼠标单击或连续单击滚动框，如果要进行快速调整，则可拖动滚动滑块。

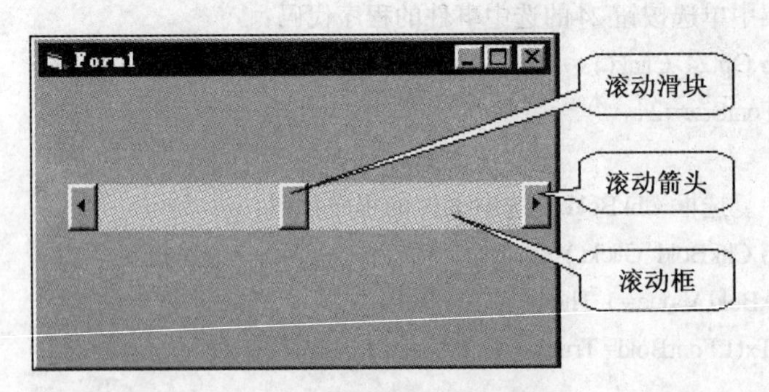

图 2-6　水平滚动条的外观结构

(1) 属性

① Value 属性：返回一个与滚动滑块位置对应的值。在程序代码中，将该属性值和其

他容器中的对象的坐标有机地联系在一起,即可实现容器中的对象位置的调整。

② Min 属性:规定 Value 属性的最小取值,即当滚动滑块在滚动框最左端时,Value 属性的值。

③ Max 属性:规定 Value 属性的最大取值,即当滚动滑块在滚动框最右端时,Value 属性的值。

④ SmallChange 属性:用于设置程序运行时,鼠标单击滚动箭头一次,Value 属性值的改变量。

⑤ LargeChange 属性:用于设置程序运行时,鼠标单击滚动框一次,Value 属性值的改变量。

注意:Value 属性值的变化范围不能超出由 Min 属性和 Max 属性两者规定的范围。滚动条还有许多其他属性,其作用和用法可参考其他对象的同名属性。滚动条可以调用 Move、Refresh 等方法,但很少使用。

(2) 事件

① Scroll 事件:程序运行中,用鼠标拖动滚动滑块时,引发该事件。

② Change 事件:程序运行中,用鼠标单击滚动箭头或滚动框,滚动滑块移动到目标位置后,引发该事件。

用 Scroll 事件可以跟踪滚动条的 Value 属性的动态值,而用 Change 事件获取的是滚动条的 Value 属性变化后的值。设计程序时,如果希望拖动滚动滑块,对象中的文本或图形即时跟着移动,可使用 Scroll 事件;如果希望滚动滑块移动后,对象中的文本或图形位置再发生改变,则可使用 Change 事件。

9. 计时器 Timer

计时器(Timer)也是 Visual Basic 常用的一种控件,其主要功能是每隔一定时间间隔产生一个 Timer(定时)事件。计时器控件响应定时事件时可执行相应的程序代码,即每隔一定的时间执行一次这样的程序。计时器控件的大小是不可以改变的,并在运行时不可见。在设计时,利用工具箱中的 Timer 图标,可在窗体中建立一个时钟形状的 Timer 控件。

(1) 属性

① Interval:计时的时间间隔,整数类型,以毫秒(千分之一秒)为单位,取值范围为 0～65535,因此其最大时间间隔不能超过 65 秒。其值为 0 时,计时器无效。缺省值为 0。

② Enabled:计时器有效性。其值为 True 时,计时器有效;其值为 False 时,计时器无效。缺省值是 True。

在程序代码中,设置 Timer1.Enabled= False 将使计时器立即停止工作,但如果设置 Interval=0,则计时器原已产生的事件可能还会起作用,因此,计时器的停止可能不是立即的。

(2) 事件

Timer:每经过一个 Interval 属性的时间间隔,便会产生一个 Timer 事件,该控件仅有这一个事件。

例 2－6　建立数字计时器。在标签上实时显示当前系统的时间。

```
Private Sub Timer1_Timer()
    Label1.FontName="Times New Roman"
    Label1.FontSize=36
    Label1.Caption=Time
End Sub
```

例 2-7　字体颜色发生随机变化的效果。

```
Private Sub Form_Load()          '窗体(Form1)的加载事件代码
    Timer1.Interval=1000
    Label1.Caption="欢迎进入 VB 应用程序"
    Label1.Font.Size=20
    Label1.AutoSize=True
End Sub

Private Sub Timer1_Timer()   '计时器(Timer1)控件的 Timer 事件代码
    Label1.ForeColor=RGB(255*Rnd,255*Rnd,255*Rnd)
End Sub
```

例 2-8　设计程序完成以下功能,程序界面如图 2-7 计时器示例所示。

在运行时,如果单击“开始”按钮,则窗体上的汽车图标每 0.1 秒向右移动一次(初始状态下不移动);如果单击“停止”按钮,则停止移动。

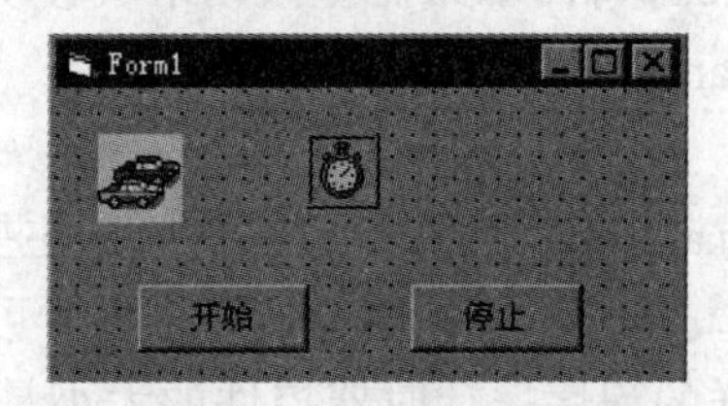

图 2-7　计时器示例

首先在设计态设置计时器控件的 Enabled 属性为 False,Interval 属性为 100。

其次设置计时器控件、开始控件和停止控件代码如下:

```
Private Sub Timer1_Timer()
    Picture1.Left=Picture1.Left+20
End Sub
Private Sub Command1_Click()          '开始按钮
    Timer1.Enabled=True
End Sub
Private Sub Command2_Click()          '停止按钮
    Timer1.Enabled=False
End Sub
```

例 2-9　用计时器实现字体的放大。

用计时器可以按指定的时间间隔对字体进行放大,运行界面如图 2-8 使用计时器改变字号大小所示，下面的程序可以实现这一功能。首先在窗体上画一个标签，大小和位置任意，再画一个计时器，然后编写如下程序：

```
Private Sub Form_Load()
    Label1.FontName="宋体"
    Label1.Caption="字体"
    Label1.Width=Width
    Label1.Height=Height
    Timer1.Interval=1000
End Sub
Private Sub Timer1_Timer()
    If Label1.FontSize<100 Then
        Label1.FontSize=Label1.FontSize*1.5
    Else
        Label1.FontSize=10
    End If
End Sub
```

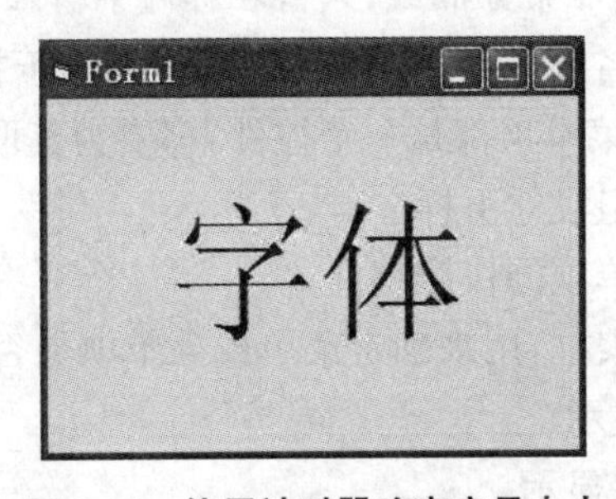

图 2-8　使用计时器改变字号大小

在 Form_Load 事件中，将标签的高度和宽度设置为与窗体相同，把计时器的 Interval 属性设置为 1000，即每秒钟变化一次。在计时器事件过程中，判断标签的字号大小是否超过 100，如果没有超过，则每隔一秒将字号扩大 1.5 倍，否则把字号大小恢复为 10。程序中使用了条件结构语句，将在第 4 章介绍。

2.3　制作菜单

在 Windows 环境下，几乎所有的应用软件都通过菜单实现各种操作。而对于简单的应用程序完成简单的操作时，一般通过控件来执行；而当要完成比较复杂的操作时，使用菜单具有十分明显的优势。

2.3.1　菜单概述

菜单的基本作用有两个，一是提供人机对话的界面，以便让使用者选择应用系统的各种功能;二是管理应用系统,控制各种功能模块的运行。一个高质量的菜单程序,不仅能够使系统美观,而且能使操作者使用方便,并可避免由于误操作而带来严重的后果。在实际应用中,菜单可以分为两种基本类型,即下拉式菜单(单击"文件"菜单所显示的就是下拉式菜单)和弹出式菜单(用鼠标右键单击窗体时所显示菜单是弹出式菜单)。

1. 启动菜单编辑器的方法

启动菜单编辑器可以通过以下四种方式:

(1) 执行"工具"菜单中的"菜单编辑器"命令。

(2) 使用快捷键 Ctrl+E。

(3) 单击标准工具栏中的"菜单编辑器"按钮。

(4) 在窗体上单击鼠标右键,从弹出的菜单中选择"菜单编辑器"命令。

2. 菜单编辑器窗口的组成

窗口分三部分:数据区、编辑区和菜单项显示区。

(1) 数据区

① 标题:输入所建立菜单的名字及菜单中每个菜单项的标题(相当于控件的 Caption 属性),运行后可以看到标题。

注意:如果想在菜单中加一条分隔线,只需在标题中输入一个减号(-)。

② 名称:用来输入菜单名及各菜单项的控制名(相当于控件的 Name 属性),它不在菜单中出现。菜单名和每个菜单项都是一个控件,都要为其取一个控制名。

③ 索引:用来为控件数组设立下标。

④ 快捷键:用来设置菜单项的快捷键。

⑤ 协调位置:是一个列表框,用来确定菜单或菜单项是否出现或在什么位置出现。

0—None　　菜单项不显示

1—Left　　菜单项靠左显示

2—Middle　　菜单项居中显示

3—Right　　菜单项靠右显示

⑥ 复选:当选择该项时,可以在相应的菜单项旁加上指定的记号(例如"√")。

⑦ 有效:用来设置菜单项是否能被激活。如果未选中,则相应的菜单项变灰。

⑧ 可见:确定菜单项是否可见。

(2) 编辑区(对菜单进行编辑)

① 左、右箭头:用来产生或取消内缩符号(菜单的降级升级)。

单击一次右箭头,产生 4 个点,菜单层次降一级。

单击一次左箭头,删除 4 个点,菜单层次升一级。

② 上、下箭头:用来移动菜单项的位置。

③ 下一个:移到下一个菜单项(可用回车替代)。

④ 插入:在当前位置插入新的菜单项。

⑤ 删除:删除当前菜单项。

(3) 菜单项显示区

显示所有菜单。并用内缩符号"····"表明菜单项的层次关系。有关说明:

① 内缩符号由 4 个点组成，表明菜单项层次。一个内缩符号(4 个点)代表一层，两个内缩符号表示两层，最多可设置六层。

② 如果标题栏只输入一个"-"，表示产生一个分隔线。

③ 除分隔线外，所有菜单项都可接受 Click 事件。

④ 输入菜单项时，如果字母前加"&"，则显示菜单时在该字母下加一条下划线，可通过 Alt+带下划线的字母打开相应菜单。

2.3.2　用菜单编辑器建立菜单

例 2-10　设计简单计算器。

功能要求：如图 2-9 菜单编辑器示例所示，设计一个具有算术运算(+、-、*、\)及清除功能的菜单。从键盘上输入两个数，利用菜单命令求出它们的和，差，积或商，并显示出来。

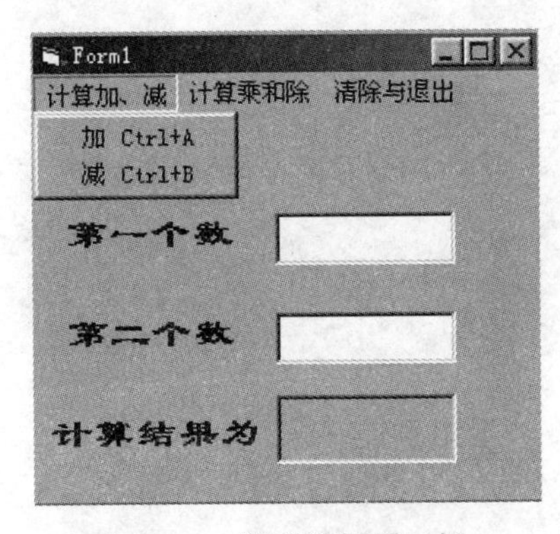

图 2-9　菜单编辑器示例

1. 设计用户界面

设计第一个文本框的名称为 num1，第二个文本框的名称为 num2，标签的名称为 result。各菜单项的属性如表 2-3 所示。

表 2-3

分类	标题	名称	内缩符号	快捷键
主菜单项 1	计算加、减	C1	无	无
子菜单项 1	加	Add	1	Ctrl+A
子菜单项 2	减	Min	1	Ctrl+D
主菜单项 2	计算乘和除	C2	无	无
子菜单项 1	乘	Mul	1	Ctrl+C
子菜单项 2	除	Div	1	Ctrl+D
主菜单项 2	清除与退出	C3	无	无
子菜单项 1	清除	Clear	1	Ctrl+E
子菜单项 2	退出	Quit	1	Ctrl+F

2. 编写程序代码

```
Private Sub Add_Click()        '加法事件
    result.Caption=Val(num1.Text)+Val(num2.Text)
End Sub
Private Sub Min_Click()        '减法事件
    result.Caption=Val(num1.Text)-Val(num2.Text)
End Sub
Private Sub Mul_Click()        '乘法事件
    result.Caption=Val(num1.Text)*Val(num2.Text)
End Sub
Private Sub Div_Click()        '除法事件
    result.Caption=Val(num1.Text)/Val(num2.Text)
End Sub
Private Sub Clear_Click()      '清除事件
    num1.Text=""
    num2.Text=""
    result.Caption=""
    num1.SetFocus
End Sub
Private Sub Quit_Click()       '退出事件
    End
End Sub
```

用户单击菜单项就会触发相应的事件。

2.3.3 创建弹出式菜单

弹出式菜单独立于菜单栏，是一种小型菜单，直接显示在窗体上对程序事件作出反应。弹出式菜单通常是单击鼠标右键打开，又称为“右键菜单”或“快捷菜单”。

1. 创建方法

在程序中建立弹出式菜单，分2步实现：

(1) 首先建立菜单，然后在“菜单编辑器”中，将最高一级菜单的“可见”属性设置为“False”；

(2) 然后调用窗体的PopupMenu方法将其作为快捷菜单弹出显示。

PopupMenu方法格式：

[对象名].PopupMenu 菜单名，[Flags]，[X]，[Y]，[DefaultMenu]

其中：

对象名：可选项，默认为当前窗体；

菜单名：必选项，要显示的弹出式菜单名，是在菜单编辑器中定义的主菜单标题，该主菜单标题至少含有一个子菜单；

Flags：可选项，是一个数值或符号常量，用于指定弹出式菜单的位置和行为。用于 Flag 参数设置指定菜单位置和指定菜单行为，取值表分别见表 2－4 和表 2－5。

表 2－4　指定菜单位置

值	位置常量	说明
0	vbPopMenuLeftAlign	缺省值，弹出式菜单的左上角位于坐标(x,y)处
4	vbPopMenuCenterAlign	弹出式菜单的上边框的中央位于坐标(x,y)处
8	vbPopMenuCenterRight	弹出式菜单的右上角位于坐标(x,y)处

表 2－5　指定菜单行为

值	位置常量	说明
0	vbPopMenuLeftButton	缺省值，弹出式菜单中的命令只接受鼠标左键单击
2	vbPopMenuRightButton	缺省值，弹出式菜单中的命令只接受鼠标右键单击

若要同时指定菜单位置和行为，则将两个参数值用 Or 连接：0 Or 2。

参数 x，y：表示弹出式菜单在窗体上显示时的横、纵坐标位置。

DefaultMenu：指定弹出式菜单中要显示为黑体的菜单控件的名称，省略时，则弹出式菜单没有以黑体字出现的菜单项。

为了显示弹出式菜单，通常把 PopupMenu 方法放在窗体的 MouseDown 事件中。通过鼠标右键打开弹出式菜单，可以用 Button 参数来判断，左键的 Button 参数为 1，右键的 Button 参数为 2。鼠标事件过程的详细内容将在第六章介绍。

2. 举例

例 2－11　建立一个弹出式菜单，用来改变文本框中字体的属性。运行时界面如图 2－10所示。

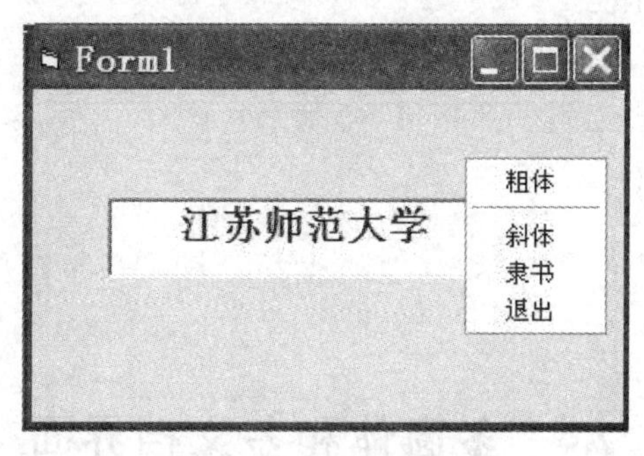

图 2－10　弹出式菜单

(1) 首先设计菜单，各菜单项属性如表 2－6 所示：

表 2-6

标题	Name	内缩符号	可见性
字体格式化	Popformat	无	False
粗体	Popbold	1	True
斜体	Popitalic	1	True
隶书	Lishu	1	True
退出	Quit	1	True

(2) 编写窗体的 Mousedown 事件。

```
Sub Form_MouseDown(Button As Integer,Shift As Integer,X As Single,Y As Single)
    If Button=2 Then                    '如果在文框中单击鼠标右键时
        PopupMenu Popformat             '弹出名称为 popformat 的菜单
    End If
End Sub
```

(3) 打开窗体的代码窗口，单击“对象”框右端的箭头，显示各菜单项，编写各菜单项代码。

```
Private Sub Lishu_Click()
    Text1.FontName="隶书"
End Sub

Private Sub Popbold_Click()
    Text1.FontBold=True
End Sub

Private Sub PopItalic_Click()
    Text1.FontItalic=True
End Sub

Private Sub Quit_Click()
    End
End Sub
```

2.4 多窗体和多文档界面

在前面已经学习的内容中，介绍了一些简单的 VB 程序编写，这些程序的设计、运行都是在一个窗体内完成的，这样的程序称为单窗体程序。而在实际的工作、生活中，具有实用价值的一些程序一般都比较复杂，单窗体已经不能满足编程需要，这时就必须通过多窗体(Multi-Form)来实现。多文档界面(Multiple Document Interface, MDI)与多窗体类似，其程序中由多个窗体组成，在这多个窗体中有一个父窗体(应用程序)和若干个子窗体(文档界面)，子窗体间的信息可以在父窗体内同时浏览并交互使用。

2.4.1 多窗体设计

多窗体程序必须具有两个以上的窗体，并且指定启动窗体(启动对象)。每个窗体都有自己独特的功能，并且必须编写能控制其他窗体和本窗体状态(加载、卸载、显示、隐藏)的事件，这些事件使得各个窗体不再孤立，组成了一个完整、有联系的多窗体程序。

1. 添加多个窗体

添加窗体有两种方法：

(1) 选择“工程”菜单下的“添加窗体”命令。

(2) 单击工具栏上的“添加窗体”按钮。

用以上两种方法，都会出现添加窗体对话框，该对话框有两个选项卡“新建”和“现存”。点击“新建”选项卡中的“窗体”图标，将会添加一个新窗体；点击“现存”选项卡，可以选择一个属于其他工程的窗体添加到当前工程中。使用“现存”来添加多窗体必须注意以下两个问题：

添加的窗体的Name属性不能与该工程中的其他窗体相同，否则无法添加；

对该窗体所做的改变将会影响到窗体所在的多个工程，这是因为添加的现存窗体在各个工程中是共享的。

2. 编写程序代码

多窗体的编程与单窗体是相同的。要编写某个窗体的代码，可先双击工程资源管理器窗口中相应的窗体文件，然后点击代码窗口按钮，就可以进行代码编写了。

3. 多窗体程序的运行

多窗体程序由多个窗体组成，如不进行专门设置，多窗体应用程序执行时会自动从用户创建的第一个窗体开始运行，这个窗体就是启动窗体。但用户也可以通过设置，将多个窗体中的任意一个设置为启动窗体(即程序运行时，最先显示的窗体)，如图2-11所示。

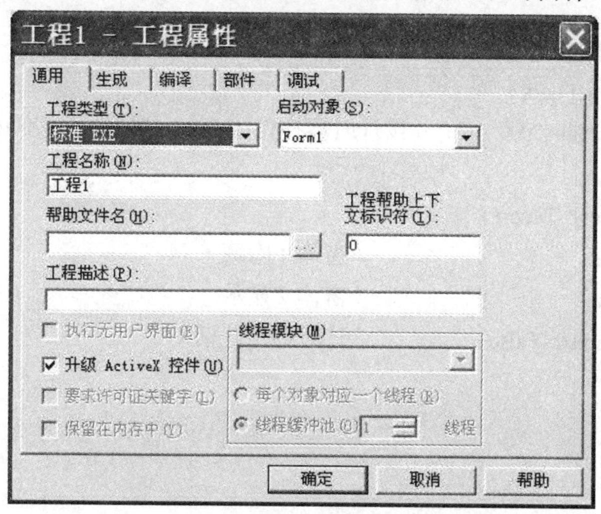

图2-11 “工程属性”对话框中设置启动窗体

启动过程或启动窗体的设置可以通过“工程”菜单中选取“工程属性”，再在“工程 1—工程属性对话框”中选取“通用”。在“启动对象”下有一个下拉列表框，列表框中列出了本程序（工程）所有的窗体名及 Sub Main 过程。

4. 多窗体程序的保存

方法与单窗体程序的保存相同，点击“文件”菜单的“保存窗体”命令，每个窗体都将进行保存操作，并且每个窗体都应以不同的窗体名进行保存。

2.4.2 多窗体程序设计示例

例 2-12 下面是一个程序设计实例，介绍设计一个应用程序用户界面的全过程。其中，也包括有创建菜单操作。

本程序的用户界面由四个窗体组成。

图 2-12 是示例程序的启动窗口，也是一个程序的标题画面，由一个图片框，一个标签和一个计时器控件组成；图 2-13 是程序的主窗口，包含有菜单和三个命令按钮，用户可以通过菜单或命令按钮执行程序 1 或程序 2；图 2-14 则分别是两个简单应用程序的工作窗口。四个窗体的 Name 属性分别为 Form1、Form2、Frm1、Frm2。

图 2-12

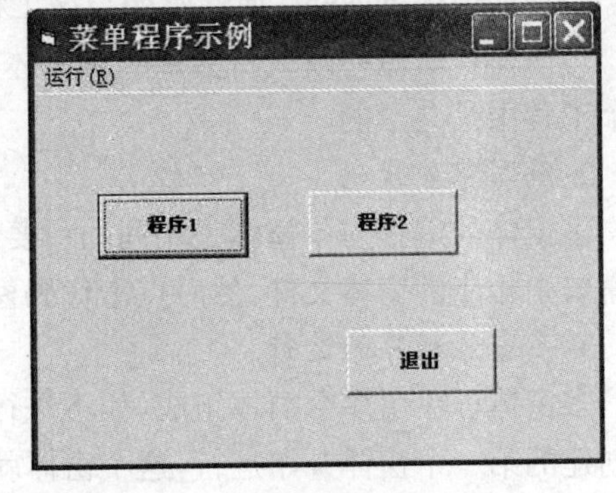

图 2-13

窗体 Form1 中的程序代码如下：

```
Private Sub Form_Load()
    Timer1.Interval=5000          '设计时器控件的 Interval 属性为 5000ms
End Sub
Private Sub Timer1_Timer()
    Form1.Hide                    '窗体 1 隐藏
    Form2.Show                    '窗体 2 显示
    Timer1.Enabled=False          '计时器停止活动
End Sub
```

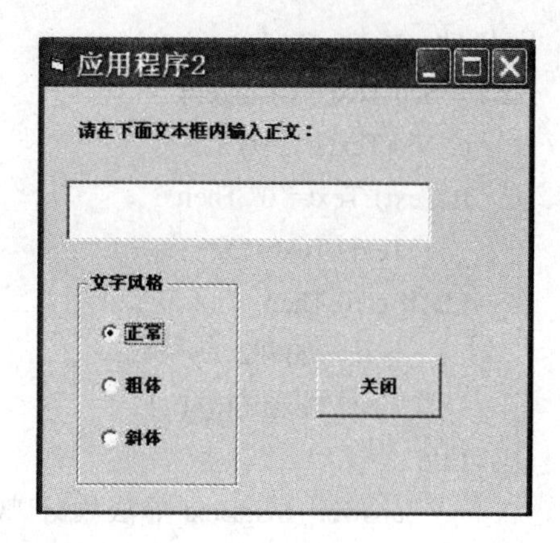

图 2-14

窗体 Form2 中的代码如下：

```
Private Sub Command1_Click()            '使用命令按钮操作
    Form2.Hide                          '窗体 Form2 隐藏
    Frm1.Show                           '窗体 Frm1 显示
End Sub
Private Sub Command2_Click()
    Form2.Hide                          '窗体 Form2 隐藏
    Frm2.Show                           '窗体 Frm2 隐藏
End Sub
Private Sub Command3_Click()
    End                                 '结束程序运行
End Sub
Private Sub M1_P1_Click()               '使用下拉菜单操作
    Form2.Hide                          '窗体 Form2 隐藏
    Frm1.Show                           '窗体 Frm1 显示
End Sub
Private Sub M1_P2_Click()
    Form2.Hide
    Frm2.Show
End Sub
Private Sub M1_Exit_Click()
    End
End Sub
```

窗体 Frm1 中的代码如下：

```
Private Sub Command1_Click()
    Unload Me
    Form2.Show
```

```
End Sub
Private Sub Text1_Change()
    c=Val(Text1.Text)
    If Text1.Text="0" Then
        Text2.Text="32"
    ElseIf c>0 Then
        s=(c*9/5)+32
        Text2.Text=Str(s)
    Else
        answer=MsgBox("非法数据！",vbOKOnly+vbExclamation,"提示信息")
        If answer=vbOK Then
            Text1.Text=""
            Text2.Text=""
        End If
    End If
End Sub
```

窗体 Frm2 中的代码如下：

```
Private Sub Command1_Click()
    Unload Me
    Form2.Show
End Sub
Private Sub Option1_Click()
    Text1.FontBold=False
    Text1.FontItalic=False
End Sub

Private Sub Option2_Click()
    Text1.FontBold=True
    Text1.FontItalic=False
End Sub

Private Sub Option3_Click()
    Text1.FontItalic=True
    Text1.FontBold=False
End Sub
```

1. 在名称为Form1的窗体上画一个文本框，其名称为T1，宽度和高度分别为1400和400；再画两个按钮，其名称分别为C1和C2，标题分别为“显示”和“扩大”，编写适当的事件过程。程序运行后，如果单击C1命令按钮，则在文本框中显示“等级考试”，如图2-15所示，如果单击C2命令按钮，则使文本框在高、宽方向上各增加一倍，文本框中的字体大小扩大到原来的3倍，如图2-16所示。

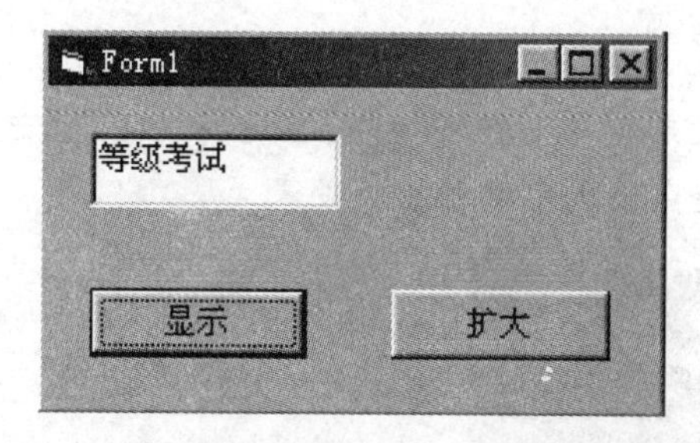

图2-15

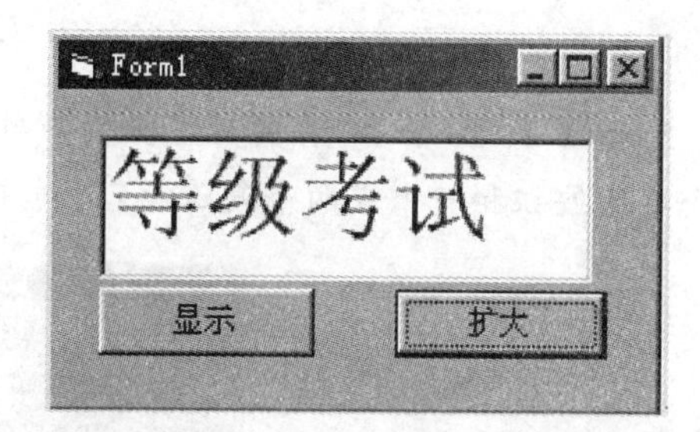

图2-16

2. 在窗体上画一个文本框，名称为Text1，Text属性为空白。再画一个列表框，名称为L1，通过属性窗口向列表框中添加4个项目，分别为“AAAA”、“BBBB”、“CCCC”和“DDDD”，编写适当的事件过程。程序运行后，在文本框中输入一个字符串，如果双击列表框中的任一项，则把文本框中的字符串添加到列表框中。程序的运行情况如图2-17所示。

图2-17

3. 如图2-18所示，窗体上有两个列表框，名称分别为List1、List2，在List2中已经预设了内容；还有两个命令按钮，名称分别为C1、C2，标题分别为“添加”、“清除”。如图所示。程序的功能是在运行时，如果选中右边列标框中的一个列表项，单击“添加”按钮，则把该项移到左边的列表框中；若选中左边列标框中的一个列表项，单击“清除”按钮，则把该项移回右边的列表框中。

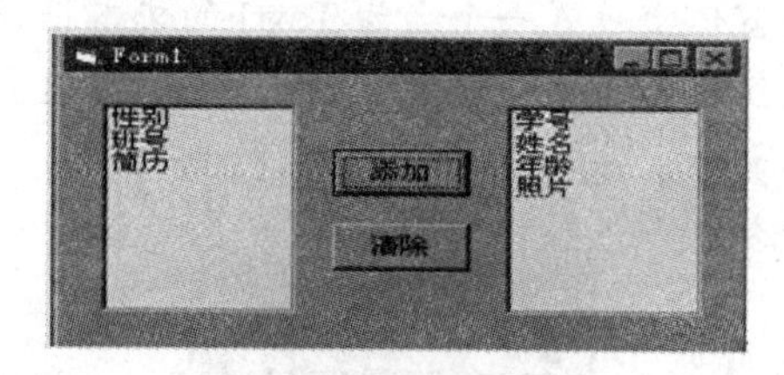

图2-18

4. 在名称为Form1的窗体上画一个文本框，名称为Text1，无初始内容；再画一个图片框，名称为P1。请编写Text1的Chang事件过程，使得在运行时，在文本框中每输入一个字符，就在图片框中输出一行文本框中的完整内容，运行时的窗体如图2-19所示。程序中不能使用任何变量。

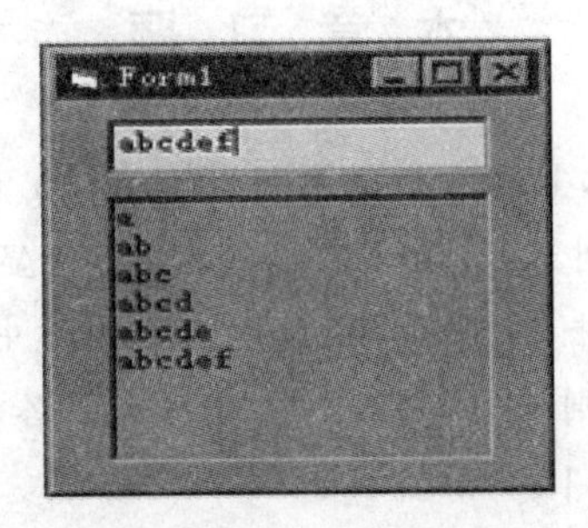

图 2－19

5. 如图 2－20 所示，请编写适当的事件过程完成以下程序功能：在运行时，如果选中一个单选按钮和一个或两个复选框，则对文本框中的文字做相应的设置。

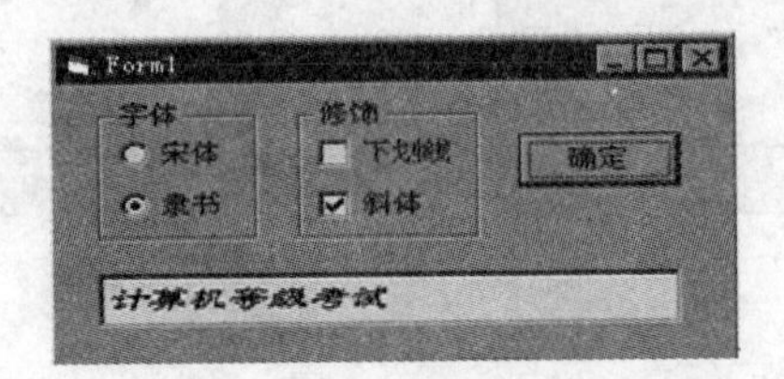

图 2－20

6. 在名称为 Form1 的窗体上画一个名称为 H1 的水平滚动条，请在属性窗口中设置它的属性值，满足以下要求：它的最大刻度值为 100，最小刻度值为 1，在运行时鼠标单击滚动条上滚动框以外的区域(不包括两边按钮)，滚动框移动 10 个刻度。再在滚动条下面画两个名称分别为 L1、L2 的标签，并分别显示 1、100，运行时的窗体如图 2－21 所示。

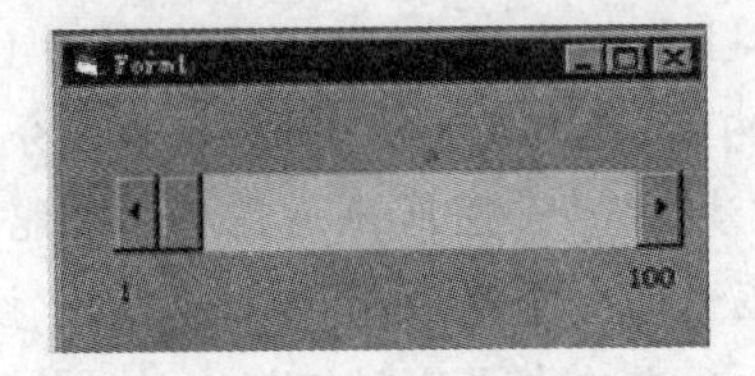

图 2－21

7. 在名称为 Form1 的窗体上放置一个名为 Text1 的文本框控件和一个名为 Timer1 的计时器控件，程序运行后，文本框中显示的是当前的时间，而且每一秒文本框中所显示的时间都会随时间的变化而改变。运行结果如图 2－22 所示。

图 2－22

8. 在Form1的窗体上画一个名称为P1的图片框,然后建立一个主菜单,标题为"操作",名称为Op,该菜单有两个子菜单,其标题分别为"显示"和"清除",名称分别为Dis和Clear,编写适当的事件过程。程序运行后,如果单击"操作"菜单中的"显示"命令,则在图片框中显示"等级考试";如果单击"清除"命令,则清除图片框中的信息。程序的运行情况如图2-23和图2-24所示。

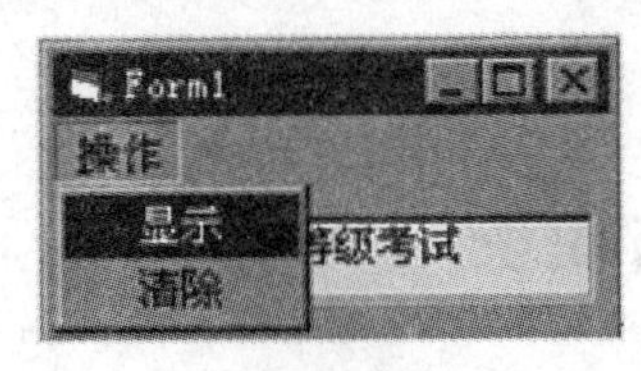

图2-23

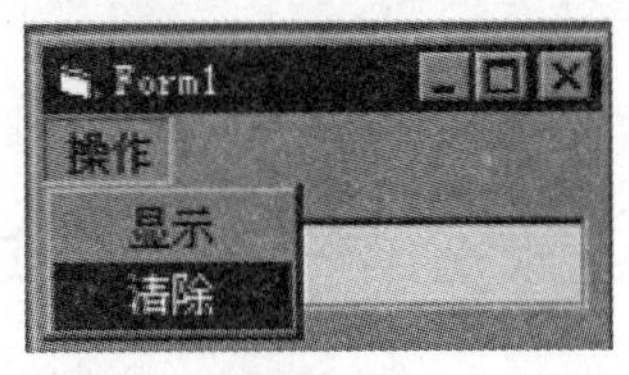

图2-24

9. 设计一个应用程序,通过菜单完成两个整数的加减运算。界面如图2-25所示。

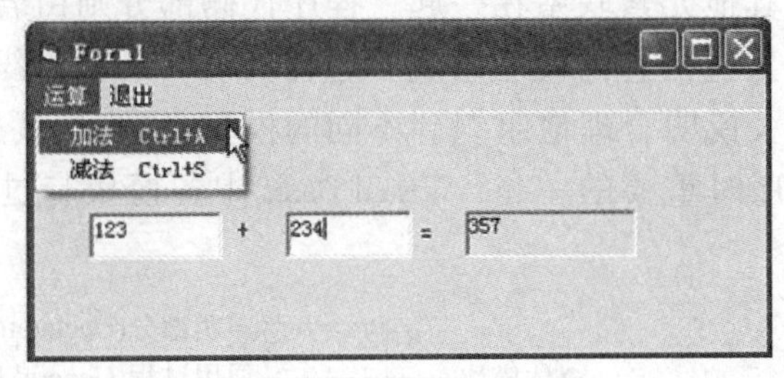

图2-25

10. 完成以下程序。本程序包含两个名称分别为Form1和Form2的窗体,Form1和Form2窗体上建立了标题分别为"C1"和"C2"的按钮。请先把Form1上按钮的标题改为"结束",把Form2上按钮的标题改为"显示",并将Form2设为启动窗体,将Form1设为不显示。该程序实现的功能是:在程序运行时显示Form2窗体,单击Form2上的"显示"按钮,则显示Form1窗体;若单击Form1上的"结束"按钮,则关闭Form1和Form2,并结束程序运行。正确程序运行后的界面如图2-26所示。

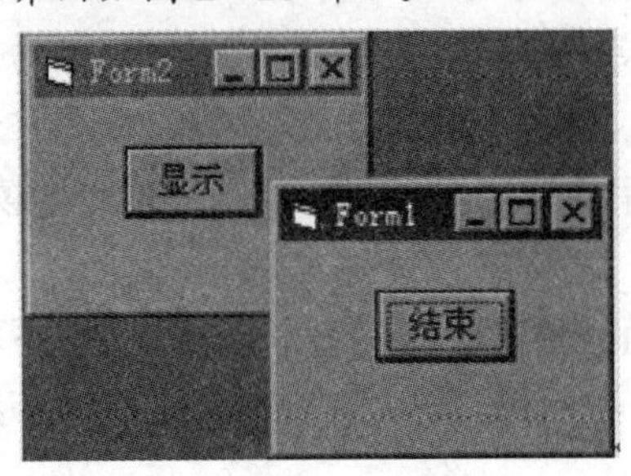

图2-26

【微信扫码】
在线练习&参考答案

第 3 章 Visual Basic 程序设计基础

3.1 过程与模块

一个 VB 程序由窗体界面和程序代码两部分组成，通过程序代码把窗口界面的各个对象以及应用中的其他元素联系在一起。程序代码部分则由若干被称为“过程”的代码行及向系统提供某些信息的说明组成。过程及说明又被组织在“模块”之中。将设计的过程代码及相关说明合理地组织到不同的模块之中，这就是设计代码的结构，也是创建 VB 应用程序时重要的一步。Visual Basic 中各模块与过程的组织关系如图 3－1 所示。

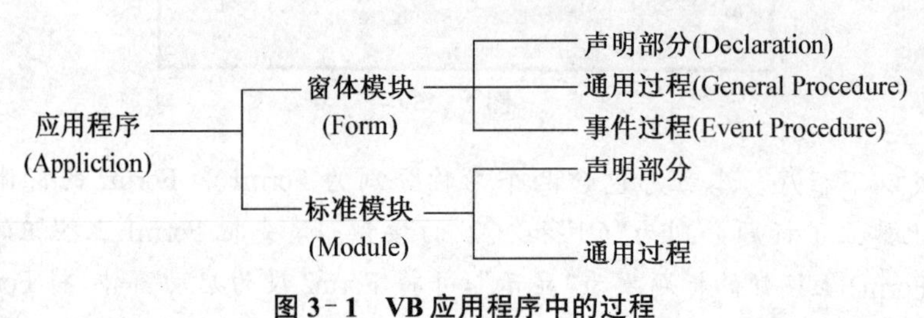

图 3－1 VB 应用程序中的过程

3.1.1 过程

所谓“过程”，就是具有特定书写格式，包含若干可被作为一个整体执行的代码行的一个代码组。根据执行的方式，可把“过程”分为“事件过程”和“通用过程”两类(注：VB 还有一类“属性过程”，因超出本书内容范围，不再介绍，感兴趣的读者可自行参阅 VB 手册)。

1. 事件过程

VB 程序是由事件驱动的，所以事件过程是 VB 程序中不可缺少的基本过程。我们为窗体以及窗体上的各种对象编写的，用来响应由用户或系统引发的各种事件的代码行就是“事件过程”。

事件过程主要由 VB 中的事件调用。也就是说，当指定的事件发生时，该过程即被激活执行。

事件过程存储在被称为“窗体模块”的文件中(扩展名.frm)，在缺省情况下，是“私有的”(Private)。换言之，事件过程在未加特别说明时，仅在该窗体内有效。

前面列举的程序示例中的程序代码都是事件过程。

事件过程的代码框架是由 VB 系统自动提供的，用户在“代码编辑器”窗口中可通过单击左侧“对象”下拉列表框，选择要编写代码的具体对象，再单击右侧“过程”下拉列表框，选择具体的事件，“代码编辑器”窗口就会给出该对象所选事件的过程框架，在框架内加入代码(见图 3－2)。在保存窗体时，窗体的外观将和编写的事件代码一起保存。

2. 通用过程

一个应用程序可以具有若干个窗体，每个窗体又可能拥有相同或不同的对象，但是这些不同窗体中的对象有可能引发相同的操作或需要进行某些共同的处理。也就是说，一个应用中的多个窗体可以共享一些代码，或者一个窗体内不同的事件过程可共享一些代码。这些可被共享的代码构成的过程称为“通用过程”。

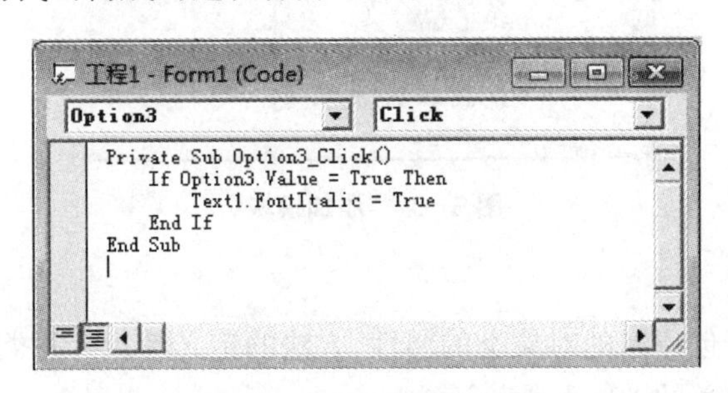

图 3－2　事件过程的代码

通用过程是由事件过程或其他通用过程调用而执行的。这些过程在缺省情况下，是“公有的”(Public)。也就是说，通用过程可被所有的窗体共享。在第六章中还将详细介绍有关过程的知识，特别是通用过程的设计及调用方法。

3.1.2　模块

模块是 VB 用于将不同类型过程代码组织到一起而提供的一种结构。在 VB 中具有三种类型的模块：窗体模块、标准模块和类模块。

1. 窗体模块

应用程序中的每个窗体都有一个相对应的窗体模块。窗体模块不仅包含有用于处理发生在窗体中的各个对象的事件过程，而且包含有窗体及窗体中各个控件对象的属性设置以及相关的说明。

如果某些通用过程仅供本窗体内的其他过程共享，则它也可包含在该窗体模块之中。

2. 标准模块

在应用程序中可被多个窗体共享的代码，应当被组织到所谓的“标准模块”之中。标准模块文件的扩展名是.bas。标准模块中保存的过程都是通用过程。除了这些通用过程之外，标准模块中还包含有相关的说明。特别值得一提的是，标准模块中代码不仅能用于一个应用程序，而且可以供其他应用程序重复使用。

创建标准模块的方法如下：

单击工具栏上添加窗体按钮右侧向下的箭头，并在出现的选项列表中选择“添加模块”(图 3－3)，然后再在出现的“代码编辑器”窗口中输入代码即可。

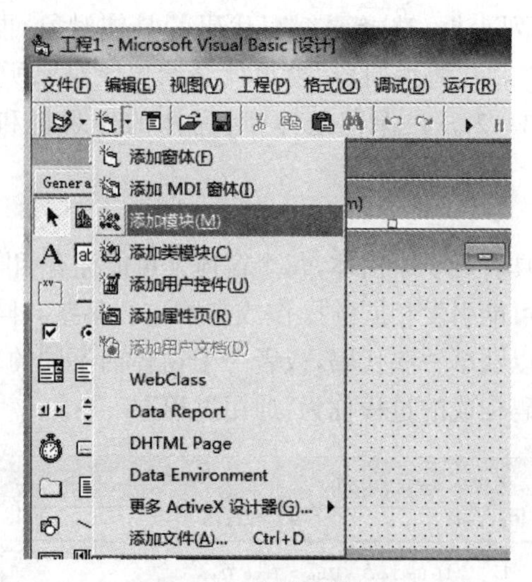

图 3-3 “添加模块”

3. 类模块

类模块包含用于创建新的对象类的属性、方法的定义等。有关类模块的详细内容，感兴趣的读者可参阅有关的 VB 手册。

3.2 Visual Basic 程序的书写规范和常用语句

3.2.1 书写规范

VB 程序是按行书写的。通常一个语句写在一行上；如有必要也可以通过在行的末尾加上“续行标志”(_：即一个空格加一个下划线字符)，而分写在多行上；另外，如需将多个语句写在同一个代码行上，语句之间要用冒号“:”分隔。下面是两种情况的示例。

例如，将一个语句分写在多行上。

```
Dim student_name As String，student_number As Integer，Computer As Integer， _
English As Integer
```

例如，在一行上写多个语句。

```
x=10:y$="Visual Basic":z=20
```

语句输入时，可以不区分大小写字母。一个代码行输入完后，按回车键，光标自动移向下一行，同时，系统还会自动把语句中所有“保留字”的第一个字母改为大写字母，并在其前后加上空格。

比如，Rem 是系统保留字，所以不论输入的是 ReM、还是 rem 或 REM 等，系统都会自动变换成 Rem。

3.2.2 常用语句

语句是构成 VB 程序的最基本成分。一个语句或者用于向系统提供某些必要的信息

(如程序中使用的数据类型等),或者规定系统应该执行的某些操作。语句的一般形式是:

<语句定义符>[语句体]

语句定义符用于规定语句的功能,语句体用于提供语句所要说明的具体内容或者要执行的具体操作。在 VB 中一些语句可以没有语句定义符,也有一些语句的语句定义符可以省略。

(1) 赋值语句

① 格式:

[Let]var=<表达式>

其中,Let 通常省略不写,var 可以是变量名或属性名。变量和表达式将在 3.4、3.5 节中介绍。使用赋值语句可给变量或属性赋值。例如:

```
x="This is a flower"
number%=72
Label1.Caption="Filename is:"
Text1.FontSize=12                    '改变字号
```

注意:语句通常要放在事件过程内部,比如上述代码可以放到下面的事件过程中使用。

```
Private Sub Command1_Click()
    ……
End Sub
```

② 功能:

赋值语句具有计算与赋值双重功能。它首先将赋值号右边的表达式进行计算,然后把结果赋给赋值号左边的变量或属性。因此,在书写赋值语句时,一定要注意前后顺序,还要注意保证赋值号前后的数据类型(将在 3.3 节介绍)尽可能一致,否则会出错。比如:

```
Text1.Text=a
a=Text1.Text
```

含义是相反的,前者是已知变量 a 的值,将其放到文本框中输出,后者是用户从文本框中输入一个数,变量 a 来接收它,以便在代码中使用。注意:属性也存在数据类型,所以在获取对象的属性值时,最好使用具有相同数据类型的变量。比如文本框的 Text 属性值是字符串型。

在程序中,赋值语句以及各种操作对象的方法等,都是顺序执行的。

(2) 注释语句

为程序加上必要的文字说明,是提高程序可读性的有效方法。注意:注释语句并不会被执行,任何字符都可以放在注释行中。注释语句不能放在续行符的后面。VB 提供了两种办法用于给程序添加注释。

① Rem 语句

格式:

Rem<注释>

例如:

```
Private Sub Command1_Click()
    Rem 响应单击按钮事件的过程
    Print "OK!"
End Sub
```

注意：Rem 只能出现在句首。

② 单引号 '

格式：

```
'<注释>
```

例如：

```
Private Sub Command1_Click()
    '响应单击按钮事件的过程
    Print "OK!"        '在窗体上显示"OK!"
End Sub
```

显然，单引号不限于句首位置，使用起来更为灵活、方便。

3.3　数据类型

数据是程序的必要组成部分，也是程序处理的对象。在高级语言中，广泛使用"数据类型"这一概念，数据类型体现了数据结构的特点。Visual Basic 提供了系统定义的数据类型，并允许用户根据需要定义自己的数据类型。

3.3.1　基本数据类型

Visual Basic 6.0 提供的基本数据类型主要有字符串型数据和数值型数据，此外还提供了字节、货币、对象、日期、布尔和变体数据类型，共计 13 种。

1. 字符串(String)

字符串是一个字符序列，由 ASCII 字符组成，包括标准的 ASCII 字符和扩展 ASCII 字符。在 Visual Basic 中，字符串是放在双引号内的若干个字符，其中长度为 0(即不含任何字符)的字符串称为空字符串。例如：

"Hello!"

"320303200802151617"

"Visual Basic6.0 企业版。"

""(空字符串)

Visual Basic 中的字符串有变长字符串和定长字符串两种。其中变长字符串的长度是不确定的。

2. 数值

Visual Basic 的数值型数据也分为两种，即整型数和浮点数。其中整型数又分为整数和长整数，浮点数分为单精度浮点数和双精度浮点数。

(1) 整型数

整型数是不带小数点和指数符号的数，在机器内部表示为二进制补码形式。

① 整数(Integer)：整数以两个字节(16位)的二进制码表示和参加运算。

② 长整数(Long)：长整数以带符号的4个字节(32位)二进制数存储。

(2) 浮点数

浮点数也称实型数或实数，是带有小数部分的数值。它由3部分组成：符号、指数以及尾数。单精度浮点数和双精度浮点数的指数分别用"E"(或"e")和"D"(或"d")来表示。例如：

123.4E2 或 123.4e+2　单精度数，相当于123.4乘以10的2次幂

123.45678D6 或 123.45678d+6　双精度数，相当于123.45678乘以10的6次幂

在上面的例子中，123.4或123.45678是尾数部分，e+2(也可以写作E2或e2)和d+6(也可以写作D6或d6)是指数部分。

① 单精度浮点数(Single)：是以4个字节(32位)存储的，其中符号占1位，指数占8位，剩余23位表示尾数。单精度浮点数可以精确到7位十进制数。

② 双精度浮点数(Double)：用8个字节(64位)存储，其中符号占1位，指数占11位，剩下52位用来表示尾数。双精度浮点数可以精确到15或16位十进制数。

3. 货币(Currency)

货币数据类型用来表示钱款。此类型数据以8个字节(64位)存储，精确到小数点后4位(小数点前有15位)，在小数点后4位以后的数字将被舍去。

浮点数中的小数点是"浮动"的，即小数点可以出现在数的任何位置，而货币类型数据的小数点是固定的，因此也称为定点数据类型。

4. 变体(Variant)

变体数据类型是一种可变的数据类型，可以表示任何值，包括数值、字符串、日期/时间等。

5. 其他数据类型

除上面介绍的数据类型外，在Visual Basic 6.0中还可以使用其他一些数据类型，包括：

(1) 字节(Byte)

字节实际上是一种数值类型，以1个字节的无符号二进制数存储。

(2) 布尔(Boolean)

布尔型数据是一个逻辑值，用两个字节存储，它只取两种值，即True(真)或False(假)。

(3) 日期(Date)

日期存储为64位(8个字节)浮点数值形式，其可以表示的日期范围从公元100年1月1日～9999年12月31日，而时间可以从0:00:00～23:59:59。任何可辨认的文本日期都可以赋值给日期变量。日期文字须以符号"#"括起来，例如：# January 15,2008# 。

日期型数据用来表示日期信息，其格式为mm/dd/yyyy或mm-dd-yyyy。

(4) 对象(Object)

对象型数据用来表示图形、OLE对象或其他对象，用4个字节存储。

以上介绍了 Visual Basic 中的基本数据类型。表 3-1 列出了这些数据类型的名称、取值范围和存储要求。

表 3-1　Visual Basic 基本数据类型

数据类型	存储空间	取值范围
Integer(整型)	2 个字节	-32768～32767
Long(长整型)	4 个字节	-2147483648～2147483647
Single(单精度浮点型)	4 个字节	负数时从-3.402823E38～-1.401298E-45 正数时从 1.401298E-45～3.402823E38
Double(双精度浮点型)	8 个字节	-1.79769313486232E308～-4.94065645841247E-324 4.94065645841247E-324～1.79769313486232E308
Byte(字节)	1 个字节	0～255
Boolean(布尔型)	2 个字节	True 或 False
String(变长)	10 字节+串长	0 到大约 21 亿
String(定长)	串长度	0～65535
Currency(货币型)	8 个字节	从-922337203685477.5808～922337203685477.5807
Date(日期)	8 个字节	100 年 1 月 1 日～9999 年 12 月 31 日
Object(对象)	4 个字节	任何 Object 引用
Variant(数字)	16 个字节	任何数字值,最大可达 Double 的范围
Variant(字符)	22 字节+串长	与变长 String 有相同的范围

3.3.2　用户定义的数据类型

类似于 C 语言中“结构”类型数据,在 Visual Basic 中,允许用户根据需要定义自己的数据类型,称为记录类型。

记录类型通过 Type 语句来定义。其格式为:

```
[Private| Public]Type 数据类型名
    元素名[(下标)]  As 类型名
    元素名[(下标)]  As 类型名
End Type
```

记录类型的定义以 Type 开始,以 End Type 结束,格式中各部分的含义说明如下:

(1) Private:表示“私有”,所定义的记录类型只能在本模块中使用。当在窗体模块中定义记录类型时,必须使用 Private。

(2) Public(默认值):表示“公有”,所定义的记录类型可以在工程的任意位置使用。注意:只有在标准模块中才能用 Public 定义记录类型。

(3) 数据类型名:要定义的数据类型的名字,其命名规则与变量的命名规则(参见 3.4.2 节)相同。

(4) 元素名:是记录类型中的一个成员,假如含有“下标”,则成员是一个数组。

(5) 类型名：可以是任何基本数据类型，也可以是记录类型。

记录类型的所有成员（元素）组成“成员表列”，也称为“域表”。因此，记录类型定义的格式如下：

```
Structure 记录名
    成员表列
End Structure
```

例如：

```
Private Type Stud
    Num As Integer
    Name As String*12
    Mark(1 To 7) As Single
    Sex As String*2
End Type
```

这里的 Stud 是一个记录类型，用来定义与学生考试有关的信息，它由 4 个元素组成。其中 Num(学号)是整型，Name(姓名)和 Sex(性别)是定长字符串，分别由 12 和 2 个字符组成，Mark 是一个单精度型数组，用来存放 7 门课的考试成绩。

在使用 Type 语句时，应注意以下几点：

(1) 记录类型中的元素可以是变长字符串，也可以是定长字符串。定长字符串的长度用类型名称加上一个星号和常数指明，一般格式为：

String*常数

这里的“常数”是字符个数，它指定定长字符串的长度，例如：

Name As String*12

(2) 在一般情况下，记录类型在标准模块中定义，其变量可以出现在工程的任何地方。当在标准模块中定义时，关键字 Type 前可以为 Public(默认)或 Private；而在窗体模块中只能使用关键字 Private 定义。

(3) 在记录类型中不能使用动态数组。

3.4　常量和变量

上一节介绍了 Visual Basic 中使用的数据类型。定义数据类型的目的是为了提高代码的运行效率。在程序中，不同类型的数据既可以以常量的形式出现，也可以以变量的形式出现。不论常量还是变量，如果不加说明，系统均按变体型数据处理。这样做看似简化了编程，但是实际上，在计算机内部，处理整数的速度要远高于实数、整数在进制转换时不会出现误差，并且变体型数所占用的内存相比其他类型要多得多，所以，在程序中正确的选择和使用数据类型非常重要。如果需要处理的数值超出了当前数据类型所能表示的范围，将产生“数据溢出”的错误。

程序执行期间常量的值不可发生变化，而变量的值是可变的，变量代表内存中指定的存储单元。

3.4.1 常量

Visual Basic 中有三种常量:文字常量、符号常量和系统常量。

1. 文字常量

Visual Basic 的文字常量分为 4 种,即字符串常量、数值常量、布尔常量和日期常量。

(1) 字符串常量

字符串常量由字符组成,可以是除双引号和回车符之外的任何 ASCII 字符。例如:

"$38.000.00"

"Number of Balls"

(2) 数值常量

数值常量有 4 种表示方式:整型数、长整型数、货币型数和浮点数。

① 整型数:有 3 种形式,即十进制、十六进制和八进制。

- 十进制整型数:由一个或几个十进制数字(0~9)组成,可以带有正号或负号,其取值范围为-32768~32767,例如 624、-4536、+265 等。
- 十六进制整型数:由一个或几个十六进制数字(0~9 及 A~F 或 a~f)组成,&H(或 &h)打头,其取值(绝对值)范围为 &H0~&HFFFF。例如 &HA8、&H72 等。
- 八进制整型数:由一个或几个八进制数字(0~7)组成,&(或 &O)打头,其取随范围为 &O0~&O177777。例如 &O357、&O6511 等。

② 长整型数:也有 3 种形式。

- 十进制长整型数:其组成与十进制整型数相同,取值范围为-2147483648~2147483647。例如 9547127、6784676。
- 十六进制长整型数:由十六进制数字组成。以 &H(或 &h)开头,以 & 结尾。取值范围为 &H0&~&HFFFFFFFF&。例如 &H789&、&HFEAB&。
- 八进制长整型数:由八进制数字组成。以 & 或 &O 开头,以 & 结尾,取值范围为 &O0&~&O37777777777&。例如 &O457&、&O6589327&。

③ 货币型数:也称定点数,取值范围见前一节。

④ 浮点数:也称实数,分为单精度浮点数和双精度浮点数。浮点数由尾数、指数符号和指数 3 部分组成,其中尾数本身也是一个浮点数。指数符号为 E(单精度)或 D(双精度);指数是整数,其取值范围见上一节。指数符号 E 或 D 的含义为“乘以 10 的幂次”。例如在 235.988E-7 和 2359D6 中,235.988 和 2359 是尾数,E 和 D 是指数符号,它们表示 235.988 乘以 10 的-7 次幂和 2359 乘以 10 的 6 次幂,其实际值分别为 0.0000235988 和 2359000000。

Visual Basic 在判断常量类型时有时存在多义性。例如,值 3.01 可能是单精度类型,也可能是双精度类型或货币类型。在默认情况下,Visual Basic 将选择需要内存容量最小的表示方法,值 3.01 通常被作为单精度数处理。为了显式地指明常量的类型,可以在常数后面加上类型说明符,这些说明符分别为:

% 整型

&长整型

！单精度浮点型

#双精度浮点型

$字符串型

@货币型

其余数据类型没有类型说明符。

(3) 布尔常量

也称逻辑常量，它具有 True（真）和 False（假）两个选择。

(4) 日期常量

任何在字面上可以被认作日期和时间的字符串，只要用两个“#”括起来，都可以作为日期常量。例如#05/12/2008#、#September 13,2017#、#9/11/2012 3:20:00 PM#、#8:30:00 AM#。

2. 符号常量

在 Visual Basic 中，可以定义符号常量，用来代替数值或字符串。一般格式为：

[Public| Private]Const 常量名[As 类型]=表达式[,常量名[As 类型]=表达式]……

其中，“常量名”是一个名字，按变量的构成规则命名(见后)，可加类型说明符；“As 类型”用来指定常量的数据类型，如果省略，则其类型由“表达式”决定；“表达式”由文字常量、算术运算符(指数运算符^除外)、逻辑运算符组成，也可以使用诸如“Error on input”之类的字符串，但不能使用字符串连接运算符、变量及用户定义的函数或内部函数。在一行中可以定义多个符号常量，各常量之间用逗号隔开，例如：

```
Const Maxchars As Integer=254，M=Maxchars+1
Private Const DateToday AS Date=#12/8/2017#
Const PI#=3.1415926535
Const PI As Double=3.1415926535
```

最后两句等价。

在使用符号常量时，应注意以下几点：

(1) 在声明符号常量时，可以在常量名后面加上类型说明符，例如：

```
Const LEFT&=1
Const RIGHT#=2
```

LEFT 声明为长整型常量，需要 4 个字节；RIGHT 声明为双精度常量，需要 8 个字节。如果不使用类型说明符，则根据表达式的计算结果确定常量类型。字符串表达式总是产生字符串常数；对于数值表达式，则按最简单(即占字节数最少)的类型来表示这个常数。例如，如果表达式的值为整数，则该常数被作为整型常数处理。

(2) 当在程序中引用符号常量时，通常省略类型说明符。例如，可以通过名字 LEFT 和 RIGHT 引用上面声明的符号常量 LEFT& 和 RIGHT#。略去类型说明符后，常量的类型取决于 Const 语句中表达式的类型。

(3) 类型说明符不是符号常量的一部分，定义符号常量后，在定义变量时要慎重。例如，假定声明了

```
Const Num=45
```

则 Num!、Num#、Num%、Num&、Num@不能再用作变量名或常量名。

(4) 如果符号常量只在过程或某个窗体模块中使用，则在定义时应加上关键字 Private (可以省略)。如果符号常量在多个模块中使用，只能用关键字 Public 在标准模块中定义。

3. 系统常量

Visual Basic 提供了大量预定义的常量，可以在程序中直接使用，这些常量均以小写字母 vb 开头。例如 vbCrLf 就是一个系统常量，它是回车—换行符，相当于执行回车—换行操作。在程序代码中，可以直接使用系统常量。

可以通过“对象浏览器”查看系统常量。执行“视图”菜单中的“对象浏览器”命令(或按 F2 键)，打开“对象浏览器”对话框，如图 3-4 所示。在第一个下拉列表中选择“VBA”，然后在“类”列表中选择“全局”，即可在右侧的"成员"列表中显示预定义的常量，对话框底部的文本区将显示该常量的功能。在以后的章节中，会陆续介绍一些系统常量。

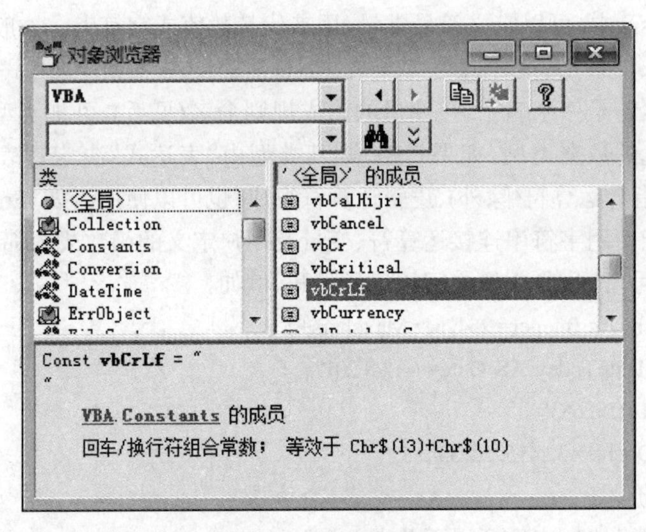

图 3-4 对象浏览器

系统常量也是符号常量，但它是由系统定义的，可以在程序中引用，不能修改。

3.4.2 变量

数值存入内存，就好比有位朋友住进了五星级酒店，你想要去拜访他，需要知道房号，变量(Variable)就是数值在内存中的地址。每个变量都有一个名字和相应的数据类型，名字用来引用变量，而数据类型决定了变量的初值、可以进行的操作以及取值范围。

1. 命名规则

变量是一个名字，给变量命名时应遵循以下规则：

(1) 名字只能由字母、数字和下划线组成；

(2) 名字的第一个字符必须是英文字母，最后一个字符可以是类型说明符；

(3) 名字的有效字符为 255 个；

(4) 不能用 Visual Basic 的保留字作变量名，但可以把保留字嵌入变量名中；同时，变量名也不能是末尾带有类型说明符的保留字。例如，变量 Print 和 Print$ 是非法的，而变量 Print_Num 是合法的。

在 Visual Basic 中，变量名以及过程名、符号常量名、记录类型名、元素名等都称为名字，它们的命名都要遵循上述规则。

Visual Basic 不区分变量名和其他名字中字母的大小写，GOOD、good、Good 指的是同一个名字。也就是说，在定义一个变量后，只要字符相同，则不管其大小写是否相同，指的都是这个变量。为了便于阅读，每个单词开头的字母一般用大写，即大小写混合使用组成变量名(或其他名字)，例如 PrintText。此外，习惯上，符号常量一般用大写字母定义。

2. 变量的声明

任何变量都属于一定的数据类型，包括基本数据类型和用户定义的数据类型。在声明一个变量的类型后，系统自动为其赋予一个初值。比如，数值型变量的初值为“0”；变长字符串型变量的初值为空串；定长字符串型变量假设长度为 n 则其初值为 n 个空格；逻辑型变量的初值为“False”。

在 Visual Basic 中，可以用下面几种方式来规定一个变量的类型:

(1) 语句方式，格式：

Declare 变量名 As 类型

这里的“Declare”可以是 Dim、Static、Redim、Public 或 Private 其中之一；“As”是关键字；“类型”可以是基本数据类型或用户定义的类型。例如：

```
Dim V1 As Integer        (把 V1 定义为整型变量)
Dim T2 As Double         (把 T2 定义为双精度变量)
Dim Name As String       (把 Name 定义为变长字符串变量)
Dim FName As String*10 (定义定长字符串变量 FName，长度为 10 个字节)
```

允许在一个 Dim 语句中定义多个变量，例如：

```
Dim A As String，B As Double
```

把 A 和 B 分别定义为变长字符串和双精度类型的变量。

注意：在变量的声明语句中，每个变量都要用 As 子句分别声明其类型，否则该变量将被看作是变体类型。比如：

```
Dim A,B As Double
```

则 A 将被定义为变体类型，B 被定义为双精度类型。使用 Static、Redim、Public 或 Private 定义变量时，也是如此。

在过程中使用关键字 Static 定义的变量称为静态变量。每次引用静态变量时，其值会继续保留。而当引用 Dim 定义的变量时，变量值会被重新设置(数值变量重新设置为 0，字符串变量被设置为空)。例如，设有如下事件过程：

```
Private Sub Command1_Click()
    Static V1 As Integer
    V1=V1+1
    Label1.Caption=V1
End Sub
```

则每单击一次命令按钮 Command1,静态变量 V1 累加 1,标签 Label1 上显示的数字从 1 开始递增。而过程如果改为:

```
Private Sub Command1_Click()
    Dim V1 As Integer
    V1=V1+1
    Label1.Caption=V1
End Sub
```

每当执行到事件过程中的 Dim 语句时,V1 就被重置为初值 0。因此,无论单击多少次命令按钮 Command1,标签 Label1 上显示的数字始终为 1。

在不同的位置,使用不同的关键字,所声明变量的有效范围不同。关于变量作用域的细节,我们将在第六章介绍。比如:在模块(窗体或标准)的通用声明处(代码窗口中的"对象"框为"通用","过程"框为"声明")使用关键字 Dim 声明的是模块级变量,作用域为模块内;而在过程中 Dim 声明的是过程级变量,仅在该过程中有效。

(2) 类型说明符方式

把类型说明符放在变量名的尾部,可以标识不同的变量类型。其中%表示整型;& 表示长整型;! 表示单精度型;# 表示双精度型;@表示货币型;$ 表示字符串型。例如:

```
Total%    Count#    Myname$
```

部分类型变量的类型说明符、As 子句中的类型名及存储要求见表 3-2。

表 3-2 部分变量存储要求

变量类型	类型说明符	As 类型名	数据长度(字节)
字节		Byte	1
布尔		Boolean	2
整型	%	Integer	2
长整型	&	Long	4
单精度(浮点)	!	Single	4
双精度(浮点)	#	Double	8
货币型(定点)	@	Currency	8
变长字符串	$	String	1 字节/字符
定长字符串	$	String*Num	Num

注意:

① 如果一个变量没有用声明语句显式定义,末尾也没有类型说明符,将被隐含地说明为变体类型(Variant)变量。

② 在实际应用中,应根据需要设置变量的类型。能用整型变量时就不要使用浮点型或货币型变量;如果所要求的精度不高,则应使用单精度变量。这样不仅节省内存空间,而且可以提高处理速度。

③ 记录类型变量的定义与基本数据类型变量的定义没有什么区别，但在引用时有所不同。例如，假定在窗体模块中有如下的记录类型：

```
Private Type Stud
    Num As Integer
    Name As String*12
    Mark(1 To 7) As Single
    Sex As String*2
End Type
```

则可用下面的语句定义Stud的变量：

```
Static YaoMing As Stud
```

以后就可以用“变量.元素”的格式引用记录中的各个成员。例如：

```
YaoMing.Num
YaoMing.Name
YaoMing.Mark(5)
```

说明：

- 在一般情况下，记录类型应在标准模块中定义，“Type”关键字前面可以省略“Public”。
- 记录类型与记录变量是不同的概念，定义一个记录类型，只是指定了这个类型的组织结构，包括向编译程序“声明”由程序员自己所定义的记录有哪些成员，其类型是什么，长度是多少，反映了数据的抽象属性。而声明了某个具体变量才会被分配存储空间。
- 记录成员和记录变量允许同名，它们代表着不同的数据对象。例如：

```
Type Dep
    name As String
    n As Integer
End Type
Dim n As Dep
```

是允许的，虽然成员名n与变量名n名字相同，但它们的含义和引用方法不同。引用一个记录变量中的成员的值，需要指明记录变量名和成员名，如n.n；而引用一个普通的变量名则直接写出变量名(如n)即可。编译时，它们被分配在不同的内存单元中。

3. Option Explicit语句

该语句位于模块的通用声明处，执行该语句，会使系统自动检查模块中所有未加显式说明的变量，一旦发现，就会产生错误提示。

也可以通过“工具”菜单里的“选项”命令设置，在弹出的“选项”对话框中，勾选“编辑器”选项卡里“代码设置”分组中的“要求变量声明”复选框。重启Visual Basic程序，该语句会自动出现。

3.5 运算符与表达式

运算(即操作)是对数据的加工。由运算符和操作数组成的表达式描述了对哪些数据、以何种顺序进行什么样的操作。操作数可以是常量,也可以是变量,还可以是函数。例如,A+4,M+Cos(x),x=S & T,2*PI*r 等都是表达式,单个变量或常量也可以看成是表达式。

Visual Basic 提供了丰富的运算符,可以构成多种表达式。

3.5.1 算术运算符

Visual Basic 提供了 9 个算术运算符,表 3-3 按优先级列出了这些算术运算符。

表 3-3 Visual Basic 算术运算符

运算	运算符	表达式例子	运算	运算符	表达式例子
幂	^	2^3	取模	Mod	9 Mod 5
取负	-	-4	加法	+	2+3
乘法	*	4*6	减法	-	4-5
浮点除法	/	7/8	连接	&	"Mouse" & 7
整数除法	\	9\5			

在这些算术运算符中,除取负(-)是单目运算符外,其他均为双目运算符(即需要两个运算量)。加(+)、减(-)、乘(*)、取负(-)等几个运算符的含义与数学中基本相同,下面只介绍其他几个运算符的操作。

1. 幂运算

幂运算用来计算乘方和方根,其运算符为“^”。例如,2^3 表示 2 的 3 次方,而 2^(1/2) 或 2^0.5是计算 2 的平方根。下面是幂运算的几个例子:

10^3,10 的立方,即 10*10*10,结果为 1000

10^-2,10 的平方的倒数,即 1/100,结果为 0.01(此式中,负号优先于乘方)

36^0.5,36 的平方根,结果为 6

27^(1/3),27 的立方根,结果为 3

注意:当指数是一个表达式时,需要加上括号。例如,A 的 B+C 次方,必须写作 A^(B+C),不能写成 A^B+C,因为“^”的优先级比“+”高。

2. 浮点数除法与整数除法

浮点数除法运算符(/)执行标准除法操作,其结果为浮点数。例如,表达式 12/5 的结果为 2.4,与数学中的除法一样。整数除法运算符(\ )执行整除运算,结果为整型值,因此,表达式 12\5 的值为 2。

整除的操作数如果带有小数,先要对其四舍五入取整,然后再进行整除运算。操作数必须在-2147483648.5～2147483647.5 范围内，其运算结果为商的整数部分。例如：

a=2\4

b=25.4\6.8

运算结果为 a=0，b=3。

3. 取模运算

取模运算符 Mod 用来求余数，其结果为第一个操作数整除第二个操作数所得的余数。例如，如果用 7 整除 4，则余数为 3，因此 7 Mod 4 的结果为 3。同理，表达式 21 Mod 4 结果为 1。再如：

37.52 Mod 7.36

首先通过四舍五入把 37.52 和 7.36 分别变为 38 和 7，38 被 7 整除，商为 5，余数为 3，因此此表达式的值为 3。

4. 加减法

对于日期型数据只能进行"+"、"-"运算，包括：

(1) 两个日期相减，结果为数值型数据，它是两个日期之间的天数。例如：

Print # 10/1/2018# -# 10/1/1949#

结果为 25202。

(2) 表示天数的数值型数据与日期型数据相加，其结果仍为日期型数据，它是向后顺延的日期。例如：

Print # 10/1/1949# +1

结果为 1949－10－2。

(3) 表示天数的数值型数据与日期型数据相减，其结果仍为日期型数据，它是向前推算的日期。例如：

Print # 10/1/1949# -2

结果为 1949－9－29。

5. 字符串连接

所谓连接，就是把字符串像链子一样连起来。在 Visual Basic 中，除了可以用"&"来连接字符串外，还可以用"+"作为字符串连接符(必须两个运算对象同时是字符串类型，否则进行加法运算)。例如，设 A$="Tiger"，B$="Shark"，则执行

C$=A$+B$　或 C$=A$ & B$

后，C$ 的值为"TigerShark"

"+"既可用作加法运算符，也可用作字符串连接运算符，而"&"专门用作字符串连接运算符。当要连接的是非字符串类型的数据时，"&"会自动将其转换为字符串，而"+"不能自动转换。例如：

"abc" & 123

结果为"abc123"，而如果使用"+"，则会出错。

6. 算术运算符的优先级

在 9 个算术运算符中，幂运算符(^)优先级最高，其次是取负(-)、乘(*)、浮点除(/)、整除(\)、取模(Mod)、加(+)、减(-)、字符串连接(&)。表 3－4 按优先顺序列出了算术运算符。其

中乘和浮点除同级，加和减同级。当一个表达式中含有多种算术运算符时，必须严格按上述顺序计算。此外，如果表达式中含有括号，则先计算括号内表达式的值；有多层括号时，先算内层括号。注意：VB 中只有小括号。

表 3－4　算术运算符的例子

表达式	结果	说明
3+3*3	12	乘法优先级高于加法
(3+3)*3	18	先计算括号内的表达式
3+((3+3)*3)*3	57	先计算内层括号中的表达式
3/3*3	3	优先级相同，从左到右计算
3\3*3	0	乘法优先级高于整除
27^1/3	9	指数优先级高于浮点数除法
27^(1/3)	3	先计算括号内的表达式

3.5.2　关系运算符与逻辑运算符

1. 关系运算符

关系运算符也称比较运算符，用来对两个表达式的值进行比较，比较的结果是一个逻辑值，即真(True)或假(False)。Visual Basic 提供了 8 个关系运算符，见表 3－5。

表 3－5　关系运算符

运算符	测试关系	表达式例子
=	相等	2=3
<>或><	不相等	4<>5 或 4><5
<	小于	6<7
>	大于	7>8
<=	小于或等于	9<=1
>=	大于或等于	1>=2
Like	比较样式	
Is	比较对象变量	

2. 关系表达式

用关系运算符连接而成的式子叫作关系表达式。关系表达式的结果是一个 Boolean 类型的值，即 True 和 False。例如在表达式

X+Y<(T-1)/2

中，如果 X+Y 的值小于(T-1)/2 的值，则上述表达式的值为 True，否则为 False。

说明：

(1) 逻辑值 True 和 False 参加算术运算时，一般以-1 表示 True，以 0 表示 False。比如执行如下语句：

```
Print True+4,False-2
```

之后，窗体上会输出 3 和-2。

反之，如果是数值作为逻辑值使用时，Visual Basic 把任何非 0 值都认为是 True，0 认为是 False。例如：

```
Dim a As Boolean
a=-5
Print a
```

将会在窗体上输出逻辑值 True。

(2) 避免对两个浮点数作“相等”或“不相等”的判别。因为，运算可能会给出非常接近但不相等的结果。例如：

```
1.0/6.0*6.0=1.0
```

在数学上显然是一个恒等式，但在计算机上执行时结果却未必为 True。实际操作中，我们可以将上式改写为：

```
Abs(1.0/6.0*6.0-1.0)<1E-6(Abs 是求绝对值函数)
```

只要两数之差小于一个很小的数(这里是 10 的-6 次方)，就认为 1.0/6.0*6.0 与 1.0 相等。

(3) 判断 x 是否在区间[a，b]上时，数学中可以写成 a≤x≤b，但在 Visual Basic 中则要将连续的不等式

```
a<=x<=b
```

拆开，写成

```
a<=x And x<=b
```

才对。中间的"And"是逻辑运算符——“与”运算。上述表达式的含义是，如果 a<=x 的值为 True，且 x<=b 值也为 True，那么整个表达式的值为 True，否则为 False。举个例子，

```
a=-5
Print -7<a<-2
```

运行后，窗体上会输出 False，怎么会这样呢？我们来分步计算这个表达式，从左向右，先算出当 a=-5 时，-7<a 的值为 True，接着算 True<-2，前面我们说过，True 会使用-1 代替自己进行数值计算，-1<-2 的值自然是 False，因而整个表达式-7<a<-2 结果为 False。正确的写法应该是：

```
a=-5
Print -7<a And a<-2
```

当 a=-5 时，表达式-7<a 和 a<-2 的值均为 True，True And True 结果为 True，整个表达式-7<a And a<-2 结果为 True。

(4) 字符串数据按其 ASCII 码值逐个进行比较。即：首先比较两个字符串的第一个字

符,其中 ASCII 码值较大的字符所在的字符串大。如果第一个字符相同,则比较第二个……以此类推。举几个例子:

"abcd">"ABCDE"

"A"<="A"

"art">"artist"

“abcd”和“ABCDE”比较时,先取出彼此的第一个字符:“a”和“A”比较 ASCII 码值,因为 97>65,所以“a”>“A”,一旦比出大小,就可以得出结论,表达式“abcd”>“ABCDE”的值为 True。

“A”<=“A”这个式子中,第一个字符“A”=“A”比较完就结束了,其结果为 True。“<=”这个运算符是小于或等于的意思,所以只要满足“<”或“=”中的一个,结果即为 True。

“art”与“artist”比较时,前三个字符完全一样,需要比较到第四个字符,可是“art”没有第四个字符,这种情况下,字符串比较的规则是“长大短小”,因此“art”>“artist”的值为 False。

注意:

3>23

"3">"23"

这两条语句执行后的结果不同。第一句中比较的双方是数值,因此结果为 False,第二句中比较的双方是字符串,要从头开始用 ASCII 码值逐个进行比较,由于字符“3”的 ASCII 码值大于字符”2”,因此表达式“3”>“23”的结果是 True。

(5) Like 运算符用来比较字符串表达式和 SQL 表达式中的样式,主要用于数据库查询。Is 运算符用来比较两个对象的引用变量,主要用于对象操作。此外,Is 运算符还在 Select Case 语句(下一章介绍)中使用。

3. 逻辑运算符

逻辑运算也称布尔运算。Visual Basic 的逻辑运算符有下面 6 种:

(1) Not(非)

只需要一个运算对象,由 True 变 False 或由 False 变 True,进行“取反”运算。例如:表达式 2>6 的值为 False,那么,Not(2>6)的值就为 True。

(2) And(与)

只有当 And 连接的两个表达式的值均为 True 时,结果才为 True;否则为 False。例如:

(4>7) And (1<6)　结果为 False

(3) Or(或)

只有当 Or 连接的两个表达式的值均为 False 时,结果才为 False;否则为 True。例如:

(4>7) Or (1<6)　结果为 True

(4) Xor(异或)

当 Xor 连接的两个表达式的值同时为 True 或同时为 False 时,结果为 False;否则为 True。例如:

(7>4) Xor (1<6)　结果为 False

(5) Eqv(等价)

如果两个表达式同时为 True 或同时为 False，则结果为 True。例如：

(4>7) Eqv (1>6)　结果为 True

(6) Imp(蕴含)

当第一个表达式为 True，且第二个表达式为 False 时，结果为 False；否则为 True。

表 3－6 列出了 6 种逻辑运算的“真值”。

表 3－6　逻辑运算真值表

X	Y	Not X	X And Y	X Or Y	X Xor Y	X Eqv Y	X Imp Y
-1	-1	0	-1	-1	0	-1	-1
-1	0	0	0	-1	-1	0	0
0	-1	-1	0	-1	-1	0	-1
0	0	-1	0	0	0	-1	-1

当对数值进行逻辑运算时，操作数必须在长整型数的取值范围（-2147483648～+2147483647）内。否则会溢出；

数字在计算机中都是用补码表示的。字长可以是 16 位(整数)或 32 位(长整数)甚至 64 位（双精度数）。数字的逻辑运算是按位进行的。例如，在 16 位字长的机器中计算：

63 And 16

先分别算出 63 和 16 的 16 位二进制补码，再进行“与”运算，即：

```
    00000000 01111111
And 00000000 00010000
--------------------------------------
    00000000 00010000
```

因此，63 And 16 的结果为 16。

3.5.3　表达式的执行顺序

一个表达式可能含有多种运算，计算机按一定的顺序对表达式求值。一般顺序如下：

(1) 首先进行函数运算。

(2) 接着进行算术运算，其次序为：

幂(^)→取负(-)→乘、浮点除(*、/)→整除(\)→取模(Mod)→加、减(+、-)→连接(&)

(3) 然后进行关系运算(=、>、<、<>、<=、>=)。

(4) 最后进行逻辑运算，顺序为：

Not→And→Or→Xor→Eqv→Imp

各种运算符的运算执行顺序见表 3－7。

表 3－7　运算符执行顺序

算术运算符	关系运算符	逻辑运算符
幂运算(^)	相等(=)	Not
负数(-)	不等(<>)	And
乘法和浮点除法(*、/)	小于(<)	Or
整数除法(\)	大于(>)	Xor
求模运算(Mod)	小于或等于(<=)	Eqr
加法和减法(+、-)	大于或等于(>=)	Imp
字符串连接(&)	Like	
	Is	

说明:

(1) 优先级相同(乘法和除法、加法和减法、各种关系运算符)时,将按照它们从左到右出现的顺序进行计算。

(2) 用小括号可以改变表达式的优先顺序,括号内的运算总是优先于括号外的运算。

(3) 字符串连接运算符(&)不是算术运算符,就其优先顺序而言,它在所有算术运算符之后,而在所有关系运算符之前。

(4) 上述运算顺序有一个例外,就是当幂和负号相邻时,负号优先。例如:

4^-2

的结果是 0.0625(4 的负 2 次方),而不是-16(-4 的平方)。

在书写表达式时,应注意:

- 乘号(*)不能省略,也不能用"·"代替。
- 在一般情况下,不允许两个运算符相连,应当用括号隔开。
- 括号可以改变运算顺序。在表达式中只能使用小括号,不能使用中括号或大括号。
- 幂运算符还可以用来计算开方,例如(A+B)^(1/2)、27^(1/3)等。

3.6 常用内部函数

Visual Basic 系统将一些常用的计算或处理封装成内部函数,提供给用户调用。用户只需要记住函数的名称、功能及其参数的含义和次序即可。内部函数数以百计,本节我们先学习其中的一小部分。

3.6.1 数学函数

数学函数用于各种数学运算,表 3－8 中所示是 Visual Basic 常用的数学函数,表中的 x 是一个数值表达式。

表 3-8　数学函数

函数	功能	举例	结果
Sqr(x)	返回 x 的平方根，x>=0	Sqr(36)	6
Abs(x)	返回 x 的绝对值	Abs(-5.9)	5.9
Sgn(x)	返回 x 的符号，即 当 x 为负时，返回-1 当 x 为 0 时，返回 0 当 x 为正数时，返回 1	Sgn(-5) Sgn(0) Sgn(5)	-1 0 1
Exp(x)	求 e 的 x 次方，即 e^x	Exp(1)	2.71828182845905
Log(x)	返回 x 的自然对数	Log(1)	0
Rnd[(x)]	产生随机数	Rnd	[0,1)之间的数
Sin(x)	返回 x 的正弦值	Sin(3.14159/6)	.499999616987256
Cos(x)	返回 x 的余弦值	Cos(0)	1
Oct[$](x)	返回十进制数 x 的八进制数值	Oct(23)	27
Hex[$](x)	返回十进制数 x 的十六进制数值	Hex$(23)	17

说明：

(1) 求平方根的函数 Sqr，使用时自变量 x 必须大于或等于 0。

(2) Visual Basic 中的 Log 函数，计算的是以 e 为底的对数，即自然对数；而当底为其他数时，不能直接使用 Log 函数，必须经过“换底”处理。换底公式为：

$Log_a x$=Log(x)/Log(a)

其中 a 为底。例如，数学表达式：

$Log_2(32768)$

在 Visual Basic 代码中要写成：

Log(32768)/Log(2)

其计算结果为 15。

(3) Rnd 函数可以返回一个大于等于 0 小于 1 的随机数，当一个应用程序不断地重复使用随机数时，同一序列的随机数会反复出现，用 Randomize 语句可以消除这种情况，其格式为：

Randomize[(x)]

这里 x 是一个整型数，它是随机数发生器的“种子数”，通常省略。

(4) 三角函数的自变量 x 是一个数值表达式。其中 Sin、Cos 的自变量单位是弧度。如果自变量以角度给出，可以用下面的公式将其转换为弧度：

1 度=π/180=3.14159/180(弧度)

Sin(30°)要写成

Sin(30*3.14159/180)

计算结果小于且非常接近 0.5，是因为此时 π 取值 3.14159 参与计算的原因。

3.6.2 转换函数

转换函数用于数据类型或形式的转换。常用的转换函数见 3－9。表中的 x 是数值表达式，x$ 是字符串表达式。

表 3－9 转换函数

函数	功能	举例	结果
Int(x)	求不大于 x 的最大整数	Int(7.9) Int(-5.1)	7 -6
Fix(x)	截尾取整	Fix(7.9)	7
CInt(x) Asc(x$)	四舍五入取整 返回 x$ 中第一个字符的 ASCII 码	CInt(-5.1) Asc("ABC")	-5 65
Chr$(x)	求 ASCII 码值为 x 的字符	Chr$(65)	"A"
Str$(x)	把 x 的值转换为字符串	Str(12.34)	" 12.34"
Val(x$)	把字符串 x$ 转换为数值	Val("12.34")	12.34
CStr$(x)	把 x 的值转换为字符串	CStr(12.34)	"12.34"

说明：

(1) 判断一个数是否是整数的表达式可以这样写：

Int(x)=x

(2) 判断一个数是否是完全平方数(即开方后结果为整数的数，比如：25、36 等)的表达式可以写成：

Int(Sqr(x))=Sqr(x)

(3) 生成[a,b]范围内随机整数的公式：

Int((b-a+1)*Rnd+a)

例如：生成一个两位随机正整数的表达式可以写成：

Int(90*Rnd+10)

其中 90 是由 99-10+1 得到的。

(4) 判断一个字符串变量 x 是否为大写字母的表达式：

x>="A" And x<="Z"

也可以写成：

Asc(x)>=65 And Asc(x)<=90

(5) Val(x$)函数的功能是返回字符串 x 中，从左到右第一个非数字字符(开头的“+”、“-”号以及第一个出现的小数点都算“数字字符”)之前的所有字符的“数字值”。例如：

Val("+23.45.67")

的返回值为 23.45。

Val("1d-5")

的返回值为.00001。

Val("abc5")

的返回值为0。

(6) Str$(x)和CStr$(x)的区别在于参数为正数时，Str$(x)会在返回值的最前面保留一个空格作为符号位，而CStr$(x)则没有。

3.6.3 字符串函数

字符串函数用于字符串处理。在Visual Basic 6.0中，函数尾部的“$”可以省略，其功能相同。表3-10列出了常用字符串函数的功能和用法，其中，自变量s、s1、s2为字符串表达式，p、n为数值表达式。

表3-10 字符串函数

函数	功能	举例	结果
Left$(s,n)	取S左边的n个字符	Left$("abcdef",3)	"abc"
Right$(s,n)	取S右边的n个字符	Right$("abcdef",3)	"def"
Mid$(s,p,n)	从p位置开始取S的n个字符	Mid$("abcdef",2,3)	"bcd"
Len(s)	测试字符串的长度(字符)	Len("VB程序设计")	6
Ucase$(s)	把S转换为大写字母	UCase$("abc")	"ABC"
Lcase$(s)	把S转换为小写字母	LCase$("ABC")	"abc"
Instr(n,s1,s2,m)	在S1中找S2，返回找到的位置	InStr(3,"abcdef","de")	4
String$(n,s)	返回n个S首字符组成的字符串	String$(4,"abc")	"aaaa"
Space$(n)	返回n个空格	Space$(3)	" "
Ltrim$(s)	去掉S左边的空格	LTrim$(" abc ")	"abc "
Rtrim$(s)	去掉S右边的空格	RTrim$(" abc ")	" abc"
Trim$(s)	去掉S两边的空格	Trim$(" abc ")	"abc"

下列各函数的例子均可在立即窗口中试验。

1. 字符串截取函数

可以从字符串的左边、右边或中间截取字符串的一部分。

(1) 左边截取

Left$(字符串,n)

返回“字符串”的前n个字符。这里的“字符串”可以是字符串常量、字符串变量、字符串函数或字符串连接表达式。

例如：

当a$="Above"时，函数Left$(a$,2)的返回值为字符串"Ab"。

(2) 中间截取

Mid(字符串,p,n)

从第P个字符开始，向后截取n个字符。“字符串”的含义同前，P和n都是算术表达式。例如：

当 a$="Visual Basic 6.0"时，函数 Mid$(a$,8,5)的返回值为"Basic"。

注意：当省略 Mid$ 函数的第三个自变量时，将从第二个自变量指定的位置向后截取到字符串的末尾。

(3) 右边截取

Right$(字符串,n)

返回"字符串"的最后 n 个字符。"字符串"和 n 的含义同前。例如：

当 a$="Visual Basic 6.0"时，函数 Right$(a$,9)的返回值为"Basic 6.0"。

2. 字符串长度测试函数

Len(字符串| 变量名)

用 Len 函数可以测试字符串的长度，也可以测试变量的存储空间，它的自变量可以是字符串，也可以是变量名。例如：

当 a$="Visual Basic 6.0"时，函数 len(a$)的返回值为 16。再如：

Print Len(a#),Len(b!),Len(c%)

语句执行后，窗体上输出的结果为：8　　4　　2。

3. 字母大小写转换

Ucase$(字符串)

Lcase$(字符串)

这两个函数用来对大小写字母进行转换。其中 Ucase$ 把"字符串"中的小写字母转换为大写字母，而 Lcase$ 函数把"字符串"中的大写字母转换为小写字母，非字母部分不变。例如：

```
a$="Microsoft Visual Basic"
b$=Ucase$(a$)
c$=Lcase$(a$)
print b$,c$
```

上述语句执行后，窗体上输出的结果为：

MICROSOFT VISUAL BASIC　　　microsoft Visual Basic。

4. 字符串匹配函数

在编写程序时，有时候需要知道是否在文本框中输入了某个字符串，这可以通过 Instr 函数来判断。

InStr([首字符位置,]字符串 1,字符串 2[,n])

该函数在"字符串 1"中，从指定的首字符位置起，查找"字符串 2"，如果找到了，则返回"字符串 2"的第一个字符在"字符串 1"中的位置。"字符串 1"第一个字符的位置为 1。"首字符位置"是可选参数，如果含有"首字符位置"，则从该位置开始查找，否则从"字符串 1"的起始位置开始查找。"首字符位置"是一个长整型数。例如：

```
a$="Visual Basic 6.0"
Print InStr(a$,"i"),InStr(3,a$,"i")
```

这两句执行后，窗体上输出的结果为：2 和 11。这是因为前者缺省了"首字符位置"这个参数，默认从"字符串 1"的开头开始查找，虽然有两个"i"，但只返回第一个"i"的位置号；

而后者指定从“字符串 1”的第三个字符处开始查找，因此找到的是后一个"i"，返回其位置号 11。

函数的最后一个自变量 n 也是可选的，它是一个整型数，用来指定字符串比较方式。该自变量的取值可以是 0、1 或 2。如为 0 则进行二进制比较，区分字母的大小写；如为 1 则在比较时忽略大小写；如为 2 则基于数据库中包含的信息进行比较(仅用于 Microsoft Access)，通常，默认为 0，即区分大小写。例如：

```
a$="VISUAL BASIC 6.0"
Print InStr(1,a$,"i"),InStr(1,a$,"i",1)
```

这两句执行后，窗体上输出的结果为：0 和 2。InStr(1,a$,"i")中省略了最后一个参数，相当于在最后写了一个 0，此时查找区分大小写，由于 a$ 中没有小写的字母"i"，所以没找到，函数返回值为 0；InStr(1,a$,"i",1)中，最后一个参数为 1，意味着不区分大小写，因此找到了离开头处最近的大写字母"I"，并将其位置号 2 作为返回值输出。

注意：如果不省略最后一个参数，则要求一定要有“首字符位置”参数。

InStr 函数的返回值是一个长整型数。在不同的条件下，函数的返回值也不一样，具体情况见表 3－11。

表 3－11　InStr 函数的返回值

条件	Instr 返回
字符串 1 为零长度	0
字符串 1 为 Null	Null
字符串 2 为零长度	首字符位置
字符串 2 为 Null	Null
字符串 2 未找到	0
在字符串 1 中找到了字符串 2	找到的位置
首字符位置>字符串 2	0

特别注意：在字符串 1 中未找到字符串 2 时，该函数的返回值为 0。

5. String$　函数

String$(n,ASCII 码| 字符串)

返回由 n 个指定字符组成的字符串。第二个自变量可以是 ASCII 码，也可以是字符串。当为 ASCII 码时，返回由该 ASCII 码对应的 n 个字符；当为字符串时，返回由该字符串第一个字符组成的 n 个字符的字符串。例如：

```
a$=String$(5,65)
b$=String$(5,"-")
c$=String$(5,"bcde")
Print a$;b$;c$
```

上述语句执行后，窗体上将输出：AAAAA-----bbbbb。

6. 空格函数

Space$(n)

返回 n 个空格。例如：

a$="a"+Space(6)+"b"

print a$

这两句执行后，窗体上将输出：a   b，注意中间有 6 个空格。

7. 插入字符串语句 Mid$

Mid$(字符串，位置[,L])=子字符串

该语句把从“字符串”的“位置”开始的字符用“子字符串”代替。如果含有 L 自变量，则替换的内容是“子字符串”左边的 L 个字符。“位置”和 L 均为长整型数。例如：

a$=String$(5,65)

Mid$(a,3,2)="**"

Print a$

此例输出结果为："AA**A"。

8. 删除空白字符函数

LTrim$(字符串)　　去掉“字符串”左边的空白字符

RTrim$(字符串)　　去掉“字符串”右边的空白字符

Trim$(字符串)　　去掉“字符串”两边的空白字符

空白字符包括空格、Tab 键等。例如：

a$="   Good Morning   "

b$=LTrim$(a$)

c$=RTrim$(b$)

Print b$;c$;"123"

此例输出结果为："Good Morning   Good morning123"

3.6.4 日期和时间函数

常用的日期和时间函数见表 3-12。

表 3-12　日期和时间函数

函数	功能	举例	结果
Now	返回系统的日期/时间	Now	2018/2/15 15:16:17
Day(d)	返回 d 的日期	Day(now)	15
WeekDay(d)	返回 d 的星期	WeekDay(Now)	5
Month(d)	返回 d 的月份	Month(Now)	2
Year(d)	返回 d 的年份	Year(Now)	2018
Hour(t)	返回 t 的小时	Hour(Now)	15
Minute(t)	返回 t 的分钟	Minute(Now)	16
Second(t)	返回 t 的秒	Second(Now)	17
Time	返回当前的时间	Time	15:16:17

前面介绍了 Visual Basic 中部分常用内部函数。为了检验每个函数的操作，可以编写事件过程，如 Command1_Click 或 Form_Click，也可以使用 Visual Basic 提供的命令行解释程序(Command Line Interpreter，CLI)，通过命令行直接显示函数的执行结果。直接方式在立即窗口中执行。打开立即窗口可以通过"视图"菜单中的"立即窗口"命令(或按 Ctrl+G 键)来实现，如图 3－5 所示。

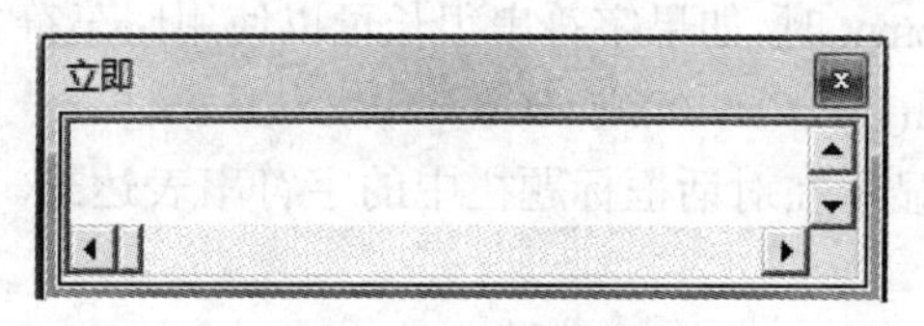

图 3－5 立即窗口

在立即窗口中可以输入命令，命令行解释程序对输入的命令进行解释，并立即响应。例如：

x=2500 <CR> (<CR>为回车键，下同)

Print x<CR> (Print 方法用来输出数据)

2500

第一行把数值 2500 赋给变量 x，第二行打印出该变量的值。print 是 Visual Basic 中的方法。Print 也可以用? 代替。例如：

? x+200 <CR>

2700

图 3－6 显示出了部分函数的执行情况。

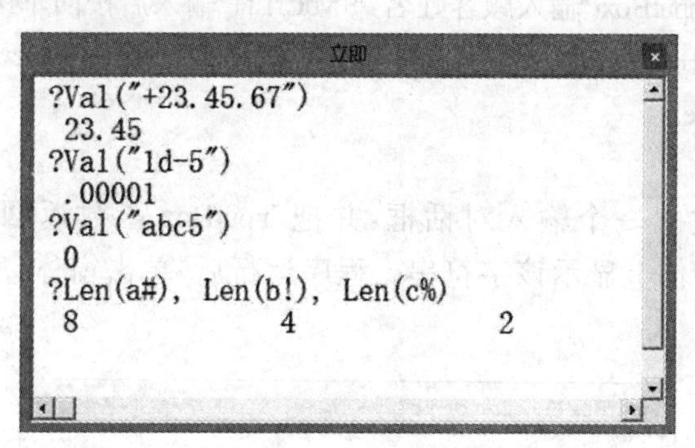

图 3－6 在立即窗口中检验函数的执行情况

3.6.5 InputBox 函数与 MsgBox 函数

输入输出是应用程序的重要组成部分。Visual Basic 程序设计语言为开发人员提供了便于用户向程序输入数据的接口——InputBox 函数和程序与用户交互的接口——MsgBox 函数及语句。本节将对它们的用法进行详细介绍。

1. InputBox 函数

InputBox 函数用来接收用户通过键盘输入的数据，返回值是字符串类型。

(1) 语法格式：

x=InputBox(prompt[,title][,default][,xpos][,ypos][,helpfile,context])

该语句的功能：接收用户通过键盘输入的数据赋给变量 x。

(2) 参数说明：

① prompt：必选参数，是提示字符串，是在对话框内显示的信息，用来提示用户输入的，其长度不得超过 1024 个字符。

在对话框内显示 prompt 时，如果字符串很长可以使用回车符表达式强行换行：

Chr(13)+Chr(10)或 Chr(13)&Chr(10))或 vbCrLf

② Title：可选参数，显示在对话框标题栏中的字符串表达式。如果省略，则把应用程序名放入标题栏中。

③ Default 可选参数，其内容为显示在待输入文本框中的字符串表达式，在没有其他输入时作为缺省值。如果省略该参数，则待输入文本框为空。

④ Xpos、Ypos：可选参数，是两个整数值，它们成对出现，分别用来确定对话框与屏幕左边的距离(Xpos)和上边的距离(Ypos)，单位均为 twip。如果缺省则对话框被放置水平居中、垂直方向距下边大约三分之一的位置。只写一个视同缺省。

⑤ Helpfile、Context 可选参数，Helpfile 是一个字符串变量或字符串表达式，用来表示帮助文件的名字；Context 是一个数值表达式，用来表示相关帮助主题的帮助目录号。

Helpfile、Context 这两个参数必须同时提供或同时省略。当带有这两个参数时，将在对话框中出现一个"帮助"按钮。单击该按钮或按 F1 键，可以得到有关的帮助信息。

例：编写程序，试验 InputBox 函数的功能。

```
Private Sub Form_Click()
    custname$=InputBox("输入顾客姓名："+vbCrLf+"输入后按回车键"  & _
        Chr$(13)+Chr$(10) & "或单击'确定'"按钮","InputBox Function demo","王大力")
    Print custname$
End Sub
```

上述过程用来建立一个输入对话框，并把 lnputBox 函数返回的字符串赋给变量 custname$ ，然后在窗体上显示该字符串。程序运行后，单击窗体，所显示的对话框如图 3－7 所示。

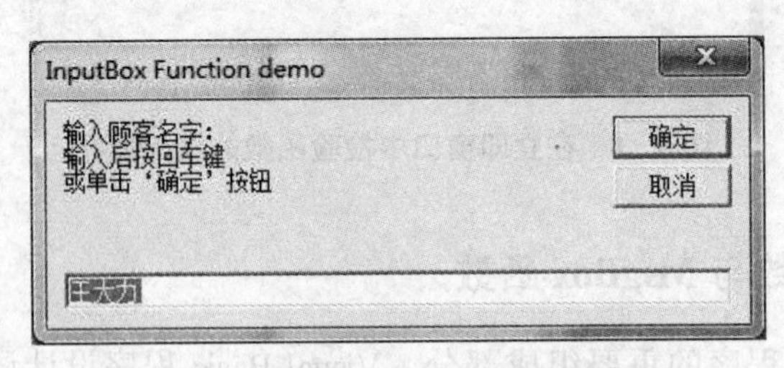

图 3－7　例子所显示的输入对话框

(3) 使用说明：

① InputBox 函数返回的是字符串类型的值，参加运算时必须在进行运算前用 Val 函数(或其他转换函数)把它转换为相应类型的数值，如果正确地声明了返回值的变量类型，则可不必进行类型转换。

② InputBox 函数所产生的对话框中有两个按钮，一个是“确定”，另一个是“取消”。在输入区输入数据后，单击“确定”按钮(或按回车键)表示确认当前的输入；如果单击“取消”按钮(或按 Esc 键)，则使当前的输入作废，在这种情况下，该函数将返回一个空字符串。

③ 每执行一次，InputBox 函数只能接收一个值，如果需要输入多个值，则必须多次调用 InputBox 函数。输入的数据必须作为函数的返回值赋给一个变量，否则虽然程序不出现语法错误但输入的数据不能保留。所以在程序中，InputBox 函数总是出现在赋值语句的右边。

在实际应用中，函数 InputBox 通常与循环语句、数组结合使用，这样可以连续输入多个值，并把输入的数据赋给数组中各元素。详见第五章。

例 3-1　编写程序，用 InputBox 函数输入数据。

```
Private Sub Form_Click()
    msgtitle$="学生情况登记"
    studname$=InputBox("请输入姓名:",msgtitle$ )
    studage=InputBox("请输入年龄:",msgtitle$ )
    studsex$=InputBox("请输入性别:",msgtitle$ )
    studhome$=InputBox("请输入籍贯",msgtitle$ )
    Cls
    Print studname$ ;",";studsex$ ;",现年";
    Print studage;"岁";",";studhome$ ;"人"
End Sub
```

程序运行后，单击窗体，依次出现三个对话框，用户按提示输入数据后，窗体将出来图图 3-8 所示的运行结果。

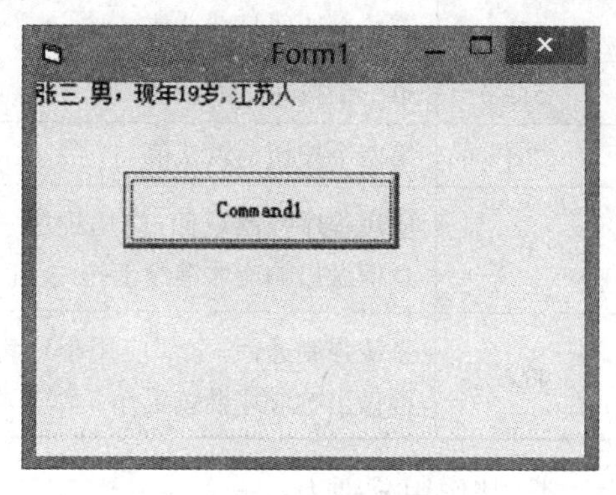

图 3-8　运行结果

2. MsgBox 函数

MsgBox 函数用对话框向用户提示消息并等待用户单击按钮后通过一个整型值返回用户的选择，编程时可以根据用户返回值而设置程序下一步将如何操作，从而实现程序与用户的信息交互；MsgBox 语句为用户生成一个消息窗口，但不返用户的选择信息。

(1) 语法格式：

MsgBox(prompt[,type][,title][,helpfile,context])

（2）参数说明：

① Prompt、Title、Helpfile、Context 等四个参数的用法同 InputBox 函数，详见上节 InputBox 函数参数说明部分。

② Type 可选参数，是一个整数值或符号常量，用来指定显示按钮的数目及形式，使用的图标样式，缺省按钮是什么以及消息框的强制回应等。如果省略，则它的缺省值为 0。该参数的值由 4 类数值相加产生，这 4 类数值或符号常量分别表示按钮的类型、显示图标的种类、活动按钮的位置及强制返回级别，见表 3－13。

表 3－13　type 参数的取值(1)

符号常量	值	作用
vbOKOnly	0	只显示“确定”按钮
vbOKCancel	1	显示“确定”及“取消”按钮
vbAbortRetryIgnore	2	显示“终止”、“重试”及“忽略”按钮
vbYesNoCancel	3	显示“是”、“否”及“取消”按钮
vbYesNo	4	显示“是”及“否”按钮
vbRetryCancel	5	显示“重试”及“取消”按钮
vbCritical	16	显示 Critical Message 图标
vbQuestion	32	显示 Warning Query 图标
vbExclamation	48	显示 Warning Message 图标
vbInformation	64	显示 Information Message 图标
vbDefaultButton1	0	第一个按钮是默认值
vbDefaultButton2	256	第二个按钮是默认值
VbDefaultButton3	512	第三个按钮是默认值
vbDefaultButton4	768	第四个按钮是默认值
vbApplicationModal	0	应用程序强制返回；应用程序一直被挂起，直到用户对消息框做出响应才继续工作
vbSystemMadal	4096	系统强制返回；全部应用程序都被挂起，直到用户对消息框做出响应才继续工作

上述表中的数值分为 4 类，其作用分别为：

第一组值(0～5)：描述了对话框中显示的按钮的类型与数目。每个数值表示一种组合方式。

第二组值(16,32,48,64)指定对话框所显示的图标样式。

第三组值(0,256,512,768)说明默认按钮，用户按回车键可执行该按钮的操作。

第四组值(0,4096)决定消息框的强制返回级别。

将这些数字相加以生成 type 参数值的时候，只能从每组值中取用一个数字。不同的组合会得到不同的结果。例如：

16=0+16+0　显示“确定”按钮、“暂停”图标，默认按钮为“确定”

35=3+32+0　显示“是”、“否”、“取消”3 个按钮，显示“?”图标，默认活动按钮为“是”

这些常数都是 Visual Basic 指定的，每种数值都对应相应的符号常量，使用符号常量与使用数值作用相同。符号常量比数值易于记忆，在程序代码中使用符号常量还可以提高程序的可读性。

上面 4 类数值是 type 参数较为常用的数值。除这 4 类数值外，type 参数还可以取其他几种值，这些数值是不常用的，其常量和值见表 3-14。

表 3-14　type 参数的取值(2)

符号常量	值	作用
vbMsgBoxHelpButton	16384	将 Help 按钮添加到消息框
vbMsgBoxSetForeground	65536	指定消息窗口作为前景窗口
vbMsgBoxRight	524288	文本为右对齐
vbMsgBoxRtlReading	1048576	指定文本应为在希伯来和阿拉伯语系统中的从右到左显示

③ MsgBox 函数的 5 个参数中，只有第一个参数 Prompt 是必选的，其他参数均可省略。如果省略第二个参数 type(默认值为 0)，则对话框内只显示一个“确定”命令按钮，并把该按钮设置为活动按钮，不显示任何图标。如果省略第三个参数 title，则对话框的标题为当前工程的名称。如果希望标题栏中没有任何内容，则应把 title 参数置为空字符串。

(2) 返回值

MsgBox 函数根据用户选择的按钮不同而返回不同的整数值。如前所述，MsgBox 函数所显示的对话框有 7 种按钮，与之对应的返回值分别为 1～7 的整数，见表 3-15。

表 3-15　MsgBox 函数的返回值

返回值	操作	符号常量
1	选“确定”按钮	vbOK
2	选“取消”按钮	vbCancel
3	选“终止”按钮	vbAbort
4	选“重试”按钮	vbRetry
5	选“忽略”按钮	vbIgnore
6	选“是”按钮	vbYes
7	选“否”按钮	vbNo

例 3-2　创建窗体并在代码窗口输入如下程序代码：

```
Private Sub Form_Click()
Dim r As Integer
    r=MsgBox("要创建一个控件数组吗?",36,"系统提示")
    If r=vbYes Then MsgBox  "请创建一个控件并复制粘贴",0,"系统提示"
    End Sub
```

程序运行后，单击窗体，结果如图 3－9 所示。

用户单击第一个按钮，则系统弹出图 3－10 所示的对话框。

图 3－9 运行结果

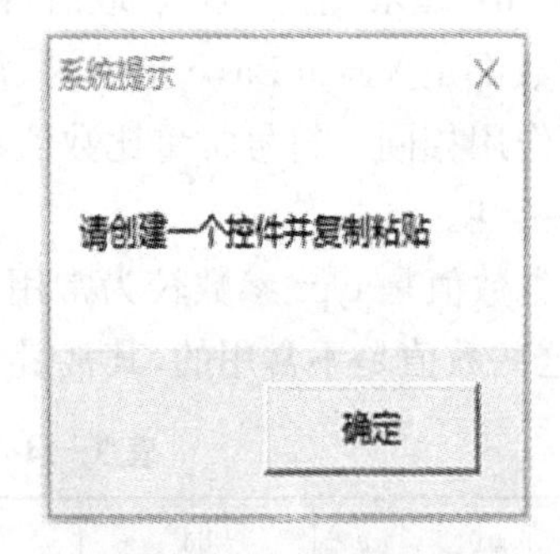

图 3－10 提示对话框

上例中用到了“MsgBox "请创建一个控件并复制粘贴",0,"系统提示"”，这是一条 MsgBox语句，它不同于 MsgBox 函数，下面介绍其用法。

4. MsgBox 语句

MsgBox 语句与 MsgBox 函数的区别在于 MsgBox 语句没有返回值，主要用于信息提示。

(1) 语法格式：MsgBox prompt[,buttons][,title][,helpfile,context]

(2) 参数说明：各参数的含义及作用与 MsgBox 函数相同。

例如：

MsgBox "工程保存成功"

执行上面的语句，显示如图 3－11 所示的信息框。

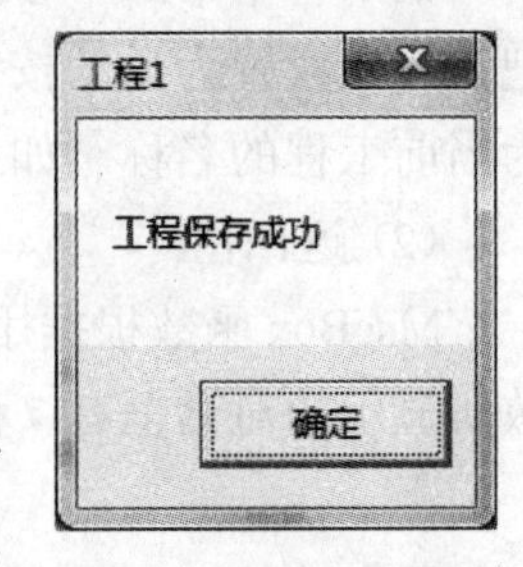

图 3－11 提示对话框

注意：Inputbox 函数、MsgBox 函数和 MsgBox 语句所生成的对话框均属模式窗口，即在出现该类信息框后用户必须做出响应(即单击框中的某个按钮或按回车键)，否则系统不会执行其他任何操作。

本章习题

以下程序代码在窗体的单击事件过程(From_Click)中编写，结果输出到窗体上。

1. 从键盘上输入 4 个数，编写程序，计算并输出这 4 个数的和及平均值。通过 InputBox 函数输入数据，在窗体上显示和及平均值。

2. 编写程序，要求用户输入下列信息：姓名、年龄、通信地址、邮政编码、电话，然后将输入的数据用适当的格式在窗体上显示出来。

【微信扫码】
在线练习&参考答案

第 4 章　选择结构与循环结构

顺序结构、选择结构和循环结构是结构化程序设计的三种基本控制结构。

在前面的章节中我们接触到的简单应用程序的设计多是顺序结构的。在顺序结构中，程序是按代码的书写顺序逐次执行的，而在实际应用中我们经常会遇到需要选择的情况，如根据具体的情况让用户选择不同的操作或系统根据用户的输入给出不同的反馈信息等，这些情况就需要使用选择结构来设计程序。另外，我们在处理一些实际问题时还可能会遇到需要反复进行相同操作的情况，如流水线的重复作业、批量数据的处理、数学中的累加与累乘等问题，解决这些问题如果使用循环设计结构将会大大简化程序代码、节省系统的存储空间和时间。Visual Basic 同诸多高级程序设计语言一样，也提供了选择结构和循环结构的语句供编程者使用。本章将就这两部分内容进行详细讲解。

4.1　选择结构

Visual Basic 为编程者提供了 If 系列语句、Select ...Case ...End Select 语句和条件函数以实现选择结构程序的设计。

选择结构又分为单分支结构、双分支结构和多分支结构，本节详细介绍各种分支结构的语法规则及其应用实例。

4.1.1　If 条件语句

1. 单选择结构

(1) If-then 语句

If <条件表达式>　Then <语句>

(2) If-then-end If 语句

```
If <条件表达式>    Then
    <A 组语句>
End If
```

执行规则：如果"条件表达式"的值为 True，则执行 Then 后的语句，否则跳过该条语句。其工作流程如图 4-1 所示。

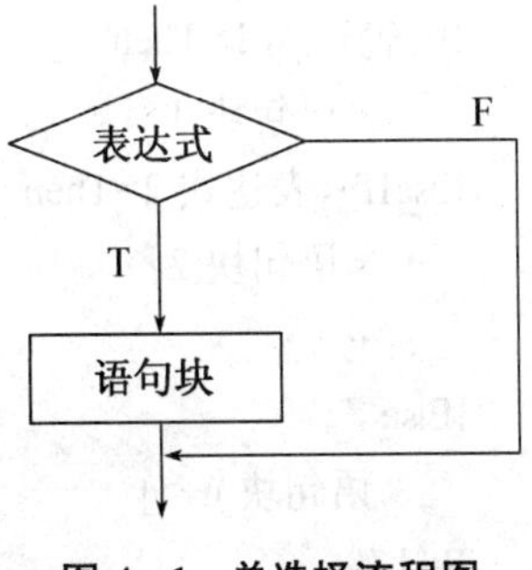

图 4-1　单选择流程图

当 Then 后只需一条语句时可以使用以上两条语句，如果要执行一条以上的语句时，只能选择 If-then-end If 语句。

注意以上两条语句的格式区别，特别是 then 后的语句是否换行的区别。例：

```
If score>=60 Then
    Print "祝贺你考试通过!"
End If
Print "继续努力!"
```

等价于：

```
If Score>=60 Then Print  "祝贺你考试通过!"
Print  "继续努力!"
```

2. 双选择结构

(1) If ...Then ...Else ...End If 语句

格式：

```
If<条件表达式>Then
    <语句块 1>
Else
    <语句块 2>
End If
```

执行规则:条件成立,执行 A 组语句;条件不成立,执行 B 组语句。其工作流程如图 4-2 所示。

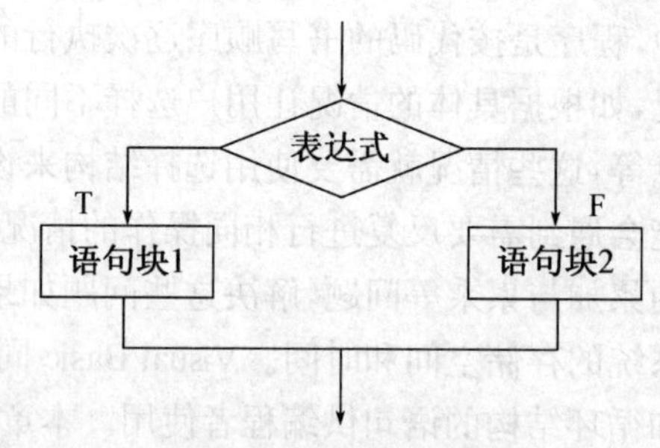

图 4-2　双选择流程图

(2) If<条件表达式>Then<语句 1>Else<语句 2>

当 Then 和 Else 后只需一条语句时可以使用以上两条语句,如果要执行一条以上的语句时,应该使用语句(1)。

例:将变量 x,y 中的最大值赋给 max

```
If x>=y Then
    Max=x
Else
    Max=y
End If
```

也可以写成：

```
If X>=Y  Then Max=x  Else  Max=y
```

3. If ...Then ...ElseIf 语句(多选择结构)

语句形式：

```
If<表达式 1>Then
    <语句块 1>
ElseIf <表达式 2>Then
    <语句块 2>
    ……
[Else
    语句块 n+1]
End If
```

本语句的工作流程如图 4-3 所示。

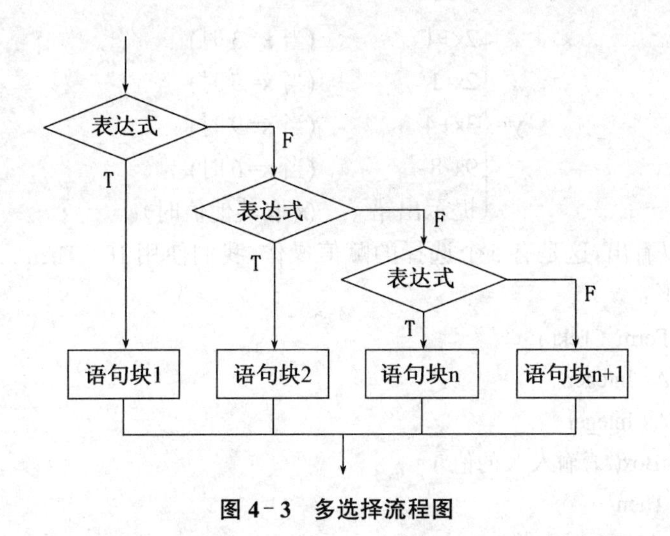

图 4-3　多选择流程图

说明：

(1) 无论在一个 If 语句中，ElseIf 允许多次使用，但 Else 语句最多用一次，位置在最后；

(2) ElseIf 不能写成 Else If；

(3) 当多选择中有多个表达式同时满足时，只执行第一个与之匹配的语句块。

例 4-1　设有如下分段函数，输入 x，要求输出 y 的值。

$$y=\begin{cases}1 & (x>0)\\ 0 & (x=0)\\ -1 & (x<0)\end{cases}$$

这个问题可以通过嵌套 If 语句来解决，设计程序如下：

```
Private Sub Form_Click()
    Dim x As Single,y As Single
    x=InputBox("请输入 x 的值")
    If x>0 Then
        y=1
    Else
        If x=0 Then
            y=0
        Else
            y=-1
        End If
    End If
    Print "x=";x,"y=";y
End Sub
```

例 4-2　输入 x 的值，输出 y 值，满足：

$$y=\begin{cases}2x+1 & (当\ x=3\ 时)\\ 2x-1 & (当\ x=5\ 时)\\ 3x+4 & (当\ x=9\ 时)\\ 9x-8 & (当\ x=6\ 时)\\ 提示出错 & (x\ 取其他值时)\end{cases}$$

由公式可以看出，这是有 5 个选择的赋值操作，我们使用 If ...Then ...ElseIf 结构来编程,程序代码如下：

```
Private Sub Form_Click()
    Dim x As Integer
    Dim y As Integer
    x= InputBox("请输入 X 的值")
    If x=3 Then
        y=2*x+1
        Print y
    ElseIf x=5 Then
        y=2*x-1
        Print y
    ElseIf x=9 Then
        y=3*x+4
        Print y
    ElseIf x=6 Then
        y=9*x-8
        Print y
    Else
        Print "error"
    End If
End Sub
```

4. If 语句的嵌套

If 语句的嵌套是指 If 或 Else 后面的语句块中又包含 If 语句。语句形式：

```
If<表达式 1>Then
    [语句块]
    If  <表达式 11>  Then
        [语句块]
    [Else
        语名块
        If  <表达式 111>  Then
            ……
        End If]
    End If
```

```
[Else
    语句块]
End If
```

说明：

(1) 对于嵌套结构，为了增强程序的可读性，应该采用缩进格式书写；

(2) If 语句形式若不在一行上书写，必须与 End If 配对，多层 If 嵌套，If 与它最接近的 End If 配对；

(3) 以上各语句块中还可以分别嵌套 IF 系列语句，其嵌套层数没有具体规定，只受每行字符数 1024 的限制。

例 4-3　对于例 4.2 中的题目，如果用嵌套的 If 语句来实现，我们可以写成：

```
Private Sub Form_Click()
    Dim x As Integer
    Dim y As Integer
    x=InputBox("请输入 X 的值")
    If x=3 Then
        y=2*x+1
        Print y
    Else
        If x=5 Then
            y=2*x-1
            Print y
        Else
            If x=9 Then
                y=3*x+4
                Print y
            Else
                If x=6 Then
                    y=9*x-8
                    Print y
                Else
                    Print "error"
                End If
            End If
        End If
    End If
End Sub
```

注意：此例中，每下一层的 If 语句都是嵌套在上一层 If 语句的 Else 部分，而上层 If 语句的 If 部分都是两条普通语句，总共是五层嵌套。

当分支太多时，使用深层嵌套会降低程序的可读性，可以使用 Select Case 语句来代替它。

4.1.2 Select ...Case 语句

Select ...Case 语句是多分支语句的又一种形式，语句格式：

```
Select Case 测试表达式
    Case 表达式列表 1
        语句块 1
    Case 表达式列表 2
        语句块 2
        ……
    [Case Else
        语句块 n+1]
End Select
```

本语句的功能是根据“测试表达式”的值，从多个语句块中选择符合条件的一个语句块执行。其工作流程如图 4-4 所示。

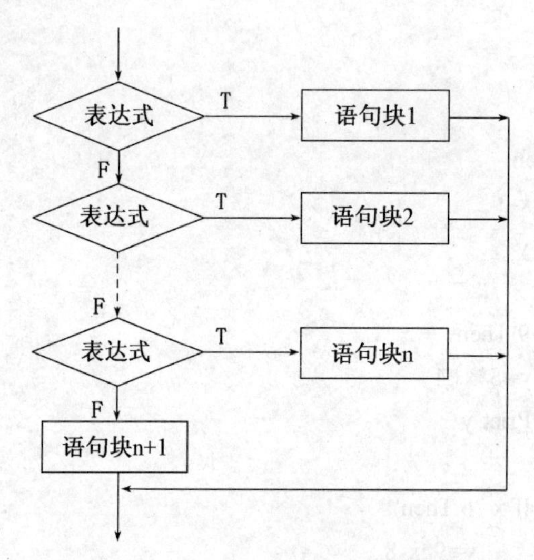

图 4-4 Select ...Case 语句工作流程

说明：

(1) 测试表达式：可以是算术表达式、字符串表达式或关系表达式，通常为变量或常量。

(2) 每个语句块由一行或多行合法的 Visual Basic 语句组成。

(3) 表达式表列称为域值，它们必须与测试表达式的数据类型相同。表达式表列可以是下列形式的组合：

① 离散的值，例如：

Case 2,4,6,8

② 连续的数据范围，必须把较小的值写在 To 前面，较大的值写在后面，字符串常量的范围必须按字母顺序写出，否则虽然系统不提示语法错误，程序可以执行，但会出现逻

辑错误，程序运行时得不到预期的结果。例如：

```
Case 1 To 5       '正确的
```

再如：

```
Dim var
var=3
Select Case var
    Case 4 To 1
        Text1.Text="1"
    Case Else
        Text1.Text="Good Bye"
End Select
```

本程序段在运行时将不会执行 Text1. Text="1"，而是转去执行 Text1. Text="Good Bye"。

③ Is<关系运算表达式>，该表达式只能使用运算符(<、<=、>、>=、<>、=)，连接起来的简单条件。例如：

```
Select Case var
    Case Is=12
        ……
    Case Is<a+b
        ……
End Select
```

其中 Case Is=12 等同于 Case 12；Is 用来代表 var。

注意：“<关系运算表达式>”不能用逻辑运算符将两个或多个简单条件组合在一起。例如：Case Is>10 And Is<20 是不合法的。

④ 在一个 Select Case 语句中，3 种形式可以混用。例如：

```
Case Is>lowerbound,5,6,12,Is<uperbound
Case Is<"HAN","Mao" To "Tao"
```

⑤ 如果同一个范围的域值在多个 Case 子句中出现，则只执行符合要求的第一个 Case 子句的语句块。如果在 Select Case 结构中的任何一个 Case 子句都没有与测试表达式相匹配的值，也不存在 Case Else 子句，则不执行任何操作。

⑥ Case 子句的顺序对执行结果没有影响(当然所有的 Case 子句必须放在 Case Else 子句之前)。

⑦ 各 Case 子句中指定的条件和相应的操作不能相互矛盾。如果不同 Case 子句中的条件和操作存在矛盾属于算法设计的错误，也称逻辑错误，系统不检查逻辑错误，程序可以正常执行，但得不到正确的结果，达不到编程的预期目的。这种逻辑上的错误在程序设计时应该避免。

(4) Select Case 语句与 If ...Then ...Else 语句块的功能类似。一般来说，可以使用 If ... Then ...Else 语句块形式条件语句的地方，也可以使用 Select Case 语句。这两种结构也可以嵌套使用。

例 4-4 从键盘上输入字母或 0～9 的数字，编写程序对其进行分类：将字母分为大写字母和小写字母、数字分为奇数和偶数。如果输入的是字母或数字，则输出其分类结果，否则输出相应的信息。

编写程序代码如下：

```
Sub Form_Click()
    Dim Msg,UserInput
    Msg="Please enter a letter or Number from 0 through 9."
    UserInput=InputBox("Please enter a letter or Number from 0 through 9.")
    If Not IsNumeric(UserInput) Then
        If Len(UserInput)<>0 Then
            Select Case Asc(UserInput)
                Case 65 To 90                    '大写字母
                    Msg="You entered the uppercase letter'"
                    Msg=Msg & Chr(Asc(UserInput)) & "'."
                Case 97 To 122                   '小写字母
                    Msg="You entered the lowercase letter'"
                    Msg=Msg & Chr(Asc(UserInput)) & "'."
                Case Else
                    Msg="You did not enter a letter or a number."
            End Select
        End If
    Else
        Select Case CDbl(UserInput)              'if it's a number.
            Case 1,3,5,7,9                       '奇数
                Msg=UserInput & "is an odd number."
            Case 0,2,4,6,8                       '偶数
                Msg=UserInput & "is an even number."
            Case Else                            '出界
                Msg="You entered a number outside"
                Msg=Msg & "the requested range."
        End Select
    End If
    MsgBox Msg
End Sub
```

上述程序把 If ...Then ...Else 语句块与 Select Case 语句嵌套使用。

程序中使用了 IsNumeric()函数，其功能是判断其参数是否是数值，如果是数值则函数的返回值是逻辑值 True，反之返回值为 False。

4.1.3　条件函数

1. IIf 函数

IIf 函数可用来执行简单的条件判断操作，函数格式：

IIf(表达式，当条件为 True 时函数的返回值，当条件为 False 时函数的返回值)

例如：求 X、Y 中大的数，并赋给变量 Tmax：

```
Tmax=IIf(X>Y,X,Y)
```

再如：

```
D=15
Print IIf(D>12,"D 大于 12","D 小于 12")
```

它与下面的条件语句等价：

```
D=15
If D>12 Then
    Print "D 大于 12"
Else
    Print "D 小于 12"
End If
```

2. Choose 函数

函数形式：Choose(整数表达式，选项列表)

如果整数表达式的值是 1，则返回列表中的第 1 项，如果整数表达式的值是 2，则返回列表中的第 2 项，依次类推；如果小于 1 或大于列表项数时，则返回 NULL。

例 4-5　用 1、2、3、4 分别返回不同的运算符。

用 Select-Case 语句实现：

```
Nop=Rnd*4+1
Select Case Nop
    Case 1
        OP="＋"
    Case 2
        OP="-"
    Case 3
        OP="×"
    Case Else
        OP="÷"
End Select
```

用 Choose 函数实现：

```
Nop=Int(Rnd*4+1)
Op=Choose(Nop,"＋","-","×","÷")
```

在许多情况下，使用 IIf 函数和 Choose 函数可以使程序更加简洁。

4.2 循环结构

4.2.1 For 循环控制结构

在实际应用中,经常遇到一些操作并不复杂,但需要反复多次处理的问题,诸如人口增长统计,国民经济发展计划增长情况,银行存款利息的计算等。对于这类问题,如果用顺序结构的程序来处理,将是十分繁琐的,有时候可能是难以实现的。为此,Visual Basic 提供了循环语句。使用循环语句,可以实现循环结构程序设计。

循环语句产生一个重复执行的语句序列,直到指定的条件满足为止。Visual Basic 提供了 3 种不同风格的循环结构,包括计数循环(For-Next 循环)、当循环(While-Wend 循环)和 Do 循环(Do-Loop 循环)。其中 For-Next 循环按规定的次数执行循环体,而 While-Wend 循环和 Do 循环则是在给定的条件满足时执行循环体。这一节介绍 For 循环控制结构,后面两节分别介绍当循环和 Do 循环。

For 循环也称 For-Next 循环或计数循环。其一般格式如下:

```
For 循环变量=初值 To 终值[Step 步长]
    [循环体]
    [Exit For]
Next[循环变量][,循环变量]……
```

For 循环按指定的次数执行循环体。例如:

```
For x=1 to 100 Step 1
    Sum=Sum+x
Next x
```

该例从 1 到 100,步长为 1,共执行 100 次"Sum=Sum+x"。其中 x 是循环变量,1 是初值,100 是终值,Step 后面的 1 是步长值,"Sum=Sum+x"是循环体。

说明:

(1) 格式中有多个参量,这些参量的含义如下:

① 循环变量:亦称"循环控制变量"、"控制变量"或"循环计数器"。它是一个数值变量,但不能是下标变量或记录元素。

② 初值:循环变量的初值,它是一个数值表达式。

③ 终值:循环变量的终值,它也是一个数值表达式。

④ 步长:循环变量的增量,是一个数值表达式。其值可以是正数(递增循环)或负数(递减循环),但不能为 0。如果步长为 1,则可略去不写。

⑤ 循环体:在 For 语句和 Next 语句之间的语句序列,可以是一个或多个语句。

⑥ Exit For:退出循环。

⑦ Next:循环终端语句,在 Next 后面的"循环变量"与 For 语句中的"循环变量"必须相同。

格式中的初值、终值、步长均为数值表达式,但其值不一定是整数,可以是实数,Visual Basic 对其自动取整。

(2) For-Next 循环结构的执行流程如图 4-5 所示。步骤描述如下。

① 计算出"初值"、"终值"和"步长值"。

② 将"初值"赋给"循环变量"。

③ 判断循环变量的值是否超过终值。若超过终值,退出循环,执行 Next 之后的语句。否则执行一次"循环体"。

④ 执行 Next 语句,把"循环变量+步长"的值赋给"循环变量"。

⑤ 转到③,重复上述过程。

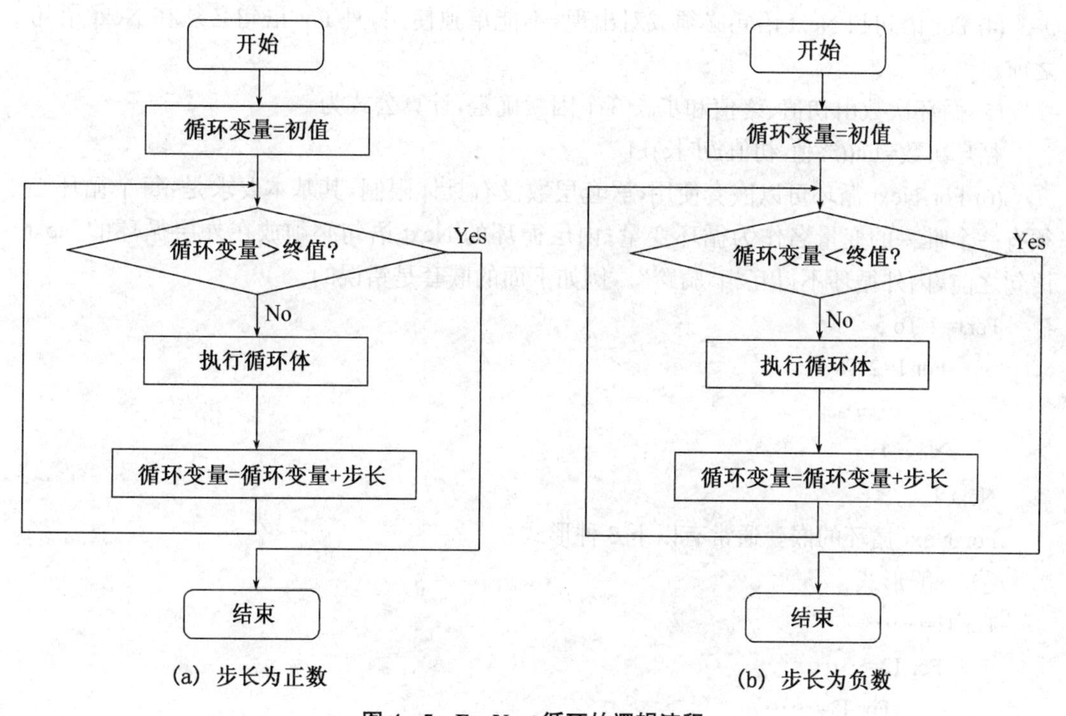

(a) 步长为正数　　(b) 步长为负数

图 4-5　For-Next 循环的逻辑流程

这里所说的"超过"有两种含义,即大于或小于。当步长为正值时,检查循环变量是否大于终值;当步长为负值时,判断循环变量的值是否小于终值。

下面通过例子说明 For-Next 循环的执行过程:

```
t=0
For I=2 to 10 step 2
    t=t+I
    Print t
Next I
```

在这里,I 是循环变量,循环初值为 2,终值为 10,步长为 2,t=t+I 和 Print t 是循环体。执行过程如下:

① 初值 2 赋给循环变量 I;

② I 的值与终值进行比较,若 I>10,则转到⑤,否则执行循环体;

③ I 增加一个步长值,即 I:I+2;

④ 返回②继续执行;

⑤ 执行 Next 后面的语句。

(3) 在 Visual Basic 中,For-Next 循环遵循"先检查,后执行"的原则,即先检查循环变量是否超过终值,然后决定是否执行循环体。因此,在下列情况下,循环体将不会被执行:

① 当步长为正数,初值大于终值

② 当步长为负数,初值小于终值

当初值等于终值时,不管步长是正数还是负数,均执行一次循环体。

(4) For 语句和 Next 语句必须成对出现,不能单独使用,且 For 语句必须在 Next 语句之前。

(5) 循环次数由初值、终值和步长 3 个因素确定,计算公式为:

循环次数=Int((终值-初值)/步长)+1

(6) For-Next 循环可以嵌套使用,嵌套层数没有具体限制,其基本要求是:每个循环必须有一个唯一的变量名作为循环变量;内层循环的 Next 语句必须放在外层循环的 Next 语句之前,内外循环不得互相"骑跨"。例如下面的嵌套是错误的:

```
ForJ= 1 To 5
    For I=2 To 8
        ……
    Next J
Next I
```

For-Next 循环的嵌套通常有以下 3 种形式:

① 一般形式

```
For I1=……
    For I2=……
        For I3=……
        Next I3
    Next I2
Next I1
```

② 省略 Next 后面的 I1、I2、I3

```
For I1=……
    For I2=……
        For I3=……
        Next
    Next
Next
```

③ 当内层循环与外层循环有相同的终点时,可以共用一个 Next 语句,此时循环变量名不能省略。例如:

```
For I1=……
    For I2=……
        For I3=……
Next I3,I2,I1
```

(7) 在 Visual Basic 中，循环控制值不但可以是整数和单精度数，而且也可以是双精度数。

(8) 循环变量用来控制循环过程，在循环体内可以被引用和赋值。当循环变量在循环体内被引用时，称为“操作变量”，而不被引用的循环变量叫作“形式变量”。如果用循环变量作为操作变量，当循环体内循环变量出现的次数较多时，会影响程序的清晰性。

例 4－6　求 N! (N 为自然数)。

由阶乘的定义可知：

$$\begin{aligned} N! &= N\times(N-1)\times(N-2)\times\cdots\times2\times1 \\ &= 1\times2\times\cdots\times(N-2)\times(N-1)\times N \\ &= (N-1)!\times N \end{aligned}$$

也就是说，一个自然数的阶乘，等于该自然数与前一个自然数阶乘的乘积，即从 1 开始连续地乘下一个自然数，直到 N 为止。

程序如下：

```
Sub Form_Click()
    Dim N As Integer
    N=InputBox("Enter N:")
    k=1
    For i=1 To N
        k=k*i
    Next i
    Print N;"! =";k
End Sub
```

这里的循环变量 i 是一个操作变量。如果改用形式变量，则程序如下：

```
Sub Form_Click()
    Dim N As Integer
    N=InputBox("Enter N:")
    k=1 : m=1
    For i=1 To N
        k=k*m : m=m+1
    Next i
    Print N;"! =";k
End Sub
```

(9) 一般情况下，For-Next 正常结束，即循环变量到达终值。但在有些情况下，可能需要在循环变量到达终值前退出循环，这可以通过 Exit For 语句来实现。在一个 For-Next 循环中，可以含有一个或多个 Exit For 语句，并且可以出现在循环体的任何位置。此外，用 Exit For 只能退出当前循环，即退出它所在的内层循环。例如：

```
For i=1 to 100
    For j=1 to 100
        Print i+j;
        If i*j>5000 Then Exit For
    Next j
Next i
```

在执行上述程序时，如果“i*j>5000”，程序将从内层循环中退出；如果外层循环还没有结束，则控制仍回到内层循环中去。

(10) For-Next 中的“循环体”是可选项，当该项缺省时，For-Next 执行“空循环”。利用这一特性，可以暂停程序的执行。当程序暂停的时间很短，或者对时间没有严格要求时，用 For-Next 循环来实现暂停是一个好方法。不过，对于不同的计算机，暂停的时间也不一样。用后面介绍的 While-Wend 循环和 Do-Loop 循环也可以实现暂停。

当对一个语句序列执行固定次数的循环时，用 For-Next 循环非常方便。

例 4-7 编写一个程序，输入这 10 个数：-42,53,62,-86,-3,29,721,-38,95,-30，先将其中的负数输出到窗体上，然后分别计算、输出正数及负数的和。

程序如下：

```
Sub Form_Click()
    Dim T As Integer, i As Integer
    Dim N As Long, P As Long
    N=0 : P=0
    For i=1 To 10
        T=InputBox("Please Enter A Data:")
        If T<0 Then
            Print T;
            N=N+T
        Else
            P=P+T
        End If
    Next i
    Print
    Print "正数的和为: ";N
    Print "负数的和为: ";P
End Sub
```

程序运行后，显示一个输入对话框，在对话框中输入一个数，接着再显示一个对话框，再输入下一个数……直到 10 个数输入完为止。当输入正数时，窗体上不显示任何信息，而当输入负数时，该负数在窗体上显示出来。输入完 10 个数之后，窗体上分别显示正数之和及负数之和。

4.2.2　当循环控制结构

在自然界和人类生产实践活动中存在着大量的转化现象。在一定的条件下，物质可以由一种状态转化为另一种状态。例如，当温度降到 0 摄氏度以下时，水变成冰；当水温上升到 100 摄氏度以上时，水变成水蒸气。在 Visual Basic 中，描述这类问题使用的是当循环语句。其格式如下：

```
While 条件
    [语句块]
Wend
```

当“条件表达式”的值为 True 时，执行循环中的“语句块”(即循环体)，否则退出循环，执行 Wend 的下一条语句。While-Wend 循环结构是早期 Basic 语言的循环语句，现在它的功能已完全被 Do-Loop 循环结构包括。

While 循环语句的执行过程是：如果“条件”为 True(非 0 值)，则执行“语句块”，当遇到 Wend 语句时，控制返回到 While 语句并对“条件”进行测试，如仍然为 True，则重复上述过程；如果“条件”为 False，则不执行“语句块”，而执行 Wend 后面的语句，如图 4－6 所示。

当循环与 For 循环的区别是：For 循环对循环体执行指定的次数，当循环则是在给定的条件为 True 时，重复执行循环体。设有如下一段程序：

```
While b>0
    c=c+a
    b=b-1
Wend
```

上述程序通过重复做加法来计算“c=c+a”，重复的条件是“b>0”。每次执行循环以前，都要按 While 语句指定的条件(b>0)求一次值。如果条件求值的结果为 True，则执行组成循环体的语句。也就是说，只要条件为 True，则“测试，执行，测试，执行……”的操作就一直进行下去，直到条件为 False(b<=0)时才结束循环，控制转移到 Wend 后面的语句。

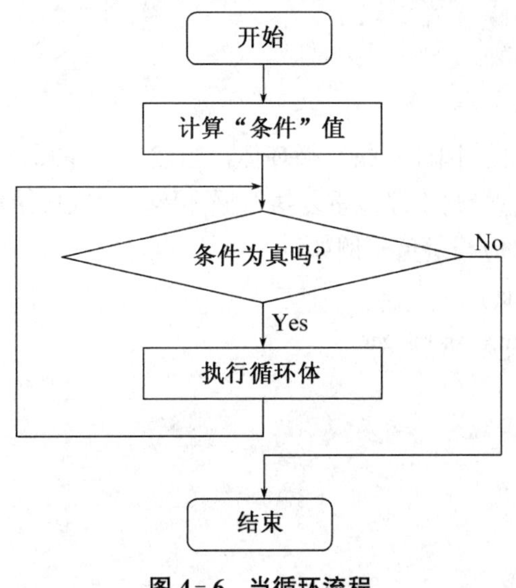

图 4－6　当循环流程

这就是说，当循环可以指定一个循环终止的条件，而 For 循环只能进行指定次数的重复，因此，当需要由数据的某个条件是否出现来控制循环时，就不宜使用 For 循环，而应使用当循环语句来描述。

例 4-8 从键盘上输入字符，对输入的字符进行计数，当输入的字符为"?"时，停止计数，并输出结果。

由于需要输入的字符的个数没有指定，无法用 For 循环来编写程序。停止计数的条件是输入的字符为"?"，可以用当循环语句来实现。

程序如下：

```
Sub Form_Click()
    Dim char As String,msg As String,ch As String
    ch="?"
    counter=0
    msg="Enter a character:"
    char=InputBox(msg)
    While char<>ch
        counter=counter+1
        char=InputBox(msg)
    Wend
    Print "Number of character entered:";counter
End Sub
```

对于循环次数有限但又不知道具体次数的操作，当循环是十分有用的。从某种程度上来说，当循环比 For 循环更灵活。

在使用当循环语句时，应注意以下几点：

(1) While 循环语句先对"条件"进行测试，然后才决定是否执行循环体，只有在"条件"为 True 时才执行循环体。如果条件从开始就不成立，则一次循环体也不执行。例如：

```
While a<>a
    循环体
Wend
```

条件"a<>a"永为 False，因此不执行循环体。当然，这样的语句没有什么实用价值。

(2) 如果条件总是成立，则不停地重复执行循环体。形成死循环。这是程序设计中容易出现的一种严重错误，应当避免。例如：

```
Private Sub Form_Click()
    Dim b As Boolean,x As Integer
    b=True : x=10
    While b
        Print x
    Wend
End Sub
```

这是“死循环”的一个特例。程序运行后，只能通过人工干预的方法或由操作系统强迫其停止执行。发生死循环后，可按 Ctrl+Break 组合键中断程序的运行，加以解除。

(3) 开始时对条件进行测试，如果成立，则执行循环体；执行完一次循环体后，再测试条件，如成立，则继续执行……直到条件不成立为止。也就是说，当条件最初出现 False 时，或是以某种方式执行循环体，使得条件的求值最终出现 False 时，当循环才能终止。在正常使用的当循环中，循环体的执行应当能使条件改变，否则会出现死循环，这是程序设计中容易出现的严重错误，应当尽力避免。

(4) 当循环可以嵌套，层数没有限制，每个 Wend 和最近的 while 相匹配。

例 4-9　编写程序，判断一个正整数(≥3)是否为素数。

只能被 1 和本身整除的正整数称为素数。例如，19 就是一个素数，它只能被 1 和 19 整除。为了验证一个正整数 n(n>3)是否为素数，最基本的方法是：将 N 分别除以 2，3，…，N-1，如果能够找到一个整数 m 能将 n 整除，即 m 存在，则 n 不是素数；若找不到 m，则 n 为素数。程序如下：

```
Private Sub Form_Click()
    Dim f As Boolean
    n=InputBox("请输入一个正整数(>=3)")
    f=True
    For m=2 To n-1
        If n Mod m=0 Then
            f=False
            Exit For
        End If
    Next m
    If f=True Then
        Print n;"是一个素数"
    Else
        Print n;"不是素数"
    End If
End Sub
```

在上面的过程中，f 是一个标志变量，其初始值为 True。在 For 循环中，如果 n 除以 m 的余数为 0，则将 f 置为 False，并退出循环，表明 n 不是一个素数；如果在整个循环中没有出现 n 除以 m 的余数为 0 的情况，则 f 的值仍为 True。然后根据 f 是否为 True，决定 n 是否为素数。如果 f 为 True 则 n 是素数，如果 f 为 False 则 n 不是素数。

程序运行后，单击窗体，将显示一个输入对话框，在对话框中输入一个正整数，单击“确定”按钮，程序即可判断并显示该数是不是素数。程序的执行情况如图 4-7 所示。

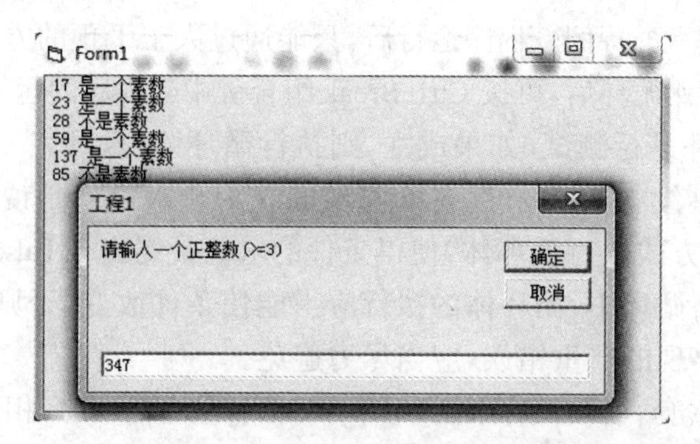

图 4-7　判断一个数是不是素数

4.2.3　Do 循环控制结构

Do 循环不仅可以不按照限定的次数执行循环体内的语句块，而且可以根据循环条件是 True 或 False 决定是否结束循环。通常情况下，当不知道循环执行的次数时，采用 Do 循环结构。

Do 循环的语法格式如下：

(1) 形式 1：

```
Do
    语句块
    [Exit Do]
    语句块
Loop[While| Until 条件]
```

(2) 形式 2：

```
Do [While| Until 条件]
    语句块
    [Exit Do]
    语句块
Loop
```

Do 循环语句的功能是：当指定的"循环条件"为 True 或直到指定的"循环条件"变为 True 之前重复执行一组语句(即循环体)。

说明：

① Do、Loop 及 while、until 都是关键字。"语句块"是需要重复执行的一个或多个语句，即循环体。"循环条件"是一个逻辑表达式。

② 形式 1 为先执行后判断，循环体至少执行一次；形式 2 为先判断后执行，循环体有可能一次也不执行。

③ 关键字 While 用于指明条件为真时就执行循环体中的语句，Until 刚好相反。

④ 当省略了 While| Until 条件子句，即循环结构仅由 Do ...Loop 关键字构成时，表示无条件循环，这时循环体内应该有 Exit Do 语句，否则为死循环。

⑤ Exit Do 语句表示当遇到该语句时，退出循环，执行 Loop 的下一语句。

⑥ Do 和 Loop 构成了 Do 循环。当只有这两个关键字时,其格式简化为:

```
Do
    [语句块]
Loop
```

⑦ 在格式(1)中,While 和 Until 放在循环的末尾,分别叫作 Do ...Loop While 和 Do ...Loop Until 循环,它们的逻辑流程分别如图 4-8 和图 4-9 所示。

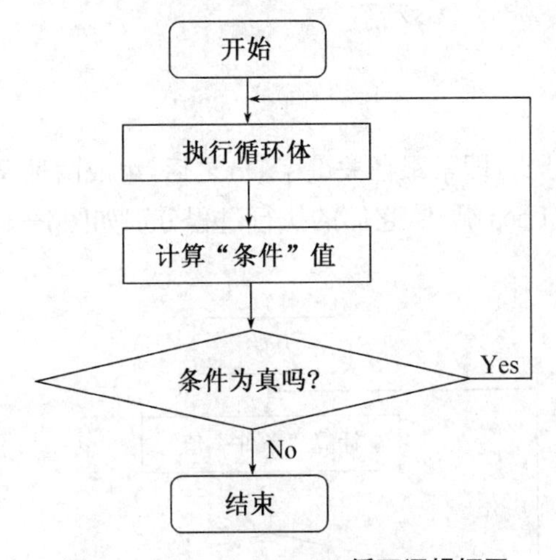

图 4-8　Do ...Loop While 循环逻辑框图

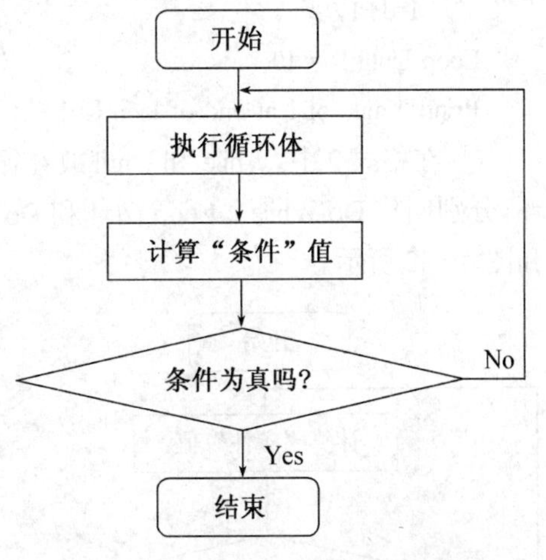

图 4-9　Do ...Loop Until 循环逻辑框图

例如:

```
Private Sub Command1_Click()
    I=0
    Print "****Loop start****"
    Do
        Print "Value of I is";I
        I=I+1
    Loop While I<10
    Print "****Loop end****"
    Print "Value of I at end of loop is";I
End Sub
```

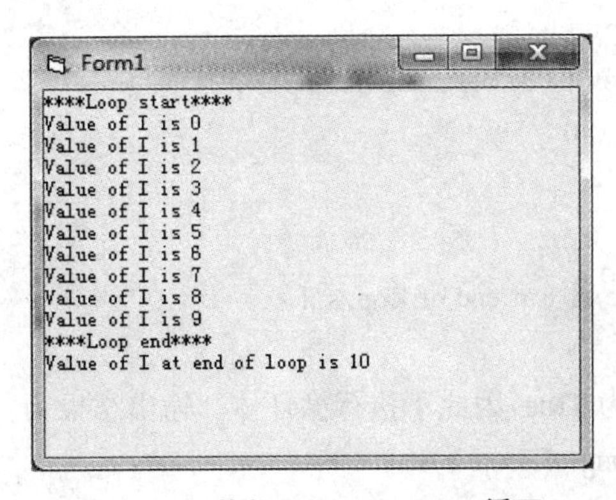

图 4-10　执行 Do ...Loop While 循环

该例中的循环条件为“I<10”，只要这个条件为 True，就执行 Print 和“I=I+1”。当“I=10”时，循环结束，执行后面的 Print 语句。程序运行后，单击窗体，结果如图 4－10 所示。

在这个例子中，循环条件"I<10”求反(Not)后为“I>=10”，把它作为 Do ...Loop Until 的条件，所得结果完全一样：

```
Do
    Print "Value ofI is";I
    I=I+1
Loop Until I>=10
Print "Value of I at end of loop is";I
```

⑧ 在格式 2 中，While 和 Until 放在循环的开头，即紧跟在关键字 Do 之后，组成两种循环，分别叫作 Do While ...Loop 循环和 Do Until ...Loop 循环，它们的执行过程分别如图4－11 和图 4－12 所示。

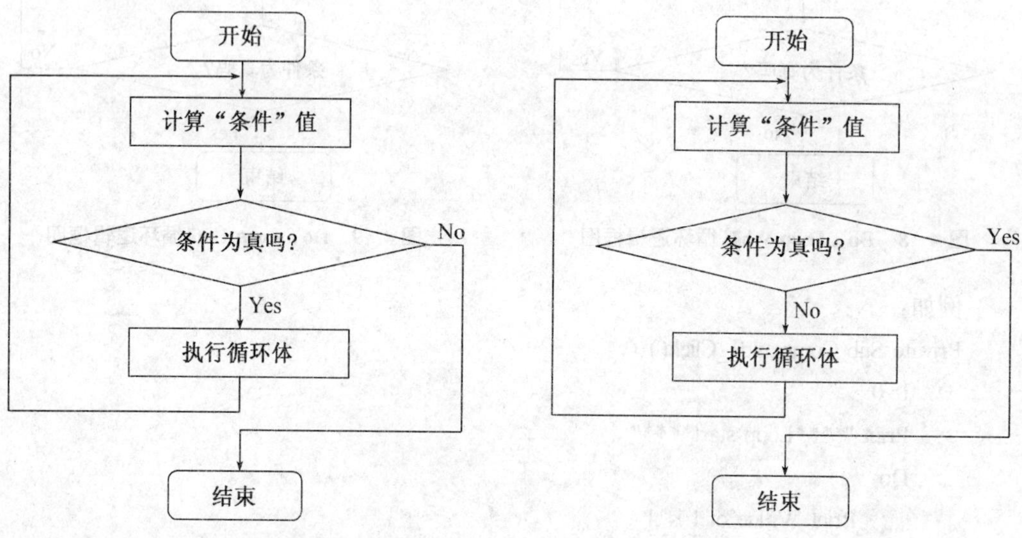

图 4－11　Do While ...Loop 循环逻辑框图　　　　**图 4－12　Do Until ...Loop 循环逻辑框图**

⑨ Do While | Until ...Loop 循环先判断条件，然后在条件满足时才执行循环体，否则不执行。例如：

```
Private Sub Command1_Click()
    I=10
    Print "Value of I at beginning of loop is";I
    Do While I<10
        I=I+1
    Loop
    Print "Value of I at end of loop is";I
End Sub
```

由于 I=10，条件不为 True，因此不执行循环体。输出结果为：

Value of I at beginning of loop is 10

Value of I at end of loop is 10

Do ...Loop While| Until 循环正好相反,它不管条件是否满足,先执行一次循环体,然后再判断条件以决定其后的操作。因此,在任何情况下,它至少执行一次循环体。请看下例:

```
Private Sub Command1_Click()
    I=10
    Do
        Print "Value of I at beginning of loop is";I
        I=I+1
    Loop While I<10
    Print "Value of I at end of loop is";I
End Sub
```

输出结果为:

Value of I at beginning of loop is 10

Value of I at end of loop is 11

⑩ 和 While 循环一样,如果条件总是成立,Do 循环也可能陷入“死循环”。在这种情况下,可以用 Exit Do 语句跳出循环。一个 Do 循环中可以有一个或多个 Exit Do 语句,并且 Exit Do 语句可以出现在循环体的任何地方。当执行到该语句时,结束循环,并把控制转移到 Do 循环后面的语句。用 Exit Do 语句只能从它所在的那个循环中退出。

⑪ Do 循环可以嵌套,其规则与 For-Next 循环相同。

例 4-10　目前世界人口约为 60 亿,如果以每年 1.4% 的速度增长,多少年后世界人口达到或超过 70 亿。

程序如下:

```
Sub Form_Click()
    Dim p As Double,r As Single,n As Integer
    p=60
    r=0.014
    Do Until p> =70
        p=p*  (1+ r)
        n=n+1
    Loop
    Print n;"年后";"世界人口达";p;"亿"
End Sub
```

运行程序,单击窗体,程序输出为:

12 年后世界人口达 7089354809.76375

上述程序使用的是“Do Until ...Loop”循环,如果使用“Do ...Loop Until”循环,则程序如下:

```
Sub Form_Click()
    Dim p As Double,r As Single,n As Integer
```

```
    p=60
    r=0.014
    Do
        p=p*  (1+r)
        n=n+1
    Loop Until p> =70
    Print n;"年后";"世界人口达";p;"亿"
End Sub
```

该程序的执行结果与前一个程序相同。

4.3 多重循环

通常把循环体内不含有循环语句的循环叫作单层循环，而把循环体内含有循环语句的循环称为多重循环。例如在循环体内含有一个循环语句的循环称为二重循环。多重循环又称多层循环或嵌套循环。前面已谈到多重循环问题，下面再举两个例子。

例 4－11 打印“九九表”，输出结果如图 4－13 所示。

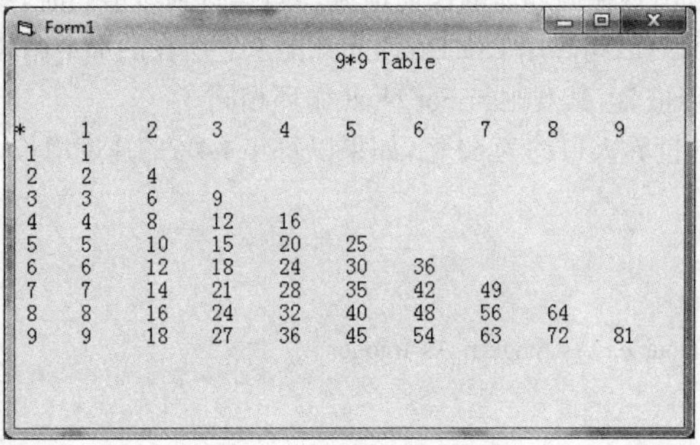

```
Form1
                          9*9 Table

*    1     2     3     4     5     6     7     8     9
1    1
2    2     4
3    3     6     9
4    4     8     12    16
5    5     10    15    20    25
6    6     12    18    24    30    36
7    7     14    21    28    35    42    49
8    8     16    24    32    40    48    56    64
9    9     18    27    36    45    54    63    72    81
```

图 4－13 打印“九九表”

“九九表”是一个 9 行 9 列的二维表，行和列都要变化，而且在变化中互相约束。这是一个二重循环问题。

程序如下：

```
Sub Form_Click()
    Dim i As Integer,j As Integer
Me.FontSize=14
    Print Tab(30);"9*  9 Table"
    Print : Print : Print "*  ";
    For i=1 To 9
        Print Tab(6*  i);i;
```

```
    Next i
    Print
    For i=1 To 9
        Print i;"  ";
        For j=1 To i
            Print Tab(6* j);i* j;"  ";
        Next j
        Print
    Next i
End Sub
```

上述过程运行后，先打印表名，再打印表头，然后执行打印“九九表”的二重循环。在外层循环的约束下，由内层循环解决计算和输出乘积问题。

例 4－12　编写程序，输出 100～300 间的所有素数。

前面已介绍过判断一个正整数是否为素数的方法。为了求出 100～300 间的所有素数，只需用前面介绍的方法对每个数进行测试，并输出其中的素数，这可以通过一个双重循环来实现。程序如下：

```
Private Sub Form_Click()
For n=100 To 300
    For m=2 To n-1
        If n Mod m=0 Then Exit For
    Next m
    If m=n Then
        d=d+1
        Print n;"  ";
        If d Mod 5=0 Then Print
    End If
Next n
End Sub
```

该例通过双重 For ...Next 循环实现素数的查找。在输出素数时，按 5 个数一行输出。程序的执行结果如图 4－14 所示。

```
Form1
101  103  107  109  113
127  131  137  139  149
151  157  163  167  173
179  181  191  193  197
199  211  223  227  229
233  239  241  251  257
263  269  271  277  281
283  293
```

图 4－14　输出 100～300 间的素数

在一般情况下，3 种循环都不能在循环过程中退出循环，只能从头到尾地执行。Visual Basic 以出口语句(Exit)的形式提供了更进一步的中止机理，与循环结构配合使用，可以根据需要退出循环。

出口语句可以在 For 循环和 Do 循环中使用，也可以在过程(见第 6 章)中使用。它有两种格式，一种为无条件形式，一种为条件形式，即：

无条件形式	条件形式
Exit For	If 条件 Then Exit For
Exit Do	If 条件 Then Exit Do
Exit Sub	If 条件 Then Exit Sub
Exit Function	If 条件 Then Exit Function

出口语句的无条件形式不测试条件，执行到该语句后强行退出循环。而条件形式要对语句中的“条件”进行测试，只有当指定的条件为 True 时才能退出循环，如果“条件”不为 True，则出口语句没有任何作用。

出口语句具有两方面的意义。首先，给编程人员以更大的方便，可以在循环体的任何地方设置一个或多个中止循环的条件；其次，出口语句显式地标出了循环的出口点，这样就能大大改善某些循环的可读性，并易于编写代码。因此，使用出口语句能简化循环结构。

1. 编写程序，计算 1+2+3+…+100。

2. 我国现有人口约为 12 亿，设年增长率为 1%，编写程序，计算多少年后增加到 20 亿。

3. 输入三角形的 3 条边长，计算三角形的面积。编写程序，首先判断给出的 3 条边能否构成三角形，如可以构成，则计算输出该三角形的面积并且结束输入，否则继续重新输入直到三边长构成三角形为止。

4. 已知出租车行驶不超过 4 公里时一律收费 10 元。超过 4 公里时分段处理，具体处理方式为：15 公里以内每公里加收 1.2 元，15 公里以上每公里收 1.8 元。

程序的功能是：单击“输入”按钮，将弹出一个输入对话框，接收出租车行驶的里程数；单击“计算”按钮，则可根据输入的里程数计算应付的出租车费，并将计算结果在名称为 Text1 的文本框内显示。

5. 假定有以下每周工作安排：

星期一、三：讲计算机课

星期二、四：讲程序设计课

星期五：进修英语

星期六：政治学习

星期日：休息

试编写一个程序，对上述工作日程进行检索。程序运行后，要求输入一周里的某一天，程序将输出这一天的工作安排。在输入时用 0～6 分别代表星期日到星期六，如果输入 0～6 之外的数，则程序结束运行。

6. 编写程序，打印如下所示的“数字金字塔”：

```
                1
              1 2 1
            1 2 3 2 1
          1 2 3 4 3 2 1
……
1 2 3 4 5 6 7 8 9 8 7 6 5 4 3 2 1
```

7. 勾股定理中 3 个数的关系是：$a^2+b^2=c^2$。编写程序，输出 30 以内满足上述关系的整数组合，例如 3、4、5 就是一个整数组合。

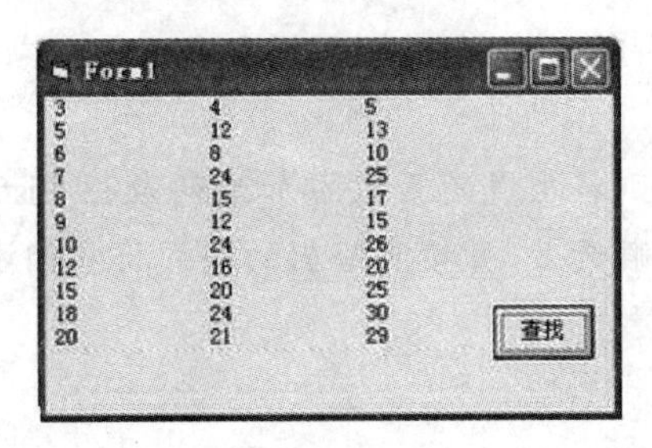

8. 从键盘上输入两个正整数 M 和 N，求最大公因子。

9. 如果一个数的因子之和等于这个数本身，则称这样的数为“完全数”。例如：28 的因子为 1、2、4、7、14，其和 1+2+4+7+14=28，因此 28 是一个完全数，编写一个程序，从键盘上输入正整数 N 和 M，求出 M 和 N 之间的所有完全数。

10. 编写程序，根据用户在文本框 Text1 中输入的文本，统计其中数字(0～9)中奇数和偶数的个数、英文字母(区分大小写)的个数和其他字符的个数，并在窗体中输出统计结果。

11. 一个两位的正整数，如果将它的个位数字与十位数字对调，则产生另一个正整数，我们把后者叫做前者的对调数。现给定一个两位的正数，请找到另一个两位的正整数，使得这两个两位正整数之和等于它们各自的对调数之和。例如，12+32=23+21。编写程序，把具有这种特征的一对两位正整数都找出来。下面是其中的一种结果：

56+ (10)= (1)+65　　56+ (65)= (56)+65
56+ (21)= (12)+65　　56+ (76)= (67)+65
56+ (32)= (23)+65　　56+ (87)= (78)+65
56+ (43)= (34)+65　　56+ (98)= (89)+65
56+ (54)= (45)+65

12. 利用公式 M*M-M+41(M 为自然数)，当 M 取值 1～40，可求得素数；从得到的 40 个素数中找出其逆序数也是素数的那些数。例如 113 的逆序数为 311，它们都是素数，这样的素数也称为无暇素数。

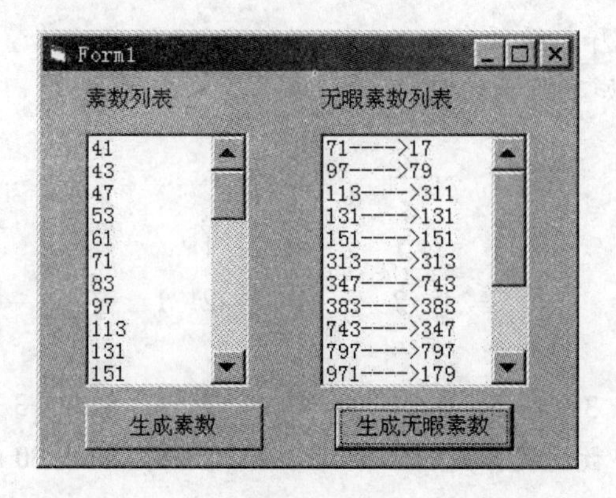

编程要求：

1. 程序参考界面如上图所示，编程时不得增加或改变对象的种类，窗体及界面元素大小适中，且均可见。

2. 按“生成素数”按钮，则将生成的素数添加到列表框 List1 中；按“生成无暇素数”按钮，则从素数列表中找出无暇素数，并按照给出的格式将它们添加到 List2 中。

【微信扫码】
在线练习&参考答案

第5章 数 组

在科学计算和数据处理中通常要对数据进行批量处理，对于数据类型相同且彼此间存在一定的顺序关系的数据，可以使用数组这种数据结构进行存储和处理。

与其他高级语言相似，Visual Basic 也为用户提供了数组这种数据结构。数组并不是一种新型的数据类型，而是一组相同类型的有序变量的集合。在前面的章节中，我们学习了基本数据类型，本章我们来学习数组这种构造类型的数据结构的定义和使用方法。

5.1 数组的概念

所谓数组，就是相同数据类型的变量按一定顺序排列的集合，即把有限个类型相同的变量用一个名字命名，然后用地址编号区分的变量的集合，这个名字称为数组名，编号称为下标。组成数组的各个变量称为数组元素，或者称为下标变量。

例如，为了统计 50 名学生某门课程的考试成绩，数学中用 C_1、C_2、…、C_{50} 来分别代表每个学生的分数，在 Visual Basic 中可以定义包含 50 个元素的数组 C 来实现。在引用数组元素时要把下标写在圆括号中且与数组名同行，如 C(1)、C(2)、C(3)……C(50)。

数组名的命名规则与简单变量相同，下标用来指出某个数组元素在数组中的位置，一般情况下数组的下标从 0 开始，那么此时 C(i)代表数组 C 中的第 i+1 个元素。

如果数组中每个元素只用一个下标就能确定该元素在数组中的位置，定义时只需定义一个下标，这样的数组称为一维数组；具有 n 个下标的数组称为 n 维数组。在应用时根据需要定义数组的维数、大小和类型。

与其他高级语言不同，在 Visual Basic 中，一个数组中的元素可以是相同类型的数据，也可以是不同类型的数据。

5.1.1 数组的定义(声明)

数组必须先定义(声明)后使用。每个数组元素都是一个变量，声明数组就是通知计算机为数组元素分配所需大小的、连续的内存区域，数组名是这个区域的名称，区域的每个单元都有自己的地址，该地址用下标表示，区域的大小由数组元素的个数和类型决定。

(1) 一维数组的定义

格式：Dim| Private| Public| static 数组名([维界定义]) [As 数组类型]

功能：定义一个一维数组，并初始化所有数组元素。

说明：

① 格式中的“数组名”与简单变量命名规则相同，可以是任何合法的 Visual Basic 变

量名。

② 数组的维界定义必须为常数或常量符号,不能是表达式或变量。例如:

```
Const k as integer=10
Dim x(10) As Single          '正确
Dim a(k) As   Long           '正确
而   n=10
Dim x(n) As Single           '错误,下标不能是变量,只能是常数或常量符号。
Dim Arr3(n+5)                '错误
```

③ 下标的形式是:[下界 To]上界

一般情况下,当[下界 To]缺省时,默认值为 0。数组的下界必须小于或等于上界。

维的大小=上界值-下界值+1。

④ 维界说明如果不是整数,系统将自动进行四舍五入处理。Dim 语句中的维界定义可以是常数,也可以为空。下标为常数时是固定大小的数组,下标为空时则是动态数组。

⑤ "As 类型名称"用来说明数组元素的类型,可以是 Integer、Long、Single、Double、Currency、string、Variant 等基本类型也可以是用户自定义的类型。如果省略"As 类型名称",则定义的数组为 Variant 类型。

例如:

```
Dim a (20) As Integer          '声明 a 数组为整型,下标范围为 0~20.
Dim x (1 To 50) As Single      '声明 x 数组为单精度型,下标范围为 1~50.
Dim y (2 To 10)                '声明 y 是一个下标范围为 2 到 10 的变体型数组.
```

⑥ 数组必须先声明后使用。

⑦ Dim 语句声明数组,该语句把数值数组中的所有元素都初始化为 0,把变长字符串数组中的元素初始化为空字符串,把定长字符串数组的元素初始化为给定长度的空格,把逻辑型数组元素初始化为 False,变体型数组元素初始化为 Empty。

⑧ 在 Visual Basic 中,可以使用以下方法声明数组:

建立公用数组,在模块的声明段用 Public 语句声明数组。

建立模块级数组,在模块的声明段用 Private 或 Dim 语句声明数组。

建立局部数组,在过程中用 Dim 或 Static 语句声明数组。

⑨ 要注意区分"可以使用的最大下标值"和"元素个数"。"可以使用的最大下标值"指的是下标值的上界,而"元素个数"则指数组中成员的个数。例如,在 Dim Arr(5)语句中,数组可以使用的最大下标值是 5,如果下标值从 0 开始,则数组中的元素为 Arr(0)、Arr(1)、Arr(2)、Arr(3)、Arr(4)、Arr(5),共 6 个元素。在此数组中,不存在 Arr(6)这个数组元素。

(2) 声明数组下界的语句

格式:Option Base n

功能:改变数组下标的缺省下界。

说明:n 为数组下标的下界,只能是 0 或 1。

一般情况下，下标的下界默认为0，也可以通过Option Base 1语句设置下标从1开始。该语句在程序中只能使用一次，且必须放在模块的通用部分，数组声明语句之前。

(3) 多维数组的定义

格式：Dim| Private| Public| static 数组名([维界定义1，维界定义2……维界定义n]) [As 数组类型]

说明：此时的维界定义是对多维下标的定义。每一维的大小为：上界值-下界值+1；数组元素的个数为每一维大小的乘积。

例如：

Dim Score(2,3) As Integer

定义了一个二维数组，名字为Score，类型为Integer，该数组有3行4列，占据12(3×4)个整型变量的空间(24个字节)，如图5-1所示。

图5-1 二维数组

其余参数的意义和使用同一维数组。

5.1.2 数组函数LBound()和UBound()

函数LBound()和UBound()分别返回数组指定维的下界值和上界值，其格式为：

LBound(数组名[,维])

UBound(数组名[,维])

LBound函数返回指定数组某一维的下界值，而UBound函数返回指定数组某一“维”的上界值，两个函数一起使用即可确定一个数组的大小。

对于一维数组来说，参数“维”可以省略。如果要测试多维数组，则“维”不能省略。

例如：

```
Dim A(1 To 60,0 To 20,-3 T0 4)
……
Print LBound(A,1),UBound(A,1)
Print LBound(A,2),UBound(A,2)
Print LBound(A,3),UBound(A,3)
```

以上三条输出语句的输出结果为：

```
1   60
0   20
-3  4
```

在实际应用中这两个函数用处很多，比如对任意大小的数组的元素进行查询、排序或输入输出等操作时，要先确定某一数组的元素个数，就可以通过测定数组的上下界来计算。

5.1.3 变体型数组

在 Visual Basic 中，允许定义变体型(类型为 Variant)数组。

例如：

StaticArr1(1 T0 100)

定义的数组就是默认数组，其类型默认为 Variant，该定义等同于：

Static Arr1 (1 To 100) As Variant.

几乎在所有的程序设计语言都要求同一数组中各个元素的数据类型相同，即一个数组只能存放同一种类型的数据。而对于 Visual Basic 的默认数组来说，同一个数组中可以存放各种不同类型的数据。因此，默认数组可以说是一种“混合数组”。例如：

```
Sub Form_Click()
    Static Str1(5)
    Str1(1)=100
    Str1(2)=234.56
    Str1(3)="jiangsu"
    Str1(4)=Now
    Str1(5)=&HAAF
    For i=1 To 5
        Print "Str1(";I;")=";Str1(i)
      Next i
End Sub
```

该事件过程定义了一个静态数组 Str1(默认数组一般应定义为静态的)，然后对各元素不同类型的数据。执行该程序，然后单击窗体，输出结果如图 5-2 所示。

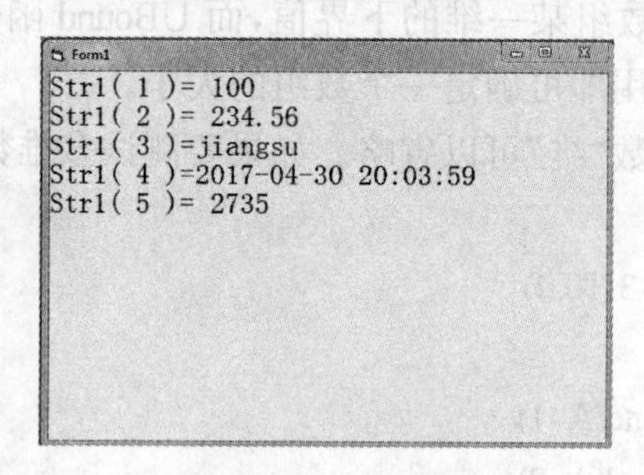

图 5-2 执行结果

5.2　静态数组与动态数组

在程序设计阶段定义数组时，有时不能确定数组定义多大，或者数组的大小是不定的，比如Excel的用户每次处理的批量数据个数是不定的，学校成绩系统中每个班级的人数是不同的，所以需要程序在运行时能够改变数组的大小。我们在前面一节学习的数组定义都是事先定义好大小、在运行时也不允许改其大小和元素类型的数组，即静态数组，为了解决以上问题，Visual Basic允许用户定义并使用动态数组。

静态数组的存储空间在声明时就已经固定下来了，在程序的执行过程中不允许重新定义其大小；动态数组在声明时不定义其大小，在运行时可根据需要多次重新定义大小，系统根据重新定义的大小随时分配所需的存储空间。

5.2.1　动态数组的定义

建立动态数组的方法：首先使用Dim、Private、Public或Static等语句声明一个空的数组，给数组赋予一个空维数表。

格式：Public l Private l Dim I Static 数组名()[AS 数据类型]

然后在过程中用Redim语句定义该数组的大小。

格式：ReDim[Preserve]数组名（维界定义）[As 数据类型]

ReDim语句的功能是重新定义动态数组或定义一个新数组，系统将给该动态数组重新分配指定大小的内存空间。在使用时，可多次使用ReDim语句重新定义其大小。

格式：Redim [preserve]数组名(下标1[，下标2…])

功能：声明动态数组的大小。

说明：

(1) ReDim语句与Public、Private、Dim、Static语句不同，ReDim语句是一个可执行语句，只能出现在过程中。

(2) 重新定义动态数组时，不能改变数组的数据类型，除非是变体型数组。

(3) 可以使用变量说明动态数组的大小。

(4) 在程序中可以使用ReDim语句多次重新定义动态数组的大小。

(5) 当语句中缺省关键字Preserve时，可以重新定义动态数组的维数和各维的上、下界，执行ReDim语句时，当前存储在数组中的值将全部丢失，重新定义的数组被赋给与该类型变量相对应的初始值。若要保留原数组的内容，应该在语句中使用关键字Preserve，并且只能改变最后一维的上界；若改变数组的维数或其他维的维界，数组元素的值将会产生错误。若比原来的数组大，则从原来的数组存储空间的尾部向后增加存储单元，新增元素被赋给与该类型变量对应的初始值；若重新定义后的数组比原来的数组小，则从原来数组的存储空间的尾部向前释放多余的存储单元。

如果ReDim语句所使用的数组在过程或模块中都不存在，系统会动态地创建一个新数组。

使用动态数组可以节省存储空间,因为程序是在执行到 ReDim 语句时才分配存储空间的。

例如:

```
Dyn() as Integer            '在事件过程中声明
……
ReDim Dyn (10)              '在程序体中使用以定义数组的大小
……
```

例 5-1 输入若干学生的成绩到一维数组,计算平均分和高于平均分的人数,并将平均分和高于平均分的人数放在该一维数组的最后。界面如图 5-3。

算法分析:

(1) 如何实现学生数的动态变化?可考虑用动态数组,其元素数表示学生数。

(2) 怎样结束学生成绩的输入?可用一个特殊值(如:-99)表示结束输入。

(3) 如何实现在保留原来数据的前提下,将平均分和高于平均分的人数追加到数组的后面?

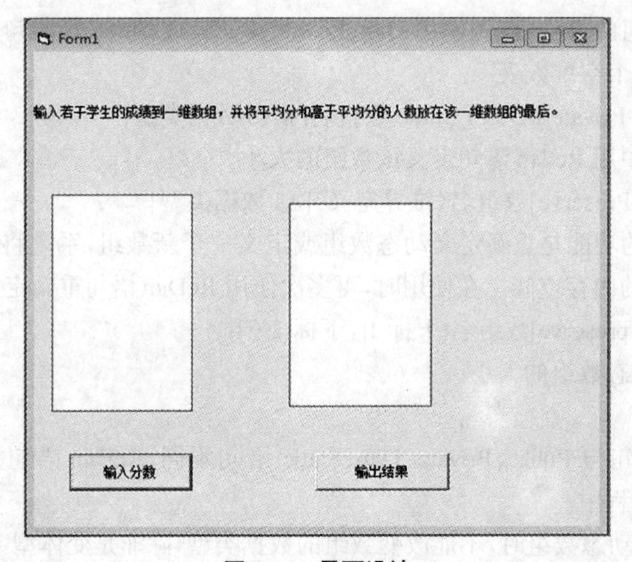

图 5-3 界面设计

事件过程代码:

```
Option Base 1
Dim a() As Integer
Private Sub Command1_Click()
    Dim i As Integer
    List1.Clear:List2.Clear
    Erase a
    Do
        i=i+1
        ReDim Preserve a(i)
```

```
        a(i)= InputBox("输入学生成绩,以-99 作为结束输入的标志")
        If a(i)=-99 Then
            ReDim Preserve a(i-1)
            Exit Do
        End If
        List1.AddItem a(i)
    Loop
End Sub
Private Sub Command2_Click()
    Dim Aup As Integer,Alow As Integer,i As Integer
    Dim sum As Integer,j As Integer
    Aup=UBound(a):Alow=LBound(a)
    ReDim Preserve a(Aup+2)
    For i=Alow To Aup
        sum=sum+a(i)
    Next i
    a(Aup+1)=sum/(Aup-Alow+1)
    For i=Alow To Aup
        If a(i)>a(Aup+1) Then j=j+1
    Next i
    a(Aup+2)=j
    For i=LBound(a) To UBound(a)
        List2.AddItem a(i)
    Next i
End Sub

Private Sub Form_Load()
    List1.Clear
    List2.Clear
End Sub
```

5.2.2 Erase 语句

功能:重新初始化静态数组的元素,或者释放动态数组的存储空间。其格式为:

Erase 数组名[,数组名]……

注意,在 Erase 语句中,后面只书写需要刷新的数组名,不带括号和下标。例如:

Erase arr2

(1) 当把 Erase 语句用于静态数组时,如果是数值型数组,则把数组中的所有元素置为 0;如果是字符串数组,则把所有元素置为空字符串;如果是定长字符串数组,则把所有元素重置为定长空格;如果是记录数组,则根据每个元素的类型重新进行设置,具体影响见表 5－1。

表 5－1　Erase 语句对静态数组的影响

数组类型	Erase 对数组元素的影响
数值数组	将每个元素设为 0
字符串数组(定长)	将每个元素设为 0
字符串数组(变长)	将每个元素设为零长度字符串("")
变体数组	将每个元素设为 Empty
用户定义类型的数组	将每个元素作为单独的变量来设置
对象数组	将每个元素设为 Nothing

(2) 当把 Erase 语句用于动态数组时,将删除整个数组并释放该数组所占用的内存。在下次引用该动态数组之前,必须用 ReDim 语句重新定义该数组变量的维数。

例如,下面的程序段:

```
Private Sub Form_Click()
Dim A(3)As Integer,B()As Integer
    A(1)=10:A(2)=20:A(3)=30
    ReDim B(4)
    Print A(1),A(2),A(3)
    Erase A,B
    Print A(1),A(2),A(3)
End Sub
```

在 Erase 语句执行后,整数数组 A 的元素值将重置为 0,动态数组 B 所占用的 8 个字节的存储单元释放给系统,B 变成了空数组。

5.3　数组的基本操作

定义数组是为了使用,即对数组元素进行访问,主要包括对数组元素的引用、输入(赋值)、输出、排序、插入和删除等操作。数组元素是有序的,可以通过改变下标访问不同的数组元素。因此当需要对整个数组或数组中连续的元素进行处理时,利用循环结构进行处理是最有效的方法。此外,在 Visual Basic 中还提供了 For Each ...Next 语句,可以用它实现对数组元素的循环访问。

5.3.1　数组元素的引用

在程序中可以像引用普通变量一样引用数组元素,数组元素可以出现在表达式中的任何位置。

数组元素的引用格式:数组名(下标)

例如:A(8),B(2,3),C% (3)

要注意区分数组定义和数组元素,在下面的程序片段中:

```
Dim A(8)        '声明数组A,其数组元素最大下标是8
……
Temp=A(8)       '引用数组元素A(8),即数组A中序号为8的元素。
```

Dim语句中的A(8)不是数组元素,而是"数组声明符",由它声明所建立的数组A的最大下标值为8;而赋值语句"Temp=A(8)"中的A(8)是一个数组元素,它代表引用数组A中下标是8的元素。

在程序中,数组元素的使用和简单变量一样,可以参加表达式的运算,也可以被赋值。例如:

```
A(5)=A(2)+A(4)
```

但是在引用数组时也遵守Visual Basic的语法规则,应注意以下几点:

(1) 在引用数组元素时,数组名、类型和维数必须与定义的一致。

(2) 引用数组元素时,要保证其下标值应在定义的范围内,特别要注意循环变量的边缘值,否则运行时可能会出现"下标越界"错误。初学者常见以下类似错误:

```
    ……
Dim a(1 to 20) asInteger
    ……
For i=1 To 20
        A(I)=2*I;
Next   i
Print a(i)                  '错误的引用!
    ……
```

注意:执行最后一次"Next i"后,i的值将变为21,而a(21)是不存在的!

5.3.2 数组元素的赋值

1. 用赋值语句给数组元素赋值

在程序中通常用赋值语句给单个数组元素赋值。例如:

```
Dim Score1(3) As Integer
Dimnum (1,1 t0 2) As Integer
Score1(0)=80
Score1(1)=75
Score1(2)=91
Score1(3)=68
Num(0,1)=Score1(0)
```

用赋值语句可以给单个数组元素赋值,但对于批量数据的赋值使用这种方法却很不方便。

2. 使用循环结构逐一给数组元素赋值

将循环变量与数组下标结合起来实现对数组元素的访问,从而使程序更加精炼。例如,在一个 For 循环中用循环控制变量与数组元素的下标相结合,可以依次访问一维数组的所有元素;同样使用双重 For 循环,用内、外循环的循环控制变量分别与第一维、第二维的下标相结合,就可依次访问二维数组的所有元素,依此类推,数组有 N 维就可以采用 N 重循环逐个访问 N 维数组的所有元素。

例如:使用循环给一维数组赋值,并将它的元素的值显示在窗体上:

```
Private Sub Form_Click()
    Dim A(20) As Integer,I As Integer
    Dim B(1 To 2,1 To 2) As Integer,J As Integer
    For I=0  To  20
        A(I)=Int(100*Rnd)+1          '生成 1~ 100之间的随机整数赋给数组元素
    Print  A(I);
    Next I
    Print
End Sub
```

利用二重循环给二维数组赋值,并将它的元素值分行显示在窗体上:

```
For I=1 To 2
        For J=1 To 2
        B(I,J)=i*10+J
        Print B(I,J);
    Next J
    Print
Next I
```

本例中把赋值与输出放在一个循环体内实现的。对于初学者来讲,赋值与输出最好分别用循环来实现,尽量不要在同一循环体中实现,以免出现错误时给修改造成麻烦。

3. 用 InputBox 函数给数组元素赋值

```
Private Sub Form_Click()
    Dim A(5)As Integer,I As Integer,J As Integer
    For I=0 To 5
        A(I)=int(InputBox("给数组元素赋值"))
    Next I
    For I=0 To 5
        Print A(I);
    Next I
    Print
End Sub
```

在程序设计中,可以使用 InputBox 函数让用户从键盘输入值赋给数组元素。但是由于在执行 InputBox 函数时程序会暂停运行等待输入,并且每次只能输入一个值,占用运行时间较长,对于大量数据输入容易出错,所以 InputBox 函数只适用于少量数据的输入。

注意,因为用 InputBox 函数输入的是字符串类型,所以当用 InputBox 函数输入数组元素时,如果要输入的数组元素是数值类型,则应显式定义数组的类型,或者把输入的元素转换为相应的数值。

4. 用 Array 函数给一维数组赋值

对于元素较少的的一维数组可以使用 Array 函数来实现对其赋值操作。前提是先定义一个 Variant 变量,然后再用 Array 函数给该变体变量赋值,则函数先将该变体变量创建成一个一维数组再分别给数组元素赋值。

Array 函数格式如下:

<变体变量名>|<Variant 类型动态数组名>=Array(<数据列表>)

其中,<数据列表>是用逗号分隔的赋给数组各元素的值的列表。如:

```
Dim Numbers As Variant
Numbers=Array(1,2,3,4,5)
```

把 1、2、3、4、5 这 5 个数值赋给数组 Numbers 的各个元素,即 Numbers(0)=1,Numbers(1)=2,Numbers(2)=3,Numbers(3)=4,Numbers(4)=5。

若用 Array 函数给一个 Variant 类型的动态数组赋值,则该动态数组的维界将被重新定义。

函数创建(或重定义)的数组的长度与列表中的数据的个数相同。若缺省<数据列表>,则创建一个长度为 0 的数组。

Array 函数创建(或重定义)的数组的下界由 Option Base 语句指定的下界决定。若程序中缺省 Option Base 语句,则 Array 函数创建(或重定义)的数组的下界从 0 开始。

例如:

```
Option Base 1
Private Sub Form_Click()
    Dim A As Variant,I As Integer
    Dim B() As Variant
    A=Array(5,4,3,2,1)              '创建了一维数组 A 其元素类型是 Integer 并赋值
    Print A(1);A(2);A(3);A(4);A(5)
    A=Array(1.5,2.3,3.6,4.0)           '创建了含有 4 个元素的数组 A 其元素为 Single 类型
    Print A(1);A(2);A(3);A(4)
    A="NO Array"                 'A 作为一个普通的 Variant 变量接受赋值
    Print A
    B=Array(11,22,33,44,55,66)       'B 数组被重定义为一个具有 6 个元素的一维动态数组
End Sub
```

切记:Array 函数只能给 Variant 类型的变量或 Variant 类型的动态数组赋值。

一般来说,变体变量可以通过以下 3 种方式定义:

(1) 显式定义 Variant 变量。例如:

```
Dim Numbers As Variant
```

（2）在定义时不指明类型。例如：

```
Dim Numbers
```

（3）不定义而直接使用。

5. 数组元素的复制

单个数组元素可以像简单变量一样从一个数组复制到另一个数组。例如：

```
    Dim B(4,8),A(6,6),c(10)
    ……
    B(2,3)= A(3,2)
    A(3)= B(1,2)
    B(2,1)= c(4)
```

复制整个数组可以借助 For 循环语句实现。

例如：将把数组 Sname1 中的数据复制到 Sname2 中。

```
Option Base 1
Dim Sname1(),Sname2()
Private Sub Form_Click()
    Dimi As Integer
    ReDim Sname1(10)，Sname2(10)
    For i=1 To 10
        Name1(i)= InputBox ("Enter student name：")
    Next i
    For i=1 To 10
        Sname2(i)= Sname1(i)
    Next i
End Sub
```

6. 数组元素的输出

数组元素的输出与普通变量的输出完全相同。可以使用 Print 方法将数组元素显示在窗体上或者显示在图片框中，也可将数组元素显示到文本框中或者输出到列表框。程序调试时还可以用 Debug.Print 将数组元素显示到"立即"窗口中。

与数组元素的输入类似，可以利用循环控制数组元素的输出。

下面的例子是生成一个如下形式的矩阵，并按矩阵元素的排列次序将矩阵输出。

将下面 4*4 的二维数组按 4 行 4 列输出：

```
11  12  13  14
21  22  23  24
31  32  33  34
41  42  43  44
```

可以用下面的程序把这些数据输入一个二维数组：

```
Option Base 1          '语句放在窗体层中
……
Dim a(4,4) As Integer
```

```
For i=1 To 4
    For j=1 To 4
        a(i,j)=i*10+j
    Next j
Next i
……
```

原来的数据分为4行4列,存放在数组a中。为了使数组中的数据仍按原来的4行4列输出,编写程序代码如下:

```
For i=1 To 4
    For j=1 To 4
        Print a(i,j);                  '每四个元素一行
    Next j
    Print                              '换行
Next i
```

例5-2　生成任意6行6列的二维矩阵并求出各元素之和、边界元素之和、对角线元素之和。

算法分析:

(1) 如何生成任意5行5列的二维矩阵?利用随机函数给数组元素赋值。

(2) 怎样求各元素之和?将所有元素加到一个初值为0的变量上。

(3) 如何判断一个元素是边界元素对角线元素?找出它们的下标规律。以数组下标从1开始为例,边界元素的下标值有一个为1或为5,对角线元素的行下标和列下标相等或和为6。

```
Option Base 1
Dim a(5,5) As Integer
Private Sub Command1_Click()
Dim s As Integer
s=0
Randomize
For i=1 To 5
    For j=1 To 5
        a(i,j)=Int(Rnd*90)+10
        Print a(i,j);
        s=s+a(i,j)
    Next j
    Print
Next i
Print
Print "所有元素之和为:";s
End Sub
```

```
Private Sub Command2_Click()
Dim s1 As Integer
S1=0
    For i=1 To 5
        S1=s1+a(1,i)+a(5,i)
    Next i
    For i=2 To 5-1
        S1=s1+a(i,1)+a(i,5)
    Next i
Print "所有靠边元素之和为:";s1
End Sub
Private Sub Command3_Click()
    Dim s2 As Integer
    s2=0
    For i=1 To 5
        S2=s2+a(i,i)
        S2=s2+a(i,5+1-i)
    Next i
    Print "两条对角线元素之和为:";s2-a(3,3)
End Sub
```

例 5-3 生成任意大小的二维矩阵,求其转置矩阵并输出。初始界面如图 5-4 所示。

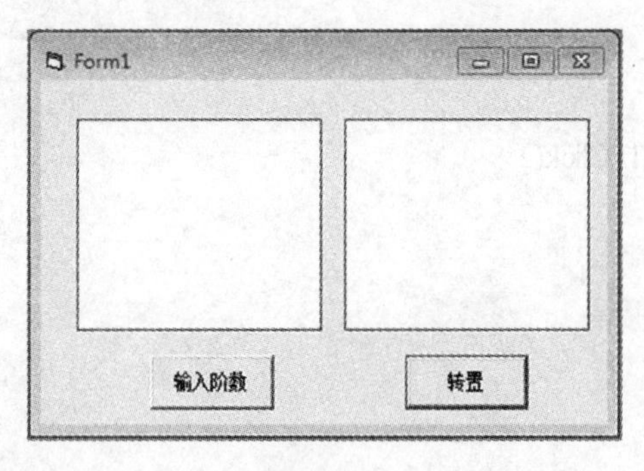

图 5-4

算法分析:转置矩阵就是将矩阵的元素以主对角线为对称轴将元素交换位置。反应在元素下标上相当于将元素的行下标和列下标交换。

```
Dim n As Integer
Dim a() As Integer,b() As Integer
Private Sub Command1_Click()
n=InputBox("请输入 N*N 阶矩阵的维数")
ReDim a(n,n) As Integer,b(n,n) As Integer
```

```
Dimi As Integer,j As Integer
Fori=1 To n
    For j=1 To n
        a(i,j)=Int(Rnd*90)+10
        Text1=Text1 & Str(a(i,j))
    Next j
    Text1=Text1 & Chr(13) & Chr(10)
Next i
End Sub
Private Sub Command2_Click()
For i=1 To n
    For j=1 To n
            b(i,j)=a(j,i)
            Text2=Text2 & Str(b(i,j))
    Next j
    Text2=Text2 & Chr(13) & Chr(10)
Next i
End Sub
```

运行结果如图 5-5 所示。

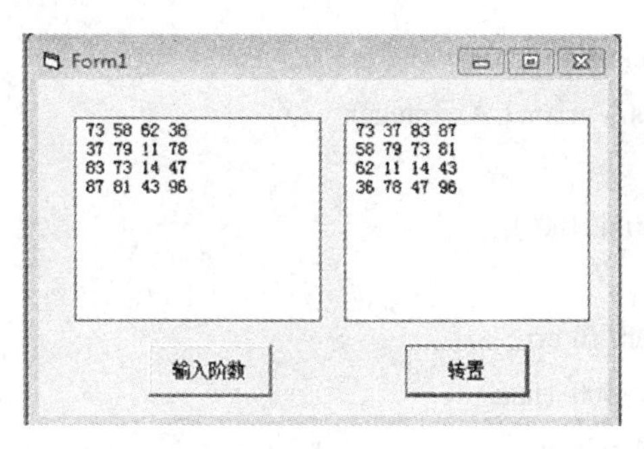

图 5-5

注意本例中应将 Text1 和 Text2 的 multiline 属性设置为 true。

5.3.3　For Each ...Next 语句

Visual Basic 提供了一个与 For-Next 语句类似的结构语句 For Each-Next，这两者都可以重复执行某些操作，但 For Each ...Next 语句专门用于数组或对象集合，其一般格式为：

```
For Each  [变量]  In 数组
循环体
    [Exit For]
    ……
Next [变量]
```

这里的“变量”是一个变体变量，它是为循环提供的，并在 For Each ...Next 结构中重复使用，它实际上代表的是数组中的每个元素。这里的“数组”只包括一个数组名，不加括号和上下界。

用 For Each ...Next 语句可以对数组元素进行访问，包括查询、输出或读写。它所重复执行的次数由数组中元素的个数或对象集合中的成员个数确定，数组中有多少个元素，就自动重复执行多少次。

例如：

```
Dim studentArray(1 to 20)
For Each x in studentArray
    Print x
Next x
```

第一次循环，x 是数组第一个元素的值，执行完一次 Next x 后，x 变为数组第二个元素的值……当执行最后一次循环时，x 为最后一个元素的值。上例中 Print x 语句将重复执行 20 次，每次输出数组的一个元素的值。在这里，x 是一个变体变量，它可以代表任何类型的数组元素。

例如：建立一个数组，通过 Rnd 函数为每个数组元素赋一个 1~ 1000 之间的整数，然后用 For Each ...Next 语句输出值大于 500 的元素，求出这些元素的和。如果遇到值大于 900 的元素，则退出循环。

```
Dim arr(1 To10)
Private Sub Form_Click()
    Dim Arr_num As Variant,I As Integer
    For I=1 To10
        arr(I)=Int(Rnd*1000)
    Next I
    For Each Arr_num In arr
        If Arr_num>500 Then
            Print Arr_num
            Sum=Sum+Arr_num
        End If
        If Arr_num>900 Then Exit For
    Next Arr_num
    Print Sum
    Print
End Sub
```

注意：For Each ...Next 语句中不能使用用户自定义类型数组。

5.4 控件数组

在 Visual Basic 系统为用户提供了控件数组这种数据结构，控件数组中的每一个控件可以共享同样的事件过程，它为处理一组功能相近的控件提供了方便。

5.4.1 基本概念

控件数组由一组具有相同名称和类型的控件组成的数组，控件数组的名字由 Name 属性指定，数组控件中的每个元素都有唯一的索引号即控件数组元素的下标，它由 Index 属性指定。除 Index 值以外，控件数组元素中的所有元素的其他属性设置都相同。控件数组元素中的所有元素共享同样的事件过程。

控件数组的第一个元素的下标是零(0)，控件数组可用到的最大索引值为 32767。引用控件数组元素的方式同引用普通数组元素一样，均采用"控件数组名(下标)"的形式。

例如，假定在窗体上建立了两个命令按钮，将它们的 Name 属性都设置为 Commd1, Index分别为 0 和 1，以下过程可以实现对这两个命令按钮的操作。

```
Sub Commd1_Click(Index As Integer)
    Commd1 (Index).Caption="This is commd1("& index&")"
End Sub
```

当单击第一个命令按钮后，第一个按钮上显示"This is commd1(0)"，单击第二个命令按钮后，第二个按钮上显示"This is commd1(1)"。

控件数组元素的 Index 属性不能在运行时改变。

控件数组多用于单选按钮。在一个框架中，有时候可能会有多个单选按钮，可以把这些按钮定义为一个控件数组。

5.4.2 建立控件数组

建立控件数组，通常用以下两种方法。

第一种方法，步骤如下：

(1) 在窗体上画出一个控件，将其激活。

(2) 按下组合键 Ctrl+C 或点击复制工具或菜单选项将该控件复制到剪贴板。

(3) 按下组合键 Ctrl+V 或点击粘贴工具或菜单选项，系统将显示一个对话框，如图 5-6所示。

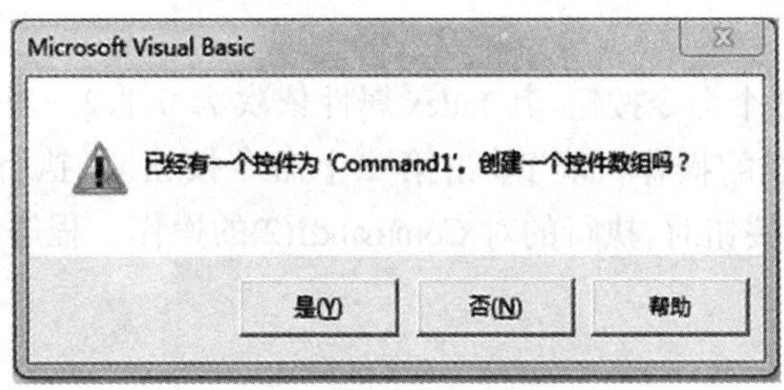

图 5-6 建立控件数组

(4) 单击对话框中的“是”按钮，窗体的左上角将出现一个与原控件相同的控件，它就是控件数组的第二个控件元素。

(5) 重复按热键 Ctrl+V 或点击粘贴工具，建立控件数组的其他元素。

控件数组建立后，只要改变控件元素的“Name”属性值，并把 Index 属性置为空(不是0)，就能把该控件从控件数组中删除。控件数组中的控件执行相同的事件过程，通过Index属性可以决定控件数组中的相应控件所执行的操作。

第二种方法，步骤如下：

(1) 在窗体上创建出作为数组元素的所有控件。

(2) 单击每个要作为数组元素的某个控件将其激活并在属性窗口中选择“(名称)”属性，并键入控件的名称。

当对第二个控件键入与第一个控件相同的名称后，Visual Basic 将显示一个对话框(见图 5-6)，询问是否确实要建立控件数组。单击“是”将建立控件数组，单击“否”则放弃建立控件数组操作。

5.4.3 使用控件数组

例 5-4 建立含有 3 个命令按钮的控件数组，当单击某个命令按钮时，分别执行不同的操作。

按以下步骤建立：

(1) 在窗体上建立一个命令按钮，并把其 Name 属性设置为“Command1”，然后按下 Ctrl+C 和 Ctrl+V 建立第二和第三个按钮。

(2) 把第一、第二、第三个命令按钮的 Caption 属性分别设置为“com1”、“com2”、“com3”。

(3) 双击任意一个命令按钮，打开代码窗口，键入如下事件过程：

```
Private Sub Command1_Click(Index As Integer)
    FontSize= 12
    If Index= 0 Then
        Print"单击第一个命令按钮"
    ElseIf Index= 1 Then
        Print"单击第二个命令按钮"
    Else
        Print"单击第三个命令按钮"
    End If
End Sub
```

本例中所建立的 3 个命令按钮，其 Index 属性依次为 0、1、2。当单击第一个命令按钮时，执行对 Command1(0)的操作；而当单击第二个命令按钮时，执行对 Command1(1)的操作，当单击第三个命令按钮时，执行的对 Command1(2)的操作。程序的运行情况如图 5-7 所示。

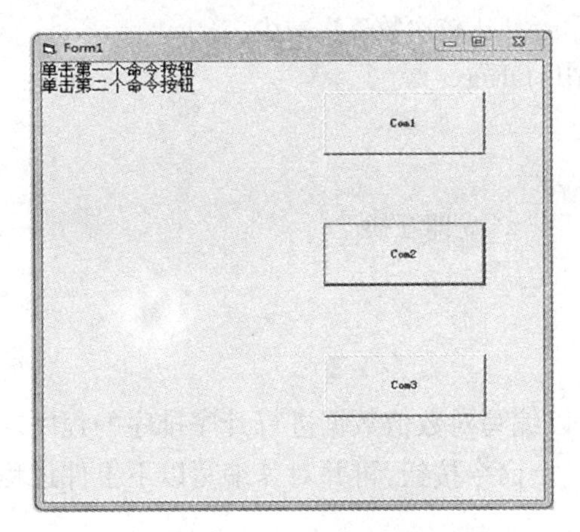

图 5-7　控件数组示例

5.5　程序设计举例

例 5-5　从键盘上输入 10 个整数,用冒泡排序(Bubble Sort)法对这 10 个数从小到大排序。

排序是把一组数据按一定顺序排列的操作,排序算法很多种,其效率也各不相同。冒泡排序是常用的一种排序方法。在这种排序过程中,小数如同气泡一样逐层上浮,而大数逐个下沉,因此这种算法被形象地称为冒泡排序算法。

算法:将相邻两个数比较,把小数对调到前边,如此进行一轮后,就会把最大的数互换到最后,再进行一次,则会把第二大数排在倒数第二的位置上,进行 N-1 次后,整个数列即可排好。

例如,为了把一组数 10,7,3,4 按递增顺序排序,其排序过程如下:

(1) 10　7　3　4 比较 70 和 10,未按递增顺序排列,交换位置,得到 7　10　3　4

(2) 7　10　3　4 比较 3 和 10,未按递增顺序排列,交换位置,得到 7　3　10　4

(3) 7　3　10　4 比较 10 和 4,未按递增顺序排列,交换位置,得到 7　3　4　10。

至此已经把第一个数与其他数全部比较交换完毕,第一轮排序结束。但前面三个数是否有序还需要比较,按比较结果确定是否要交换位置。第二轮排序把第一个数 7 与其后的 2 个数进行比较,最后一个数不需要再参加比较,第三轮只要比较前两个数。依此类推,得出以下结论:

有 n 个元素进行排序,要进行 n-1 轮比较并根据需要确定是否交换,第一轮将第一个数与其后的(n-2)个数比较,第 J 轮将第一个数与前面(n-j-1)个数进得比较并根据需要确定是否交换,最后一轮只需将前两个数进行比较并根据需要确定是否交换。因此借助二重循环就可以实现这个算法。

冒泡排序算法表示:(N 为排序的维数,OP 为操作,升序为“>”)

For i=1 To N-1

```
        For j=1 To N-i          '比较次数逐次减少
            if S(j) OP S(j+1) then
            t=S(j)
            S(j)=S(j+1)
            S(j+1)=t            '立即互换
            End If
        Next j
    Next i
```

根据上面的分析,可以编写对数值数据进行升序排序的程序。

首先在窗体上建立一个命令按钮,再并对其编写以下事件过程:

```
Sub Command1_Click()
    Static number(1 To 10) As Integer
    Dim i As Integer,j As Integer
    For i=1 To 10
        number(i)=InputBox("Enter number for sort:")
    Next i
    For i=1 To 10
        Print number(i);
    Next i
    Print
    For i=1 To 9
        For j=1 To 10-i
            If number(j)>number(j+1) Then
                t=number(j+1)
                number(j+1)=number(j)
                number(j)=t
            End If
        Next j
    Next i
    For i=1 To 10
    Print number(i);
    Next i
    Print
End Sub
```

上述过程首先定义一个一维数组,在 For 循环结构中使用 InputBox 函数给 10 个数组元素赋值并输出之。然后用一个二重循环对数组元素进行排序,最后输出排序结果。在排序时,程序判断前一个数是否大于后一个数,如果是,则交换两个数的下标,即交换两个数在数组中的位置。借助一个临时变量来实现交换。

注意:在建立数组时,可以省略其类型,在这种情况下,所定义的数组为默认数组,其类型为 Variant。但是,如果数组中的元素用于排序,则在建立该数组时,必须给出类型,否则可能会得不到正确的结果。

例 5-6 选择排序法。

基本过程(以降序为例):将第一个元素顺序与其后面的元素比较,比第一个大则进行交换,第一轮完毕后,最大的元素被挪到了第一个位置,第二轮从第二个元素开始重复上面的过程,结束后得到第二个最大的元素,如此下去经过 N-1 轮的比较,可将 N 个数排好。

该算法比冒泡排序算法在多数情况下减少的交换次数,比较高效。

选择排序算法表示:(N 为排序的维数,OP 为操作,升序为“>”)

```
for i=1 to N-1              '外层循环 N-1 次
    for j=i+1 to N                  '内层依赖外层
        if Sort(i) OP Sort(j) then
            temp=Sort(i)
            Sort(i)=Sort(j)
            Sort(j)=temp'交换
    End if
    Next j
Next I
```

首先在窗体上建立一个命令按钮,对并对其编写以下事件过程:

```
Sub Command1_Click()
Static number(1 To 10) As Integer
Dim i As Integer,j As Integer
For i=1 To 10
   number(i)=InputBox("Enter number for sort:")
Next i
For i=1 To 10
   Print number(i);
Next i
Print
For i=1 To 10
   For j=i+1 To 9
        If number(i)>number(j) Then
            t=number(j)
            number(j)=number(i)
            number(i)=t
        End If
   Next j
Next i
For i=1 To 10
```

```
        Print number(i);
    Next i
    Print
    End Sub
```

例 5-7 快速排序法。

特点：比较后不立即交换元素，而是记下其位置并在每一轮比较完毕后再根据需要确定是否交换。

首先，比较的元素不同，以降序为例，是当前元素与上次比较后的最大元素进行比较，因此，在进行比较之前，要有一个初始化最大元素的过程。其次，比较完毕的元素的互换是在每一轮完成后进行的，而不是在比较后进行。

直接排序算法表示：

```
For i=1 To N-1
    Pointer=I          '初始化 pointer,在每轮比较开始处
    For j=I+1 to N
        If Sort(Pointer)<Sort(j)   Then Pointer=j
    Next j
    If I<>Pointer Then
        temp=Sort(i)          '交换
        Sort(i)=Sort(Pointer)
        Sort(pointer)=temp
    End If
Next   I
```

首先在窗体上建立一个命令按钮，对并对其编写事件过程如下：

```
Option Explicit
Option Base 1
Private Sub CmdSort_Click()
    Dim Sort(10) As Integer,Temp As Integer
    Dim I As Integer,J As Integer
    Dim Pointer As Integer
    Randomize
    For I=1 To 10
        Sort(I)=Int(Rnd*  (100-1))+1
        Text1=Text1 & Str(Sort(I))
    Next I
    For I=1 To 9
        Pointer=I
        For J=I+1 To 10
            If Sort(Pointer)>Sort(J) Then
                Pointer=J
```

```
            End If
        Next J
        If I<>Pointer Then
            Temp=Sort(I)
            Sort(I)=Sort(Pointer)
            Sort(Pointer)=Temp
        End If
        Text2=Text2 & Str(Sort(I))
    Next I
End Sub
```

例 5-8 顺序查找。

顺序查找是把待查找的数与数组中的数从头到尾逐一比较,用一变量 P 来表示当前比较的位置,初始值为 1,当待查找的数与数组中 P 位置的元素相等时即可结束,否则将 P +1 赋给 P 后继续比较,当 P 大于数组的最大长度时比较结束.

注意退出的两种情况,分别为找到和未找到(P 大于数组的最大长度)。

算法描述如下:

```
For I=1 to Ubound(search)
    If search(I)=x Then Exit for
Next I
'退出的两种情况
If  I<=Ubound(search)  Then
    找到,处理
Else
    没找到,处理
End if
```

编写事件过程如下:

```
Option Base 1
Dim s(10) As Integer,x As Integer,n As Integer
Private Sub Command1_Click()
    Dim i As Integer
    n=10
    For i=1 To n
        s(i)=Int(100*Rnd)+1
        Picture1.Print s(i);
    Next i
    Picture1.Print
    x=InputBox("输入待查找的数:")
End Sub
Private Sub Command2_Click()
```

```
        For i=1 To UBound(s)
            If s(i)=x Then Exit For
        Next i
        If i<=UBound(s) Then
            Picture1.Print "找到"& x &"它的位置数为："& i      '找到,处理
        Else
            Picture1.Print "对不起,"& x & "没找到!"        '没找到,处理
        End If
    End Sub
```

程序执行结果如下图 5-8 所示。

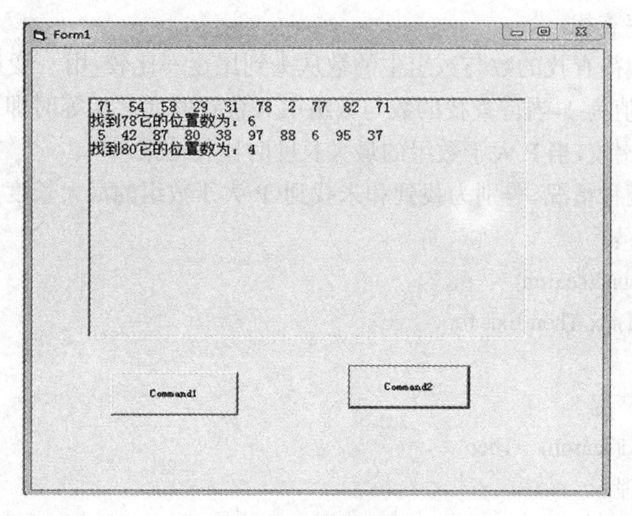

图 5-8 顺序查找

例 5-9 折半查找法

折半查找算法又称二分查找算法，是对有序数列进行查找的一种高效查找办法，其基本思想是逐步缩小查找范围，因为是有序数列，所以采取半分作为分割范围可使比较次数最少。

比较过程：设置三个指针，分别指向数组序列 S 的 Top,Bottom 和 Middle，其中 Middle=(Top+Bottom)/2,进行下列判断：

(1) 若待查找的数 X 等于 S(Middle)，则已经找到，位置就是 Middle.否则进行下面的判断。

(2) 如果 X 小于 S(Middle)，因为是有序数列，则 X 必定落在 Top 和 Middle-1 的范围之内，下一步查找只需在此范围之内进行即可。即 Top 位置不动，Bottom 变为 Middle-1，然后重复(1)即可。

(3) 如果 X 大于 S(Middle)，则 X 必定落在 Middle+1 和 Bottom 之间，下一步查找范围应该是 Top=Middle+1 和 Bottom，设定完 Top 后即可转到(1)继续判断。

注意：*在此循环过程中，Top，Middle，Bottom 都是表示位置的整数，如果循环到 Top>Bottom，则表明此数列中没有我们要找的数，此时应该退出循环。*

程序代码如下：

```
Option Base 1
Dim s(10) As Integer,x As Integer,n As Integer
Private Sub Command1_Click()
    Dim i As Integer
    n=10
    Picture1.Print "待查数组元素为："
    For i=1 To n
        s(i)=Int(100*Rnd)+1
        Picture1.Print s(i);
    Next i
    Picture1.Print
    x=InputBox("输入待查找的数：")
End Sub
Private Sub Command3_Click()
Dim result As Boolean,top As Integer,bottom As Integer,middle As Integer
    For i=LBound(s) To UBound(s)-1                    '排序
        For j=i+1 To n          '内层依赖外层
            If s(i)>s(j) Then
                temp=s(i)
                s(i)=s(j)
                s(j)=temp                  '交换
            End If
        Next j
    Next i
    Picture1.Print "排序后的数组是："
    For i=LBound(s) To UBound(s)
        Picture1.Print s(i);
    Next i
    Picture1.Print
    result=False          '初始化逻辑变量
    top=LBound(s)                  '初始化指针
    bottom=UBound(s)
    Do While (top<=bottom)
        middle= (bottom+top)/2          '初始化指针
        If x=s(middle) Then
            result=True                    '找到
            Exit Do
        ElseIf x>s(middle) Then          '未找到,根据大小确定下一步比较范围
```

```
                top=middle+1
            Else
                bottom=middle-1
            End If
        Loop
        If result Then
            Picture1.Print "找到了"& x & ",它的位置数为:"& CInt(middle)   '找到,处理
        Else
            Picture1.Print "对不起,"& x;"没找到!"                  '没找到,处理
        End If
End Sub
```

程序执行结果如下图 5-9 所示。

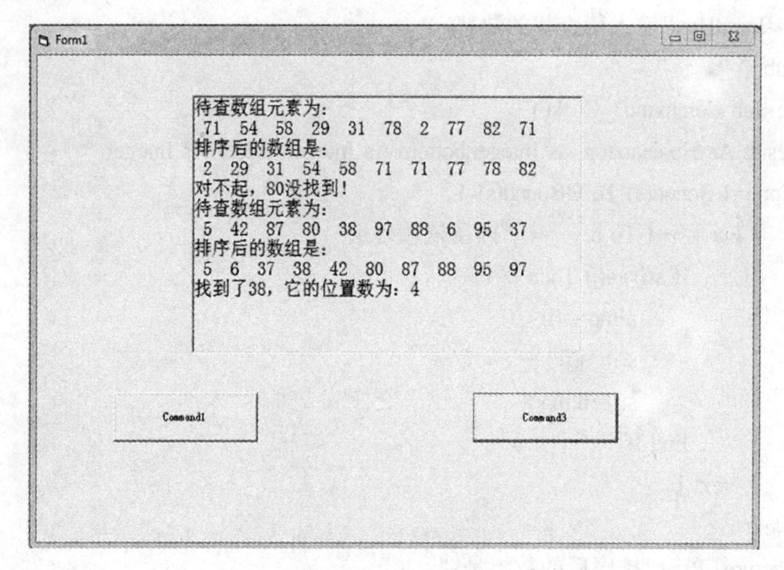

图 5-9 折半查找

例 5-10 求出裴波拉契数列的前 18 项,并按顺序将他们显示在一个文本框中。

$$f(n)=\begin{cases}1 & n=1\\1 & n=2\\f(n-1)+f(n-2) & n>2\end{cases}$$

这种题看上可能会直接想到用递归,但用数组这种数据结构去实现就变得非常简洁易懂。在窗体中添加一个 textbox 控件,然后在代码窗口添加以下事件过程的代码:

```
Option Base 1
Option Explicit
Private Sub Form_Click()
Dim fb(18) As Integer,i As Integer
fb(1)=1:fb(2)=1
    For i=3 To 18
```

```
fb(i)=fb(i-2)+fb(i-1)
Next i
For i=1 To 18
  Text1=Text1 & Str(fb(i)) & " "
Next i
  End Sub
```

程序运行结果如下图 5－10 所示。

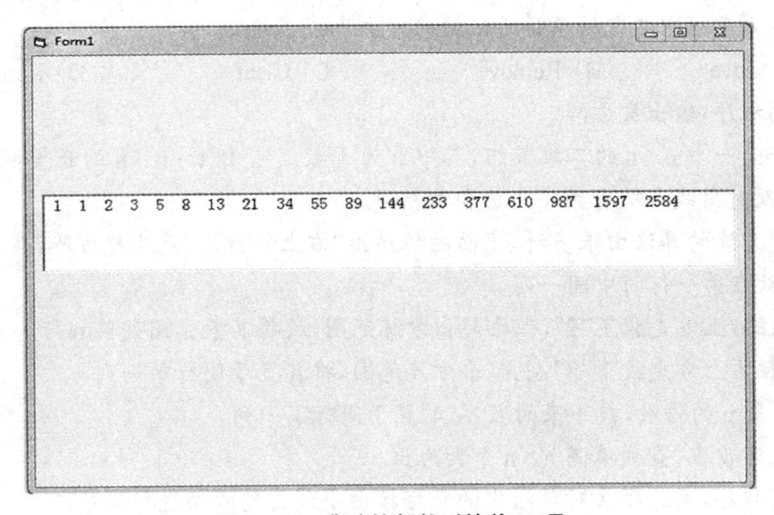

图 5－10　裴波拉契数列的前 18 项

1. 下面数组声明语句中，数组包含元素个数为(　　)。

Dim a(-2 to 2,5)

A) 120　　B) 60　　C) 30　　D) 20

2. 下面程序的输出结果是(　　)。

```
Option Base 1
Private Sub Command1_Click()
    Dim a% (3,3)
    For i=1 To 3
        For j=1 To 3
            If j>1 And i>1 Then
                a(i,j)=a(a(i-1,j-1),a(i,j-1))+1
            Else
                a(i,j)=i*j
            End If
            Print a(i,j);"";
```

```
        Next j
        Print
    Next i
End Sub
```

A）1 2 3　　　B）1 2 3　　　C）1 2 3　　　D）1 2 3
　　2 3 1　　　　1 2 3　　　　2 4 6　　　　2 2 2
　　3 2 3　　　　1 2 3　　　　3 6 9　　　　3 3 3

3. 删除列表框中指定的项目所使用的方法为(　　)。

A）Move　　　B）Remove　　　C）Clear　　　D）RemoveItem

4. 编写程序,输出魔方阵。

魔方阵是一个n×n的二维数组,其中n为奇数。它由1～n×n的正整数组成,其中每行、每列及对角线上所有数字的总和都相同。

产生魔方阵的算法由很多种,下面的程序用"右上斜行法"产生魔方阵,其算法如下:

把"1"放在第一行的中间一列。

从"1"往右上方走放下"2",但已超出方阵范围,故将其置于同列第n行。

从"2"往右上方走放下"3",也超出方阵范围,将其置于同行第一列。

由于3是n的倍数,接下来的数字"4"置于同行下一列。

重复上述步骤,直到填满n×n个数为止。

5. 编写程序,用选择法对数组中的数据按由小到大的顺序进行排序。

6. 从键盘上输入10个整数,并放入一个一维数组中,然后将其前5个元素与后5个元素对换,即:第一个元素与第十个元素互换,第二个元素与第九个元素互换……第五个元素与第六个元素互换。分别输出数组原来各元素的值和对换后各元素的值。

7. 设有如下两组数据:

A:2,8,7,6,4,28,70,25

B:79,27,32,41,57,66,78,80

编写一个程序,把上面两组数据分别读入两个数组中,然后把两个数组中对应下标的元素相加,即2+79,8+27,…,25+80,并把相应的结果放入第三个数组中,最后输出第三个数组的值。

8. 编写程序建立一个2×3的整数矩阵,找出其中最大的那个元素所在的行和列,并输出其值及行号和列号。

9. 某单位开运动会,共有10人参加男子100米短跑,运动员号和成绩如下:

207号　14.5秒　　　077号　15.1秒
156号　14.2秒　　　231号　14.7秒
453号　15.2秒　　　276号　13.9秒
096号　15.7秒　　　122号　13.7秒
339号　14.9秒　　　302号　14.5秒

编写程序,按成绩排出名次,并按如下格式输出:

名次　　　运动员号　　　成绩

1 …… ……
2 …… ……
3 …… ……
…… …… ……
10 …… ……

10. 编写程序,输出“杨辉三角形”。我国南宋数学家杨辉1261年所著的《详解九章算法》一书中,辑录了如下图所示的三角形数表,称之为“开方作法本源”。下图5-11给出的中11行的数据,请找出规律,设计算法,选择合适的数据结构,编写计程序在窗体上输出指定行数的杨辉三角。

```
                    1
                  1   1
                1   2   1
              1   3   3   1
            1   4   6   4   1
          1   5  10  10   5   1
        1   6  15  20  15   6   1
      1   7  21  35  35  21   7   1
    1   8  28  56  70  56  28   8   1
  1   9  36  84 126 126  84  36   9   1
1  10  45 120 210 252 210 120  45  10   1
```

图5-11 杨辉三角

【微信扫码】
在线练习&参考答案

第6章 过 程

Visual Basic 应用程序主要由过程组成，在使用 Visual Basic 设计应用程序时，除了设计界面、定义常量和变量外，主要工作就是编写过程：事件过程和通用过程。

事件过程构成了 Visual Basic 应用程序的主体。在前面各章的学习中已经多次使用过事件过程，如 Command 控件的 Click 事件过程、Form 控件的 Load 事件过程等。这些过程是由 Visual Basic 系统提供的供用户使用的过程，用户不可以随便改变或增删。

在编程时，经常遇到多个不同的事件过程需要使用相同的程序代码的情况，为了节省存储空间实现共享，可以把这段代码独立出来作为一个过程，这样的过程叫作“通用过程”(general procedure)，又称为用户自定义过程，它可以单独建立，供事件过程或其他通用过程调用。

在 Visual Basic 中，通用过程又分为两类，即子程序过程（Sub 过程）和函数过程(Function 过程)。

通用过程可以放在标准模块或窗体模块中，而事件过程只能放在窗体模块中，不同模块中的过程(包括事件过程和通用过程)可以互相调用。

本章重点介绍如何在 Visual Basic 应用程序中建立和使用通用过程。

6.1 事件过程

事件过程是由 Visual Basic 系统定义的、供用户(编程者)使用的过程，不能由用户任意定义。Visual Basic 根据窗体和控件的用途分别定义了不同的事件过程。一个控件的事件过程由控件的实际名字(Name 属性)、下划线和事件名组成；而窗体事件过程由 Form、下划线和事件名组成。

1. 事件过程的定义格式

控件事件过程的一般格式为：

```
[Private | Public] Sub 控件名_事件名(参数表)
    语句组
End Sub
```

窗体事件过程的一般格式为：

```
[Private | Public] Sub Form_事件名(参数表)
    语句组
End Sub
```

可以看出，除了名字外，控件事件过程与窗体事件过程的格式基本上是一样的。在大多数情况下，通常是在事件过程中调用通用过程。事件过程也可以被其他过程(包括事件过程和通用过程)调用。

2. 事件过程建立方法

(1) 打开“代码编辑器”窗口

先双击窗体或控件，即可打开“代码编辑器”窗口(图 6－1)；单击工程管理窗口中的“查看代码”按钮，也可以打开“代码编辑器”窗口。

(2) 在“代码编辑器”窗口的“对象”列表框中选择一个对象并在“过程”列表框中选定一个事件过程后，就会在代码框中显示选定的事件过程的模板。当然用户也可以在代码框空白处直接键入全部代码。

(3) 在 Private Sub 与 End Sub 之间键入代码。

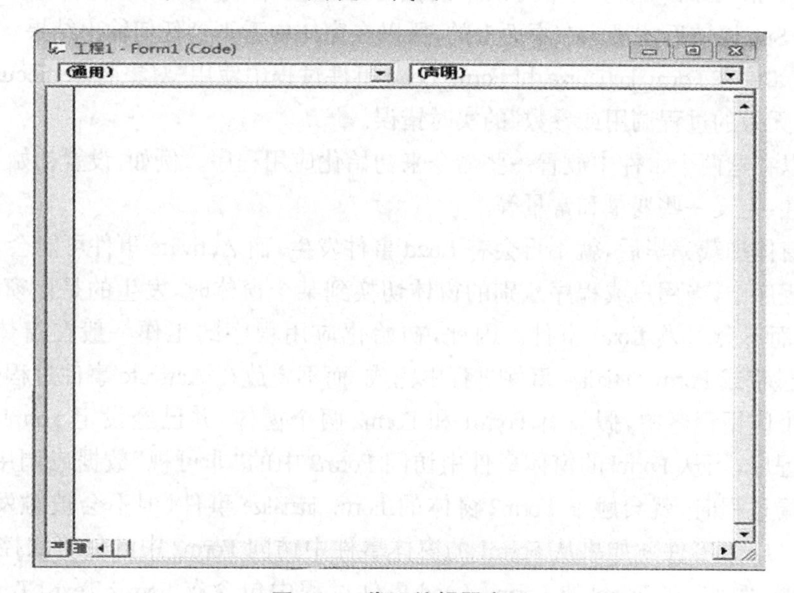

图 6－1 代码编辑器窗口

3. 窗体的 Initialize、Load、Activate、GotFocus 事件

这四个事件发生的顺序依次是：Initialize、Load、Activate、GotFocus 事件。

Initialize(初始化)：在窗体被加载(Load)之前，窗体被配置的时候触发。

Load(加载)事件：VB 把窗体从磁盘或从磁盘缓冲区加载到内存时发生。

Activate(激活)事件：在窗体已经被装入内存，变成被激活的窗体时触发。

GotFocus 事件：当窗体成为当前焦点时触发。

在运行一个 VB 应用程序时，首先发生 Initialize 事件，接着是 Load 事件被激活，VB 把窗体装入内存之后，窗体被激活时，Activate 事件发生。这三个事件是在一瞬间完成的。

对于 GotFocus 事件，分两种不同情况：如果窗体上没有可以获得焦点的控件，那么该窗体的 GotFocus 事件就会发生；如果窗体上有可以获得焦点的控件，那么成为焦点的不是窗体而是控件，因此发生的不是窗体的 GotFocus 事件，而是控件的 GotFocus 事件。

Form_ Initialize 和 Form_ Load 事件都是发生在窗体被显示之前，所以 Print 语句在这两个事件中将起不到作用。例如：

```
Private Sub Form_Initialize()
    Print "大家好!"
End Sub
```

执行 Forml.Print"大家好!"语句时就会产生一个“对象不支持该属性或方法”的实时错误。

又如：

```
Private Sub Form_Load()
    Print "大家好! "
End Sub
```

这个 Form_ Load()件过程中可以正确执行,但由于窗体是在系统执行完 Print "大家好!"和 End Sub 语句后才显示在桌面上的,所以在窗体中看不到任何输出结果。

再如:如果在 Form_Initi.alize 和 Form_Load 事件过程中使用“对象名.SetFocus”方法,程序将发生“无效的过程调用或参数”的实时错误。

但可以在这两个事件中放置一些命令来初始化应用程序。例如,设置初始条件、调整对象的属性、定义一些变量和常量等。

一个窗体加载完毕后,就不再会有 Load 事件发生,而 Activate 事件可能会多次发生。在多窗体程序中,当用户或程序从别的窗体切换到某个窗体时,发生的是该窗体的 Activate 事件,而不会引发 Load 事件。因此,初始化应用程序的工作一般在窗体的 Form_Load 事件过程或 Form_Initialize 事件过程中完成,而不要放在 Activate 事件过程中去做。

在一个应用程序中,假设有 Form1 和 Form2 两个窗体,并已经设定 Forml 为启动窗体。运行程序,当从 Forml 的窗体事件中访问 Form2 中的“非可视”数据或调用 Form2 中定义的全局过程时,就会触发 Form2 窗体的 Form_Initialize 事件,但不会被触发 Form2 窗体的 Form_ Load 事件。如果从 Form1 的窗体事件中访问 Form2 中的任何如控件之类的“可视”数据(例如,在 Forml 的 Form_ Load 事件过程中包含有 Form2.Text.l.Text="Form2"的语句),会引起 VB 自动加载 Form2 窗体。在这种情况下,窗体事件发生的顺序是:Form1 的 Initialize 和 Load 事件,Form2 的 Initialize、Load 和 Activate 事件,接着发生 Form1 的Activate 事件。

6.2 Sub 子过程

6.2.1 建立通用 Sub 子过程

1. 定义 Sub 过程

通用 Sub 过程的一般格式如下:

```
[static][Private][Public]Sub 过程名([参数列表])
    [局部变量和常量声明]
    语句块
```

[Exit Sub]

[语句块]

End Sub

说明：

(1) Sub过程以Sub声明语句开头，以End Sub语句结束。在Sub声明语句之后是过程的声明段，可以用Dim或Static语句声明过程的局部变量和常量。在Sub和End Sub之间的语句块称为过程体。

(2) 以Static为前缀的Sub过程是模块级的过程，该过程中的局部变量为静态变量。

(3) 以Private为前缀的Sub过程是模块级的（私有的）过程，只能被本模块内的事件过程或其他过程调用。以Public为前缀的Sub过程称为公有过程或全局过程，在应用程序的任何模块中都可以调用它。

若在一个窗体模块调用另一个窗体模块中的公有过程时，必须以那个窗体名字作为该公有过程名的前缀，即以“某窗体名.公有过程名”的形式调用公有过程。

(4) 过程名。过程名的命名规则与变量的命名规则相同。在同一个模块中，过程名必须唯一，而且不能与模块级变量及调用该过程的程序中的局部变量同名。

(5) 参数列表。参数列表中的参数称为形式参数，它可以是变量名或数组名。若有多个参数时，各参数之间用逗号分隔。VB的过程可以没有参数，但过程名后的一对圆括号不可以省略。

(6) 执行End Sub将退出Sub过程返回到调用点，接着执行主调过程的下一条语句。

(7) 在过程体内可以含有多个Exit Sub语句，其功能与执行End Sub一样。

(8) 在VB中，所有的过程都不可嵌套定义。

形式参数的具体使用方法详见以后几节。

2. 建立通用Sub过程

通用过程可以在标准模块中建立，也可以在窗体模块中建立。

如果在标准模块中建立通用过程，可以使用以下两种方法：

方法一：

(1) 运行“工程”菜单中的“添加模块”命令，打开“添加模块”对话框，在该对话框中选择“新建”选项卡，然后双击“模块”图标，打开模块代码窗口。

(2) 运行“工具”菜单中的“添加过程”命令，打开“添加过程”对话框，如图6-2所示。

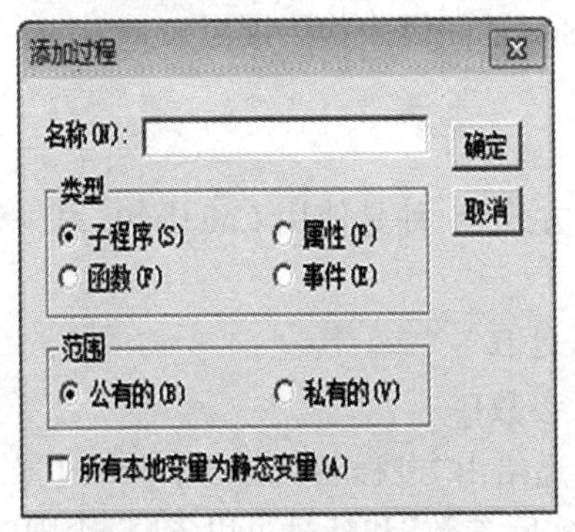

图6-2 “添加过程”对话框

(3) 在“名称”框内输入要建立的过程的名字。

(4) 在“类型”栏内选择要建立的过程的类型。

(5) 在“范围”栏内选择过程的适用范围。

(6) 单击“确定”按钮,返回模块代码窗口,如图 6-3 所示。

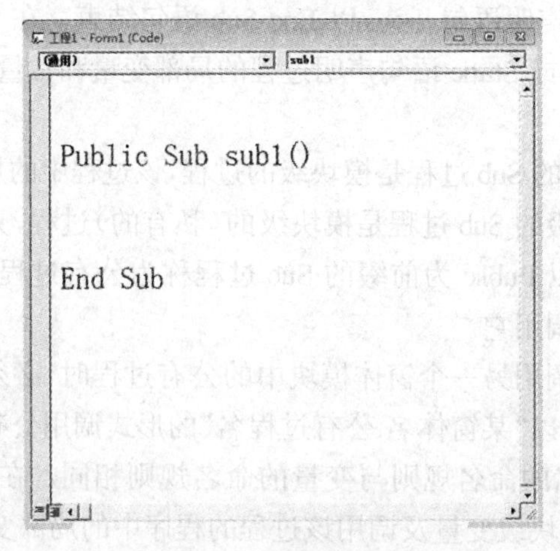

图 6-3 代码窗口

此时可以在 Sub 和 End Sub 之间键入程序代码。

方法二:运行“工程”菜单中的“添加模块”命令,打开模块代码窗口,然后键入过程的名字。例如,键入“Sub sub1()”,按回车键后显示:

```
Sub sub1()

End Sub
```

即可在 Sub 和 End Sub 之间键入程序代码。

在模块代码窗口中建立通用过程的方法:双击窗体进入代码窗口,在“对象”框中选择“通用”,在“过程”框中选择“声明”,直接在窗口内键入“Sub Search()”,然后按回车键,窗口内将显示:

```
Sub Search()

End Sub
```

在 Sub Search()与 End Sub 之间键入代码即可。

6.2.2 调用 Sub 过程

Sub 过程的调用有两种方式,一种是使用 Call 语句;另一种是把过程名作为一个语句来使用,也称直接调用。

1. 用 Call 语句调用 Sub 过程

格式:Call 过程名[(实际参数)]

Call 语句把程序控制传递给由“过程名”指定的 Sub 过程。用 Call 语句调用一个过程时,如果过程没有参数,则“实际参数”和括号可以省略;否则应给出相应的实际参数,并把实际参数放在括号中。“实际参数”是传送给 Sub 过程的变量或常数，简称“实参”。例如：

```
Call sort(a,b)
```

2. 把过程名作为一个语句来使用

格式：过程名[实际参数]

例如：Sort a,b

例 6-1　编写一个计算矩形周长的 Sub 过程，然后调用该过程计算矩形周长。

程序如下：

```
Sub Recaround(Rlen,Rwid)
    Dim around
    around= (Rlen+Rwid)*2
    MsgBox"矩形的周长是"& around
End Sub

Sub Form_Click()
    Dim A,B
    A=val(InputBox("请输入矩形的长"))
    B=Val(InputBox("请输入矩形的宽"))
    Recaround A,B
End Sub
```

在 Form_Click 事件过程中，用户从键盘上输入矩形的长和宽，并用它们作为实参调用 Recaround 过程。也可以使用 Call Recaround (A,B)语句替换 Recaround A,B 语句。

6.3　Function 过程

6.3.1　建立 Function 过程

Visual Basic 为用户提供了许多内部函数，如 Sqr()、Sin()、Int()等，用户也可根据需要自定义函数(Function)过程。自定义的 Function 过程可以返回一个值，通常出现在表达式中，与内部函数使用方法类似。

定义 Function 过程的形式如下：

```
[Private l Public][Static]Function 函数名([参数列表])[As 数据类型]
    [局部变量和常数声明]
    [语句块]
    [函数名=表达式]
    [Exit Function]
    [语句块]
    [函数名=表达式]
```

```
End Function
```

说明：

(1) Function 过程以 Function 声明语句开头，以 End Function 语句结束。因函数名带值，所以一般情况给函数名声明类型，缺省时默认为 Variant 类型。其余部分选项以及参数列表的含义与 Sub 过程相同。

(2) 函数名的命名规则与变量名的命名规则相同。在函数体内，可以像使用简单变量一样使用函数名。

(3) 在函数体内至少有一条形如"函数名=表达式"的赋值语句给函数名赋值。若在 Function 过程中没有给函数名赋值的语句，则该 Function 过程返回对应类型的缺省值，例如数值型函数返回 0 值，变长字符串函数返回空字符串。

(4) Function 过程中其余选项及语句的功能与 Sub 过程类似，可以参照 6.2.1 节中 SUB 过程定义的说明。

例 6-2 编写一个求 n! 的函数过程。

算法说明：求阶乘可以通过累乘来实现。定义函数过程时，首先要考虑到其通用性，另外还要根据自变量的取值范围与函数值的大小设置适当的数据类型。

```
Private Function Fact(ByVal N As Integer) As Long
    Dim K As Integer
    Fact=1
    If N=0 Or N=1 Then
        Exit Function
    Else
        For K=1 To N
            Fact=Fact*K
        Next K
    End If
End Function
```

例 6-3 编写一个求最大公约数的函数过程。

程序如下：

```
Function gcd(ByVal x As Integer,ByVal y As Integer) As Integer
Do While y<>0
    Reminder=x Mod y
    x=y
    y=reminder
Loop
    gcd=x
End Function
```

本过程利用辗转相除求最大公约数，它有两个传值参数，函数值为整数。

例 6-4 编写一段求三角形面积的函数。设三角形三边长为 x，y，z，则周长为 c=1/2

* (x+y+z)，面积为 area=Sqr(c* (c-x)* (c-y)* (c-z))。

```
Public Function area(x,y,z) As Single
    Dim c As Single
    c=1/2* (x+y+z)
    area=Sqr(c* (c-x)* (c-y)* (c-z))
End Function
```

6.3.2 调用 Function 过程

Function 过程的调用有如下两种方式:

1. 像使用 VB 内部函数一样调用 Function 过程，即在表达式中写出函数名称和相应的实参。

形式如下：

Function 过程名([实在参数表])

说明：调用 Function 过程必须给参数加上括号，即使调用无参函数括号也不能省略括号。

例如：对例 6.4 中的函数的进行调用:

```
S=area(5,6,7)
Print area(3,4,5)
```

2. 像调用 Sub 过程那样调用 Function 过程。

格式：Call 过程名[(实际参数)]或过程名[实际参数]

例如，用 Private Function F (A As Integer)定义了一个 Function 过程，可以用下面两种方式调用这个函数：

Call F(Inx)或 F Inx

用这两种方法调用函数时，函数的返回值将被放弃。

例 6-5 编写程序，求 N 的阶乘。

```
Private Sub Form_Click()
    Dim N As Integer,M As Long
    N=InputBox("输入 N")
    M=Fact (N)
    Print N;"的阶乘=";M
End Sub
```

上节的例 6.3 编写了求最大公约数的函数 gcd，该函数的类型为 Integer，它有两个整型参数。可以在下面的事件过程中调用该函数。

```
Sub Form_Click()
    Dim a As Integer,b As Integer
    a=24:b=18
    x=gcd(a,b)
    Print "gcd=";x
```

```
End Sub
```

上述事件过程中的“x=gcd(a,b)”就是调用 gcd 函数的语句。调用时的实际参数分别为 96 和 64,调用后的返回值放入变量 x 中。程序的输出结果为 gcd=6。

6.4 不同模块间的过程调用

通用过程的定义(或声明,下同)可以放在标准模块或窗体模块中,而事件过程的定义只能放在窗体模块中,不同模块中的过程(包括事件过程和通用过程)可以互相调用。

当在一个模块中调用其他模块中的过程时,被调用的过程必须是“公用的”(Public)。

可以直接通过过程名调用,如果两个或两个以上的模块中含有相同的过程名,则在调用时必须用模块名限定,其一般格式为:

模块名.过程名(参数表)

例如:在窗体模块 Form1 中定义了一个公有 Sub 过程 PUBSub1,则在窗体 Form1 以外的模块中用下面语句就可以正确地调用该过程:

```
Call Form1.PUBSub1([实参表])
```

如果标准模块中的公有过程的过程名是唯一的,则调用该过程时不必加模块名;如果在两个以上的模块中都含有同名过程,那么调用本模块内的公有过程时,也可以不加模块名。

假定在标准模块 Module1 和 Module2 中都含有同名过程 PUBSub2,在 Module1 中用下面语句:

```
Call PUBSub2(实在参数)
```

调用的是当前模块 Module1 中的 PUBSub2 过程,而不会是 Module2 的 PUBSub2 过程。

如果在其他模块中调用标准模块中的公有过程,则必须指定它是哪一个模块的公有过程。

例如,在 Module1 中调用 Module2 中的 PUBSub2,则可用下面语句实现:

```
Call Module2.PUBSub2([实参表])
```

6.5 参数传送

在调用有参数过程时,首先进行的是参数的“形实结合”,即主调过程中使用的实在参数(简称实参)与被调过程中定义的形式参数(简称形参)进行数据传递。实参与形参结合时一定要按顺序一一对应,并且类型要相同,特别注意不能仅按变量名进行结合。“形实结合”后,被调过程才能使用接收到的参数运行,然后根据采用的调用方式将运行结果返回主调过程。

6.5.1　形参与实参

1. 形参

形参是出现在 Sub 和 Function 过程声明语句中“过程名”后面的括号里的变量名或数组名。过程被调用之前，系统并未为形参分配内存，其作用是说明自变量的类型和形态以及它们在过程中所充当的角色。

形参表中的各变量之间要用逗号分隔，形参可以是除定长字符串变量之外的合法变量名或后面跟有圆括号的数组名。

2. 实参

实参可以是常数、表达式、合法的变量名、后面跟有圆括号的数组名。实参表中的数据必须与形参表中的变量一一对应，类型也必须对应相同。参数的传递方式因其定义方式及实参的形式不同而不同，有按值传递和按地址传递两种方式。

6.5.2　按值传递参数

按值传递方式是将实参变量的值复制了一份传递给被调用过程中的形参，执行完调用语句后，调用程序中的实参值不变。

在 Visual Basic 中，传值方式通过在形参前加上关键字 ByVal 来定义。在定义通用过程时，如果形参前面有关键字 ByVal，则该参数用传值方式传送，否则按传地址方式传送。例如：

```
Private Sub Command1_Click()
    Dim M As Integer,N As Integer
    M=15:N=20
    Call value(M,N)
    Print "M=";M,"N=";N
End Sub
Private Sub value(ByVal X As Integer,ByVal Y As Integer)
    X=X+20:Y=Y+X
    Print "X=";X,"Y=";Y
End Sub
```

在运行本程序时，用户单击一下 Command1，得到以下的的运行结果：

X=35　　Y=55

M=15　　N=20

在调用 Value 过程时，系统给形参 X 和 Y 分配存储单元；变量 M 与形参 X“按值”结合，将 M 的值 15 传递给形式参数 X；N 与形参 Y“按值”结合，将 N 的值 20 传递给形式参数 Y。当调用过程执行完返回到原调用节点时，形参 X、Y 的值释放，主调程序继续运行。形参的值不对实参产生任何影响。

6.5.3　按地址传递参数

在定义过程时，若形参名前面不加关键字或加关键字 ByRef 时，则指定了该形参是一个按地址传递的参数。

按地址传递参数时，过程所接收的是实参变量的地址，也就是说，形参和实参共用同一个存储单元，形参的值在过程执行时一旦被改变，相应的实参值也跟着改变。

例如，把上一节的事件过程 Sub Command1_Click()不作改动，把 Value 过程的形参 X 按值传递改为按地址传递：

```
Private Sub Value (X As Integer,ByVal Y As Integer)
    X=X+20
    Y=X+Y
    Print "X=";X,"Y=";Y
End Sub
```

在调用 Value 过程时，由于形参 X 是一个"传址"参数，所以实参 M 与形参 X 结合时是将 M 的地址传递给 X，在过程 Value 对形参 X 的访问，实际上是对实在参数 M 的存储单元的访问。执行 Value 过程中的赋值语句 X=X+20 时，是将 M 的存储单元中的内容加上 20 的结果再存放到 M 的存储单元中。被调过程运行完毕，系统"收回"分配给形参 X、Y 的存储空间，返回 Sub Command1_Click()事件过程，执行 Call value(m,n)后的语句。M 的内容被改变，而 N 的值保持不变。

程序运行后，输出结果如下：

```
X=35    Y=55
M=35    N=20
```

由此可见，当形参与实参按"传址"方式结合时，实参的值跟随形参的变化而变化。一般来说，按地址传递参数要比按值传递参数更节省内存，效率更高。因为系统不必再为形式参数分配内存。

但是在传址方式中，形参的值改变后对应实参的值也跟着发生变化，有可能对程序的运行产生不必要的干扰，如例 6-6。

例 6-6 编写程序计算 5! +4! +3! +2! +1! 的值。

```
Private Sub Form_Click()
    Dim Sum As Integer,i As Integer
    For i=5 To 1 Step-1
        Sum=Sum+Fact(i)
    Next i
    Print "SUM=";Sum
    End Sub
Private Function Fact(N As Integer)As Integer
    Fact=1
        Do While N>0
        Fact=Fact*N
        N=N-1
    Loop
```

```
End Function
```

上述程序运行后输出的结果是:SUM=120,没有得到SUM=153的预期结果。原因在于自定义函数Fact的形式参数N是按地址传递的。

在主调过程Form_Click的For循环中,用循环变量i作为实参调用函数Fact,第一次调用Fact后,形式参数N的值变为0,循环变量i的值也跟着变为0,使得For循环仅执行一次,就立即退出了循环,所以程序仅仅求了5! 的值。

要想得到预期结果,有以下两种办法:

方法一:在函数Fact的形参N前面加上关键字"ByVal",使它成为按值传递的参数。

方法二:把变量转换成表达式,比如把它放在括号内。即用Fact((i))的形式调用函数Fact,那么传递给形参N的是实参i的值,而不是它的地址。因此N的值在函数执行过程中,尽管被改变也不会影响主调过程中循环变量i的值。

注意:对于按地址传递的形式参数,如果在过程调用时与之结合的实在参数是一个常数或者表达式,那么VB就会用"按值传递"的方法来处理它;如果与按地址传递参数结合的实参是变量(数组元素或数组),那么实参和形参的类型必须完全一致。如果按地址传递方式的实参是与形参类型不一致的常数或表达式,VB会按要求进行强制数据类型转换,然后再将转换后的值传递给形参数。

例6-7 四则运算程序代码如下,请分析其运行结果。

```
Private Function add(a As Integer,b As Integer,c As Integer)
        a=a+10:b=b+10:c=c+10
        add=a+b+c
End Function
Private Sub Form_Click()
    Dim v1 As Integer,v2 As Integer,v3 As Integer
    v1=2:v2=3:v3=4
    Print v1+v2+v3*add(v1,v2,v3)
End Sub
```

该程序运行结果是571。

因为在表达式v1+v2+v3*add(v1,v2,v3)中,先进行乘法运算,所以先调用函数add(v1,v2,v3),又因为a、b、c是按址传递,所以v1、v2、v3的值也随之改变。由此可见,在编写程序时要充分认识到,在一个算术表达式中,被调函数中用到"按地址传送"的实参变量参与运算时,可能会导致算术表达式的值难以预料。

传址方式比传值方式效率高,但在传址方式中,形参可能对程序的执行产生不必要的干扰;在传值方式中,形参是一个真正的局部变量,不会对程序产生干扰;而在有些情况下,只有用传值方式才能得到正确的结果。编写程序时要根据具体需要来选择参数的传递方式。

那么在编程时如何选择参数传递方式,除了特殊需要外,可以参考以下几条规则:

(1) 用户定义的类型(记录类型)和控件只能通过地址传送。

(2) 为了提高效率,字符串和数组应通过地址传送。

(3) 对于整型、长整型或单精度参数，如果不希望被调过程修改实参的值，则应采用按值传递方式。

(4) 对于其他数据类型，包括双精度型、货币型和变体数据类型，可以用两种方式传送。但为了避免错用参数，最好用传值方式传送。

(5) 除字符串、数组和记录类型变量以外，如果没有足够的把握，最好采用传值方式来传送，为了加快运行速度可以在编写完程序并能正确运行后再把部分参数设置为传址方式。

(6) Sub 过程可以通过参数来返回值，当需要用 Sub 过程返回值时，其相应的参数要按传址方式定义。

6.5.4 数组参数的传送

定义过程时，Visual Basic 允许把数组作为形式参数，数组参数的声明格式如下：

形参数组名()[As 数据类型]

形参数组是只能按地址传递的参数。对应的实参也必须是数组，且数据类型必须和形参数组的数据类型相同。

过程调用时只要把作为实参的数组名放在实参表中即可，数组名后面的圆括号可以不加。

在过程体中不允许用 Dim 语句对形参数组进行声明，但是可以使用 ReDim 语句改变动态数组的维界。返回主调程序时，对应实参数组的维界也将跟着发生变化。

下面是一个关于数组参数传递的程序示例：

```
Option Explicit
Option Base 1
Private Sub Form_Click()
    Dim Arr () As Integer,I As Integer
    ReDim Arr (6)
    Print"调用前数组维上界是：";UBound(Arr)
    Call Changedim(Arr)
    Print"调用后数组维上界是：";UBound(Arr)
    Print "数组各元素值是：";
    Fori=1 To UBound(Arr)
        Print Arr(i);
    Next i
    Print
End Sub
Private Sub Changedim(A()As Integer)
    Dimi As Integer
    ReDim Preserve A(10)
    Fori=1 To 10
```

```
A(i)=i
    Next i
End Sub
```

程序运行结果如下：

调用前数组维上界是:6

调用后数组维上界是:10

数组各元素值是:1 2 3 4 5 6 7 8 9 10

例 6-8 编写一个求数组最大元素值的 Function 过程。

编写通用过程如下：

```
Private Function FindMax(a() As Integer)
    Dim i As Integer,max as integer
    Max=a(LBound(a))
    For i=LBound(a) To UBound(a)
        If a(i)>Max Then Max=a(i)
    Next i
    FindMax=Max
End Function
Sub Form_Click()
Dim c as integer
    ReDim b(4) As Integer
    b(1)=66
    b(2)=77
    b(3)=88
    b(4)=99
    c=FindMax(b())
    Printc
End Sub
```

程序执行后，单击窗体，输出结果为 99。

6.6 递归过程

6.6.1 递归的概念

递归是一种十分有用的程序设计技术，很多的数学模型和算法设计思想本来就是递归的，如二叉树的访问、图的遍历等。用递归过程描述它们比用非递归方法更加简洁易读、便于理解，且算法的正确性也易于证明。因此掌握递归程序设计方法很有必要。

通俗地讲，用自身的结构来描述自身就称为“递归”。如对阶乘运算作如下的定义就是递归的：

n! =n(n-1)!

(n-1)! = (n-1)(n-2)!

递归过程是在过程定义中调用(或间接调用)自身来完成某一特定任务的过程。

一般来讲,能用递归来解决的问题必须满足两个条件：

(1) 可以通过递归调用来缩小问题规模,且新问题与原问题有着相同的形式。

(2) 存在一种基线条件(即递归程序的最底层位置),在这个条件下没有必要再进行操作,可以直接返回一个结果使递归退出。

6.6.2 递归子过程和递归函数

VB 允许一个自定义子过程或函数过程在过程体内调用自己,这样的子过程或函数就叫递归子过程和递归函数。递归过程包含了递推和回归两个过程。

例如,用递归过程求 n!,可表示为：

$$Fact(n)=\begin{cases}1 & n=0 \text{ 或 } n=1 \\ n*fact(n-1) & n>1\end{cases}$$

利用上式可定义一个名为 Fact(n)的函数,如果要计算出函数 Fact(n)的值,在求解过程中必须先求出 Fact(n-1)的值。也就是说,要在函数定义中调用函数本身。因此它是一个递归定义的函数。

根据上面的递归表达式可编写出求 n! 的函数过程：

```
Private Function Fact(ByVal N As Integer)As Long
    If N=0 Or N=1 Then
        Fact=1
    Else
        Fact=N*Fact(N-1)
    End If
End Function
Private Sub Form_Click()
    Dim N As Integer,F As Long
    N=InputBox("输入一个正整数")
    F=Fact(N)
    Print N;"! =";F
End Sub
```

运行程序,点击窗体,从键盘输入 3,即求出 3! 的值 6。

程序以 Fact(N)形式调用函数 Fact,当函数 Fact 开始运行时,首先检测传递过来的参数 N 是否为 1,若为 1,则函数返回的值为 1;若不为 1,函数执行赋值语句 Fact=N*Fact(N-1)。第一次调用 Fact 函数时,传递的参数 N 值为 3,则执行 Fact=3*Fact(3-1)。由于表达式中还有 函数调用,于是 VB 第二次调用 Fact 函数,传递的参数是 2,于是执行语句 Fact=2*Fact (2-1)。当再一次调用 Fact 函数时,参数值为 1,因此函数返回值 1 到本次调用点,此调用函数又返回 2 的值到调用 Fac(2)的函数；最后，最初被调用的函数返回 6 到调用它的过程，得到运行结果。函数 Fact 的调用与返回过程如图 6－4 所示。

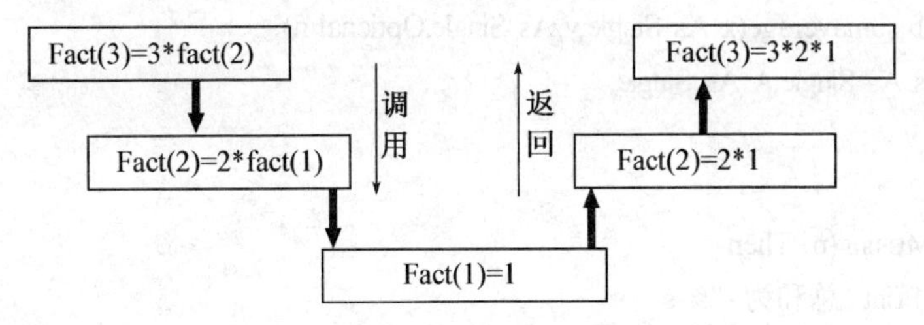

图 6－4　函数 Fact 的调用与返回过程

从图 6－4 可以看出，一个递归问题可分为“调用”和“返回”两个阶段。当进入递归调用阶段后，便逐层向下调用递归过程，因此 Fact 函数被调用 3 次，即 Fact(3)、Fact(2)、Fact(1)，直到遇到递归过程的初始条件 Fact=1 为止。然后带着初始(终止)条件所给的函数值进入返回阶段。按照原来的路径逐层返回，由 Fact(1)推出 Fact(2)，由 Fact(2)推出 Fact(3)为止。

设计递归算法应注意事项以下事项：

(1) 递归算法设计简单，但消耗的上机时间和占据的内存空间比非递归算法大。

(2) 设计一个正确的递归过程或函数过程必须具备两点：

① 具备递归条件；

② 具备递归结束条件。

递归过程必须有一个结束递归过程条件(又称为终止条件或边界条件)，也就是说递归过程必须是有限递归。例如，上面求 N! 的递归函数的边界条件是：Fact=1。若一个递归过程无边界条件，它则是一个无穷递归过程。

一般而言，递归函数过程对于计算阶乘、级数、指数运算有特殊效果。

6.7　可选参数与可变参数

Visual Basic 6.0 允许使用可选参数和可变参数。在调用一个过程时，可以向过程传递可选的参数(即可以有也可以没有的参数)或者任意数量的参数。

6.7.1　可选参数

前面例子中涉及的过程的形式参数都是固定的，调用时对应的实参也是固定的。而在实际应用中，为了提高函数的通用性和实用性，在不同的情况下需要的参数的个数和类型常常也各不相同，例如 Excel 应用程序中的 Mid()、Rank()、Vlookup()等函数，它们允许用户在不同应用条件下选用不同数量和类型的参数。这些函数就是用 VB 编程实现的，Excel 应用程序开发使用的语言恰是 VBA——Visual Basic 的一个子集。在 Visual Basic 6.0 中，可以指定一个或多个参数作为可选参数。

例如，定义一个用于计算两个或三个数的和以及平均值的过程，第 3 个参数为可选参数。

为了定义带可选参数的过程，必须在参数表中使用 Optional 关键字，并在过程体中通过 IsMissing 函数测试调用时是否传送可选参数。程序代码如下：

```
Private Sub sumaverage(x As Single,y As Single,Optional n)
    Dim s As Single,A As Single
    s=x+y
    A=s/2
    If IsMissing(n) Then
        Print "总和为："& s
        Print "平均值为"& A
    Else
        Print "总和为:"& s+n
        Print "平均值为："& (s+n)/3
    End If
End Sub
Private Sub Form_Click()
    Print "不提供与可选参数对应的实参"
    Sumaverage 6,9
    Print
    Print "提供与可选参数对应的实参"
    Sumaverage 6,9,3
End Sub
```

程序运行的结果如下图 6－5 所示。

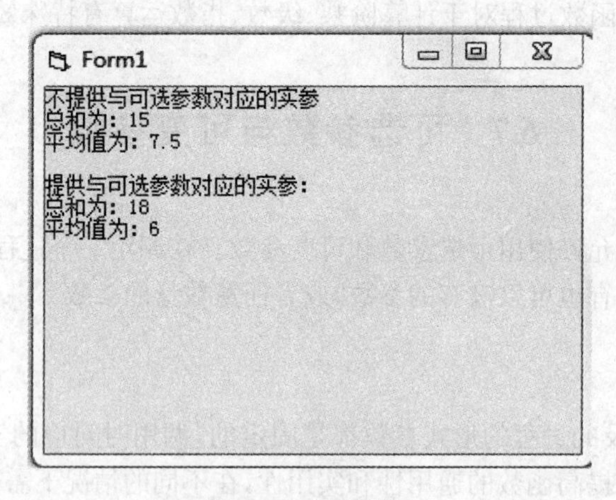

图 6－5　运行结果

上例的 Sumaverage 过程中定义了一个可选参数，在编程时也可以定义多个可选参数。但应注意，可选参数必须放在参数表的最后，而且必须是 Variant 类型。通过 IsMissing 函数测试是否向可选参数传送实参值。IsMissing 函数有一个参数，它就是由 Optional 指定的形参的名字，其返回值为 Boolean 类型。在调用过程时，如果没有向可选参数传送实参，则 IsMissing 函数的返回值为 True，否则返回值为 False。

6.7.2　可变参数

在使用 Excel 应用程序时，用户可以对工作表中的任意多个单元格数据进行求和或排序，其中 Excel 应用程序的设计时，其参数是可变的；再如，Excel 中的 Ifs( )、Sumifs( )、Averageifs()等函数的参数数量也是允许改变的。Visual Basic6.0 允许使用可变参数。

可变参数过程通过 ParamArray 命令来定义，一般格式为：

Sub 过程名(ParamArray 数组名)

“数组名”是一个形式参数，只有名字和括号，没有上下界。由于省略了变量类型，“数组”的类型默认为 Variant。

前面建立的 sum 过程可以求两个或 3 个数的和。下面定义的是一个可变参数过程，用这个过程可以求任意多个数的乘积。

```
Dim intSum As Integer
Sub Sum(ParamArray intNums())
    Dim x
    Dim y As Integer
    For Each x In intNums
        y=y+x
    Next x
    intSum=y
End Sub
Private Sub Command1_Click()
    Sum 1,3,5,7,8
    List1.AddItem intSum
    Sum 1,2,3,4,5,6,7,8,9,10
    List1.AddItem intSum
End Sub
```

程序运行的结果如下图 6－6 所示。

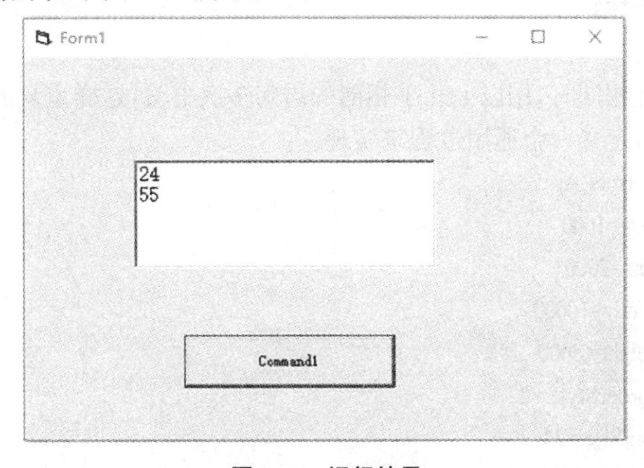

图 6－6　运行结果

6.8 对象参数

在 VB 中也可以把对象作为参数向过程传递。在形参表中，把形参变量的类型声明为“Control”，就可以向过程传递控件。若把类型声明为“Form”，则可向过程传递窗体。对象作为参数只能按地址传递。

6.8.1 窗体参数

与控件对象类似，窗体也可以作为参数使用。

假定要设计一个含有多个窗体的程序窗体的大小和位置通过 Left、Top、Width、Heigh、FontSize、Font 等属性来设置。通常可以这样编写程序：

```
……
Form1.Left=1000
Form1.Top=2000
Form1.Width=10000
Form1.Height=8000
Form1.BorderStyle=2
Form1.FontSize=24
Form1.Font="宋体"

F orm2.Left=1000
Form2.Top=2000
Form2.Width=10000
Form2.Height=8000
Form2.BorderStyle=2
Form2.FontSize=24
Form2.Font="宋体"
……
```

每个窗体设置相同时，用以上几乎相同的语句多次书写，这样重复的工作其实可以通过以窗体作为参数定义一个通用过程来实现：

```
Sub FormSet(FormN As Form)
    FormN.Left=1000
    FormN.Top=2000
    FormN.Width=10000
    FormN.Height=8000
    FormN.BorderStyle=2
    FormN.FontSize=24
    FormN.Font="宋体"
```

```
End Sub
```

上述通用过程形式参数的类型为窗体(Form)。在调用时,可以用窗体作为实参。

为了调用上面的通用过程,需要先在“工程”菜单中的“添加窗体”命令建立4个窗体,即Form1、Form2、Form3和Form4。在默认情况下,第一个建立的窗体(这里是Form1)是启动窗体。然后对Form1编写如下事件过程:

```
Private Sub Form_Load()
    FormSet Form1
    FormSet Form2
    FormSet Form3
    FormSet Form4
End Sub
```

运程此过程则系统将给这四个窗体的外观属性赋相同的值。可以使用show、hide等方法显示或隐藏各个窗体。如:

```
Private Sub Form1_click()
    Form2.show
End Sub
Private Sub Form2_click()
    Form3.show
    Form2.hide
End Sub
```

6.8.2 控件参数

控件也可以作为通用过程的参数,可以在一个通用过程中设置相同性质控件所需要的属性,然后用不同的控件调用此过程。

例6-9 编写一个通用过程,在过程中设置字体属性,并调用该过程显示指定的信息。

通用过程如下:

```
Sub Fontout(TestCtrl1 As Control,Testctrl2 As Control)
    TestCtrl1.FontSize=16
    TestCtrl1.FontItalic=True
    TestCtrl1.FontBold=True
    TestCtrl1.FontUnderline=True
    Testctrl2.FontSize=22
    Testctrl2.FontName="Times New Roman"
    Testctrl2.FontItalic=False
    Testctrl2.FontUnderline=False
End Sub
```

上述过程有两个参数,其类型均为Control。该过程用来设置控件上所显示的文字的各种属性。为了调用该过程,在窗体上建立两个文本框,然后编写如下的事件过程:

```
Private Sub Form_click()
    Text1.Text="欢迎使用"
    Text2.Text="Visual Basic 6.0"
    Fontout List1,Text1
    Fontout Command1,Text2
End Sub
```

运行上面的程序,得到如图 6-7 所示的界面。点击窗体后得到如图 6-8 所示的界面。

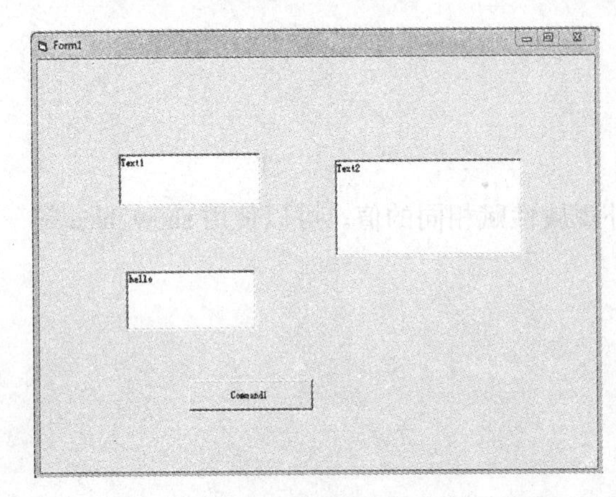

图 6-7

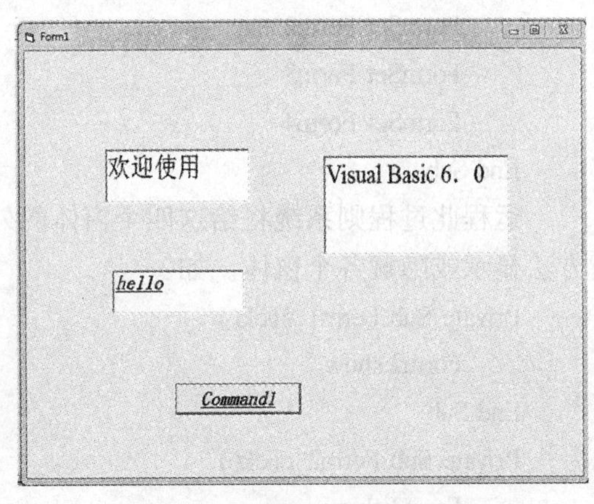

图 6-8

本例中调用时分别用了 List1、Text1、Command1、Text2 作为实参。

不同的控件所具有的属性各不相同,所以在用控件作为参数时,必须考虑到作为实参的控件是否具有通用过程中所列的控件的属性,否则可能达不到预期效果或产生错误。

为了避免类似问题,Visual Basic 提供了一个 TypeOf 表达式,其格式为:

TypeOf<objectname>Is<objecttype>

TypeOf 是表达式,只应用于 If...Then...语句中,其中的 objectname 是任何对象的引用,而 objecttype 则是任何有效的对象类型。如果 objectname 是 objecttype 所指定的一种对象类型,则表达式为 True,否则为 False。

例如,将窗体中的所有文本框清空,用如下语句:

```
Dim c As Control
For Each c In Me.Controls
If TypeOf c Is TextBox Then c.Text=""
Next
```

再如,判断一个变量是不是字符串类型:

```
Dim a As String
If TypeOf a is string then
    MsgBox "a 是字符串类型"
Else
    MsgBox "a 不是字符串类型"
End If
```

在通用过程中使用TypeOf表达式用来限定控件参数的类型。加上TypeOf测试后，把前面的例子改为：

```
Sub Fontout(TestCtrl1 As Control,TestCtrl2 As Control)
    TestCtrl1.FontSize=18
    TestCtrl1.FontName="System"
    TestCtrl1.FontItalic=True
    TestCtrl1.FontBold=True
    TestCtrl1.FontUnderline=True
    If TypeOf TestCtrl1 Is TextBox Then
        TestCtrl1.Text="大家好!"
    End If
    TestCtrl2.FontSize=24
    TestCtrl2.FontName="Times New Roman"
    TestCtrl2.FontItalic=False
    TestCtrl2.FontUnderline=False
    If TypeOf TestCtrl2 Is TextBox Then
        TestCtrl2.Text="GOOD MORNING."
    End If
End Sub
```

在以上过程中加上了TypeOf测试，只有用文本框(TextBox)作为实参时，才会执行TestCtrl1.Text="Microsoft Visual Basic"语句。

在窗体上建立一个文本框和一个命令按钮，然后编写如下事件过程：

```
Private Sub Form_Click()
    Fontout Text1,Command1
End Sub
```

上述过程中的第一个参数用文本框(TextBox)作为实参，可以顺利调用通用过程Fontout。第二个参数用命令按钮(commandButton)作为实参调用，虽然它没有Text属性，但是由于Fontout过程内已有TypeOf测试，因而不会出错。程序的执行结果如图6-9所示。

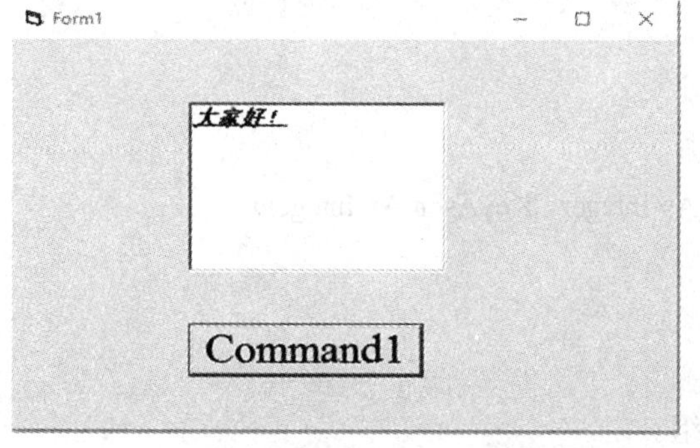

图6-9

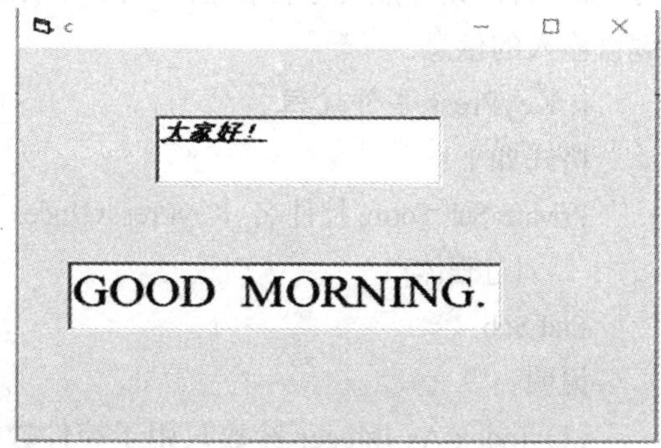

图6-10

为了与上例对比，在窗体上建立两个文本框，然后编写如下事件过程：

```
Private Sub Form_Click()
    Fontout Text1,Text2
End Sub
```

运行程序，点击窗体，得到如图 6－10 所示的执行结果。

6.9 键盘与鼠标事件过程

在程序运行过程中，当用户按下键盘键或者操作鼠标时引发的事件叫作键盘事件或鼠标事件。键盘事件和鼠标事件是 Windows 环境下最主要的外部操作事件驱动方式。本节将主要介绍键盘及鼠标的事件过程。

6.9.1 键盘事件过程

键盘事件由按键盘键触发。常用的与键盘有关的事件有 KeyPress 事件、KeyDown 事件和 KeyUp 事件。

KeyDown 事件：用户按下任一键触发该事件。

KeyPress 事件：用户按下并释放一个能产生 ASCII 码的键时触发该事件。

KeyUp 事件：用户释放任一键时触发该事件。

当按键按下时先触发 KeyDown 事件，而后触发 KeyPress 事件，这两个事件虽然都是在按键按下时触发，但是在这两个事件中得到的按键信息是不同的。KeyPress 事件中得到的是按键对应的字符 ASCII(KeyAscii)，而 KeyDown 事件中得到的是按键对应的键号(KeyCode)。当按键松开时触发 KeyUp 事件，在 KeyUp 事件中得到的也是按键对应的键号(KeyCode)。

键盘事件可以用于窗体、复选框、组合框、命令按钮、列表框、图片框、文本框和滚动条等可以获得输入焦点(或简称焦点)的控件。按键动作发生时，所触发的是拥有焦点的那个控件的键盘事件。在某一时刻，焦点只能位于某一个控件上，如果窗体上没有活动的或可见的控件，则焦点位于窗体上。当一个控件或窗体拥有焦点时，该控件或窗体将接收从键盘输入的信息。

1. KeyPress 事件过程

格式如下：

```
Private Sub Form| 控件名_KeyPress([Index As Integer,]KeyAscii As Integer)
    [过程体]
End Sub
```

说明：

(1) Index As Integer 参数只用于控件数组。

(2) KeyAscii 参数是一个预定义的变量，执行 KeyPress 事件过程时，KeyAscii 是所按键的 ASCII 码值。例如，按下“A”键(Shift+a)，KeyAscii 的值为 65；如果按下“a”键，则

KeyAscii的值为97等等。

(3) 不是按下键盘上任意一个键都会触发KeyPress事件。当用户按了键盘上的功能键(F1~ F12)、定位键(↑、←、↓、→、Home、End、PgDn、PgUp)及控件转换键(Shift、Ctrl、Alt)时，都不会触发KeyPress事件。

(4) 通常利用KeyPress事件对输入的信息进行限制。如果将KeyAscii设为0(KeyAscii=0)，则取消键盘输入，即可以避免输入的字符回显；在KeyPress过程中可以修改KeyAscii变量的值，此时，控件中显示修改后的字符。

例6-10 创建登录窗体。要求程序运行后，“用户名”框只接收字母且呈大写显示，回车后将焦点移到“口令”框；口令框中只能输入数字字符(0～9)，否则响铃(Beep)，并且在口令框中反向显示输入的口令，例如输入12345678，则显示87654321。运行后的窗口如图6-11所示。

事件代码如下：

```
Private Sub Text1_KeyPress(KeyAscii As Integer)
    KeyAscii=Asc(UCase(Chr(KeyAscii)))
    If KeyAscii>=48 And KeyAscii<=57 Then
        KeyAscii=0
    End If
    If KeyAscii=13 Then
        Text2.SetFocus
    End If
End Sub
Private Sub Text2_KeyPress(KeyAscii As Integer)
    KeyAscii=105-KeyAscii
    If KeyAscii<48 Or KeyAscii>57 Then
        Beep
        KeyAscii=0
    End If
End Sub
```

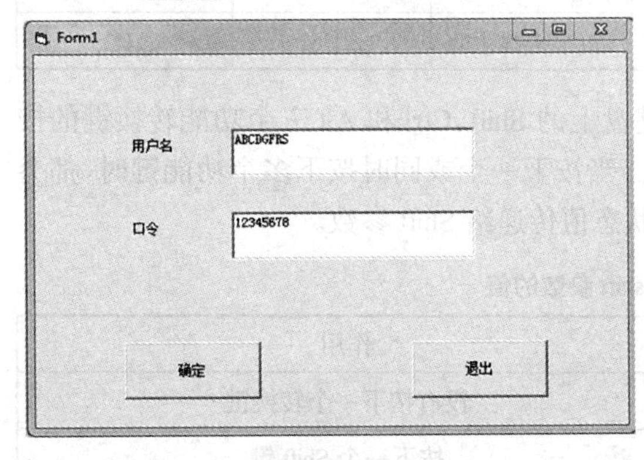

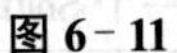
图6-11

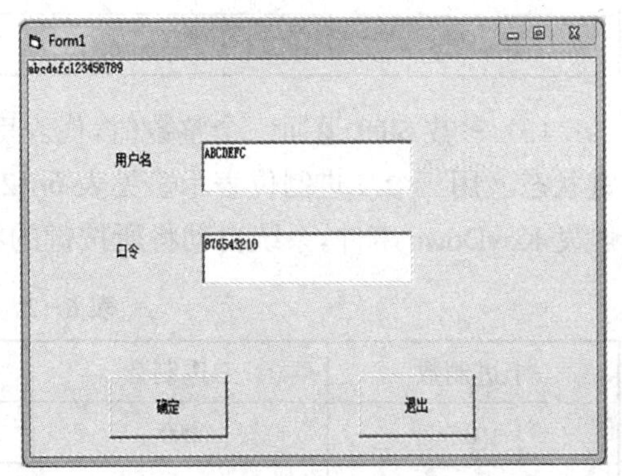

图6-12

值得注意的是，在默认情况下，一个窗体中的控件的键盘事件优先于本窗体的键盘事件，因此在发生键盘事件时，总是先激活控件的键盘事件。如果希望窗体先接收键盘事件，则必须把窗体的 KeyPreview 属性设置为 True，否则不能激活窗体的键盘事件。这里所说的键盘事件包括 KeyPress、KeyDown 和 KeyUp。例如，如果在上例中加上下列代码：

```
Private Sub Form_KeyPress(KeyAscii As Integer)
    Print Chr(KeyAscii);
End Sub
```

如果窗体的 KeyPreview 属性值为 False(默认值)，则该事件过程不能被执行，如果将窗体的 KeyPreview 属性值设置为 True，则程序运行后，当按下键盘上某个字符键时，相应的字符将显示在窗体上，如图 6－12 所示。

2. KeyDown 和 KeyUp 事件

KeyDown 事件是在按下键盘某个键时发生；KeyUp 事件则是在放开某个键时发生。这两个事件过程如下：

```
Private Sub Form| 控件名_KeyDown| KeyUp([Index As Integer,]KeyCode As Integer,Shift_As Integer)
    [过程体]
End Sub
```

说明：

(1) Index As Integer 参数含义与 KeyPress 相同。

(2) KeyCode 参数返回由系统传递过来的所按键的键值。它是以“键”为准，而不是以“字符”为准。即大写字母与小写字母使用同一个键，其 KeyCode 值相同。表 6－1 列出了部分字符的 KeyCode 与 KeyAscii 取值。

表 6－1　KeyCode 与 KeyAscii

键(字符)	KeyCode	KeyAscii	键(字符)	KeyCode	KeyAscii
A	&H41	&H41	5	&H35	&H35
a	&H41	&H61	%	&H35	&H25
B	&H42	&H42	1(大键盘上)	&H31	&H35
b	&H42	&H62	1(小键盘上)	&H61	&H35

(3) 参数 Shift 返回一个整数值，代表键盘上的 Shift、Ctrl 和 Alt 三个功能转换键的按键状态。用三个二进制位表示。见表 6－2。当按下一个或同时按下多个功能键时，都会触发 KeyDown 事件，系统自动将所按键的状态值传递给 Shift 参数。

表 6－2　shift 参数的值

十进制数	二进制数	作用
0	000	没有按下一个转换键
1	001	按下一个 Shift 键

(续表)

十进制数	二进制数	作用
2	010	按下一个 Ctrl 键
3	011	按下一个 Shift+Ctrl 键
4	100	按下一个 Alt 键
5	101	按下一个 Alt+Shift 键
6	110	按下一个 Alt+Ctrl 键
7	111	按下一个 Alt+Ctrl+Shift 键

例 6-11 设计程序,实现:任何时候,只要用户按 Ctrl+C 键,即可关闭窗体。

添加窗体的键盘 KeyDown 事件过程,其代码如下:

```
Private Sub Form_KeyDown(KeyCode As Integer,Shift As Integer)
    If KeyCode=vbKeyC And Shift=2 Then
        Unload Me
    End If
End Sub
```

注意:在设计阶段应把窗体的 KeyPreview 属性设置为 True。

6.9.2 鼠标事件过程

Visual Basic 还提供了单独识别按下、放开鼠标按钮或移动鼠标而触发的事件。即 MouseDown、MouseUp、MouseMove 事件。这些事件适用于窗体和大多数控件,包括:复选框、命令按钮、单选按钮、框架、目录框、图像框、标签、列表框等。当鼠标指针指向某个对象时,按动鼠标键可以执行某些操作。当移动鼠标和按鼠标键时就会产生一些和鼠标有关的事件。

鼠标事件是指由于用户操作鼠标而引发的事件。在此之前我们已经用过 Click 事件和 DblClick 事件,而本节中介绍的鼠标事件不同于 Click 事件和 DblClick 事件:当用户按下鼠标按钮并释放时,Click 事件和 DblClick 事件只能把此过程识别为一个单击或双击操作,鼠标事件却能够区分各种鼠标按钮与 Shift、Ctrl、Alt 键,鼠标事件被用来识别和响应各种鼠标状态,并把这些状态看作独立的事件。

1. MouseDown 和 MouseUp 事件

语法格式:

```
Private Sub 对象_MouseDown| MouseUp([Index As Integer,]Button As Integer,Shift_As integer,x As single,y As Single)
    [过程体]
End Sub
```

说明:

(1) Index As Integer 只用于控件数组。

(2) Button 参数返回一个整数(包括三个取值:1,2,4),表示鼠标的按键状态:

1 (vbLeftButton):表示按下(在对象的 MouseDown 事件中,下同)或松开(在对象的

MouseUp 事件中,下同)了鼠标左键。

2(vbRightButton):表示按下或松开了鼠标右键。

4(vbMiddleButton):表示按下或松开了鼠标中间的键。

(3) Shift 参数返回一个整数值,代表鼠标按下或释放时键盘上控制转换键 Shift、Ctrl 和 Alt 的状态。其取值与键盘按下和释放时的 Shift 参数一致。

(4) x、y 参数用来返回或设置鼠标光标的当前位置。

例 6-12 利用 Move 方法移动窗体上的命令按钮。要求:程序运行后,在窗体上按下鼠标左键,则命令按钮的左上角被移到当前鼠标指针所在的位置;按下 Shift 键,再按鼠标左键,则命令按钮的中心被移到当前鼠标指针所在的位置,如图 6-13 所示。

```
Private Sub Form_MouseDown(Button As Integer,Shift As Integer,X!,Y As Single)
    If Button=1 Then
        Command1.Move X,Y
    End If
    If Button=1 And Shift=1 Then
        Command1.Move (X-Command1.Width/2),(Y-Command1.Height/2)
    End If
End Sub
```

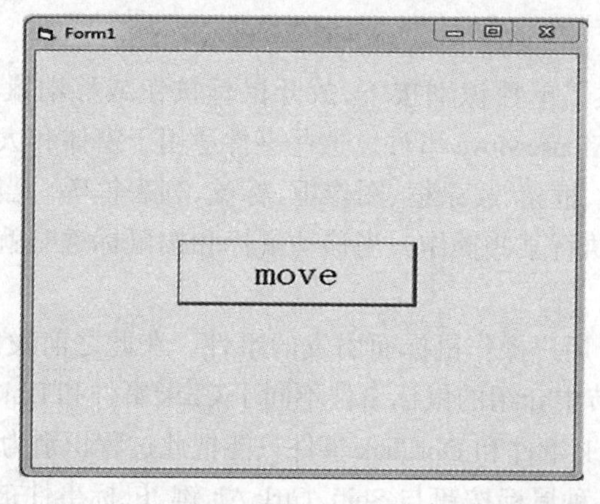

图 6-13

2. MouseMove 事件

语法格式:

Private Sub 对象_MouseMove([Index As Integer,]Button As Integer,Shift As integer,_x As single,y As Single)

[过程体]

End Sub

说明:

(1) 除 Button 参数外,其余参数的含义与 MouseDown 和 MouseUp 中的完全相同。

(2) MouseMove 事件过程中的 Button 参数也是返回一个整数,但它可以指示出所有鼠标按键的状态,是按了一个键还是同时按了二个或三个键。见表 6-3 所示。

表6-3 MouseMove事件过程中的Button参数取值

十进制	二进制	功 能
0	000	表示没有按下鼠标任何键
1	001	表示按下鼠标左键
2	010	表示按下鼠标右键
3	011	表示左、右键同时被按下
4	100	表示中间按键被按下
5	101	表示同时按下中间和左按键
6	110	表示同时按下中间和右按键
7	111	表示3个键同时被按下

3. 鼠标位置

鼠标位置由参数X,Y确定，这里的x，y不需要给出具体的数值，它随鼠标光标在窗体上的移动而变化。当移动到某个位置时，如果压下键，则产生MouseDown事件；如果松开键，则产生MouseUp事件。(x，y)通常指鼠标光标在接收鼠标事件的窗体或控件上的坐标。

例6-13 在窗体上添加一个文本框。编写程序，让文本框跟随鼠标指针移动，同时在文本框中显示当前鼠标指针所在的位置。如图6-14所示。

```
Private Sub form_MouseMove(Button As Integer,Shift As Integer,x As Single,y As Single)
    Text1.Text=""& x & ","& y
    Text1.Left=x' 或 Text1.Move x,y
    Text1.Top=y
End Sub
```

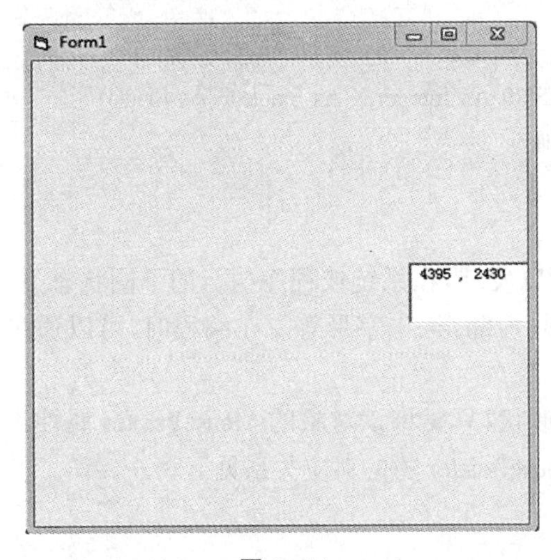

图6-14

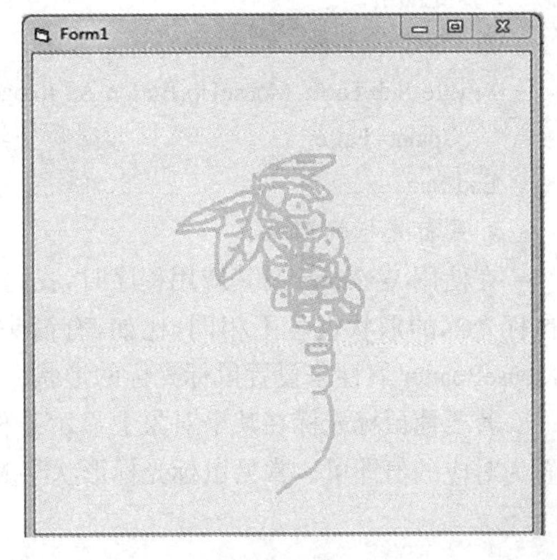

图6-15

例6-14 演示一个简单的绘图应用程序。当用户按下鼠标左键时，按住鼠标左键不放，在窗体上移动，可以开始画画，当用户松开鼠标左键时，停止绘画。如图6-15所示为用鼠标在 Form 上绘图所得结果。

分析：设置一个 Boolean 类型变量 paint，用于监测鼠标状态不同变化，当用户按下鼠标左键时，触发 MouseDown 事件，可以开始绘画，按住鼠标左键不放，在窗体上移动，触发 MouseMove 事件，可以将点连成线，当用户松开鼠标键时，触发 MouseUp 事件，停止绘画。

编写程序代码如下：

```
Dim paint As Boolean
Dim x0,y0 As Integer
Private Sub Form_Load()
    drawwidth=3                         '设置线宽
    ForeColor=RGB(0,255,0)              '设置前景色
End Sub
Private Sub Form_MouseDown(Button As Integer,Shift As Integer,X!,Y As Single)
    If Button=1 Then
        paint=True                      '启动绘画
        x0=X
        y0=Y
    End If
End Sub
Private Sub Form_MouseMove(Button As Integer,Shift As Integer,X!,Y As Single)
    If paint Then
        Line (X,Y)- (x0,y0)             '画线,点连成线
        x0=X
        y0=Y
    End If
End Sub
Private Sub Form_MouseUp(Button As Integer,Shift As Integer,X As Single,Y As Single)
    paint=False                         '停止绘画
End Sub
```

4. 鼠标光标的形状

在使用 Windows 及其应用程序时，我们可以发现，在系统或程序执行的不同状态下，鼠标光标的形状也各不相同，比如，有箭头形、沙漏形、十字形等。在编程时，可以通过 MousePointer 属性来设置鼠标光标的形状。

若要使鼠标光标在某个对象上显示某种形状，只要将该对象的 MousePointer 属性设置为对应的值即可。常见鼠标光标形状与 MousePointer 值的对应关系见下表 6－4。

表6-4 常见鼠标光标形状与MousePointer取值

常量	值	鼠标光标形状
vbDefault	0	默认,形状由对象决定
vbArrow	1	箭头
vbCrosshair	2	十字线
vbIbeam	3	I形
vbHourglass	11	沙漏
vbArrowglass	13	箭头和沙漏
vbArrowQuestion	14	箭头和问号
vbcustom	99	自定义

对象的MousePointer属性也可以在程序运行时设置,即在代码中通过给对象的MousePointer属性赋值实现,格式如下:

对象.MousePointer=设置值

5. 对象拖放操作

一般情况下,按下鼠标按钮并移动对象的操作称为拖动(Drag);到达目的地后释放鼠标按钮的操作称为放下(Drop)。拖动和放下操作能够触发鼠标事件和拖放(DrsgDrop)事件。

在实现拖放操作之前,首先应明确"源"和"目标"。通常把原位置的被拖对象叫作"源"对象,而源对象放下或经过的对象称为"目标"对象。源对象可以是除了菜单(Menu)、通用对话框(CommonDialog)、计时器(Timer)、线(Line)和形状(Shape)以外的其他控件;目标对象可以是窗体或控件。

在拖放过程中,源对象将会触发鼠标事件,目标对象则还会响应拖放(DragDrop)事件或拖动经过(DragOver)事件。在拖动的过程中,被拖动的对象变为灰色。

(1) 与拖放有关的对象的属性

① DragMode属性

该属性用来设置或返回拖动对象(源)的模式是自动的还是手动的。取值有两个:

1(vbAutomatic):自动拖动模式。

0(vbManual):手动(人工)拖动模式。默认模式。

在自动拖动模式下,用户可以在任何时候拖动控件。当源对象设置为自动拖动模式时,该对象将不响应MouseDown和Click事件,但可以响应MouseMove事件。该属性的设置既可以在设计阶段在属性窗口中进行,也可以在程序中设置。具体应用详见例6.15。

而在手动拖动模式下,需要在源控件中用Drag方法来启动拖放操作,用户在按下鼠标键时启动开始拖动状态,松开鼠标键后,关闭拖动状态。例如:在窗体上添加一个Picture1,设置其DragMode属性为0时,运行程序时无法拖动Picture1,要想拖动它,可以编写以下代码:

```
Private Sub Form_Load()
```

```
    Picture1.Drag 1
End Sub
```

② DragIcon 属性

该属性用于设置或返回拖动鼠标时鼠标指针图标，在对象拖动过程中，该图标跟随鼠标指针的移动而移动。当对某对象的 DragIcon 属性设置为一个图标文件(.ico)后，在拖动该对象时，鼠标指针的形状将变成该属性中设置的图标。具体操作时，可以将 Visual Basic图标库中的图标分配给 DragIcon 属性(图标位于\Program file\Microsoft Visual Basic\Icons目录下)，也可用图像程序创建自己的拖动图标。可以在设计阶段用属性窗口中设置也可以在程序代码中用 LoadPicture 函数赋值实现。

2. 与拖放有关的事件

(1) DragDrop 事件

当用户将源对象拖到目标对象处之后，松开鼠标按钮时就会触发目标对象的 DragDrop 事件。其事件过程如下：

```
Private Sub 对象_DragDrop(Source As Control,X As Single,Y As Single)
    [过程体]
End Sub
```

其中，"对象"是当前鼠标光标所在位置的目标对象的名称(不是源对象)；形参 Source 是一个对象变量，其类型为 Control，保存了当 DrapDrop 事件发生时被拖动对象名称属性；X、Y 是拖动动作完成时，松开鼠标按钮、放下对象时鼠标光标的位置。

如前所述，在拖动一个对象的过程中，并不是对象本身在移动，只是移动代表对象的图标。如果想真正将被拖对象移动到目标处，可以编写 DragDrop 事件过程，利用 Move 方法将源对象移动到当前鼠标位置(目标处)，完成拖放操作。

例 6-15 在窗体上建立三个 PictureBox 控件，将 Picture1 和 Picture2 的 DragMode 属性设置为 1(自动)。编写代码如下，使用 Picture 属性将位图赋值给 Picture1 和Picture2。

```
Private Sub Picture3_DragDrop(Source As Control,X As Single,Y As Single)
    If TypeOf Source Is PictureBox Then
        Picture3.Picture=Source.Picture    '将 Picture3 位图设置为与源控件相同
    End If
End Sub
```

运行程序，然后将 Picture1 或 Picture2 拖到 Picture3 上，可以看到以下 6-16、6-17、6-18三图所示的情况。

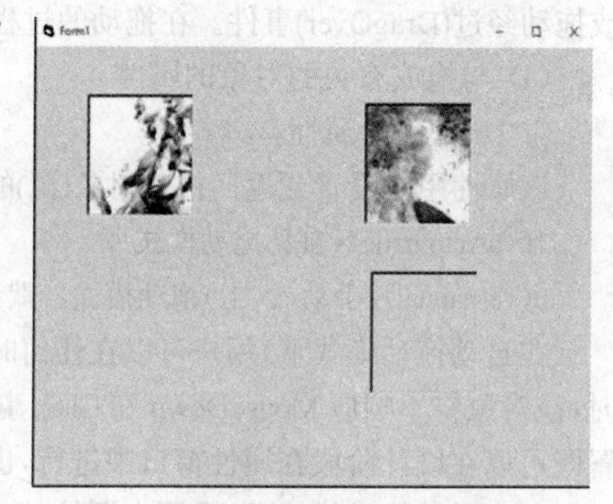

图 6-16

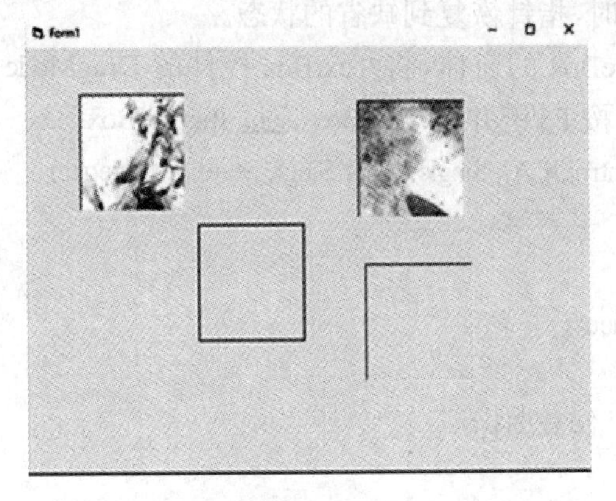

图 6-17

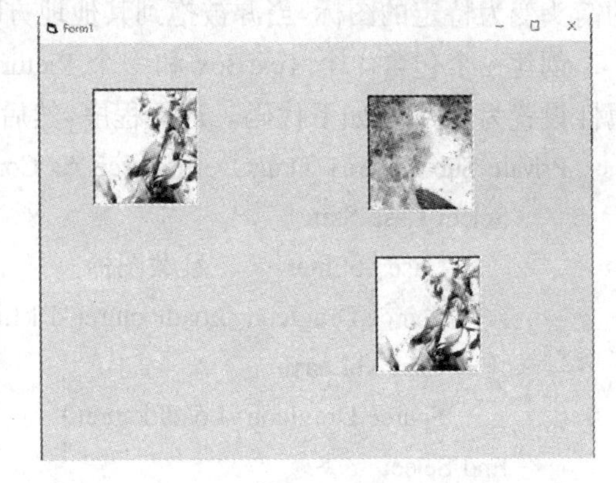

图 6-18

因为 Picture1 和 Picture2 的 DragMode 属性设置为 1(自动),所以它们都能够被拖放到 Picture3 上。

(2) DragOver 事件

当拖动某一对象(源)越过一个控件时,被越过的对象(目标)触发 DragOver 事件。其事件过程格式如下:

```
Private Sub 对象_DragOver(Source As Control,X As Single,Y As Single,State As Integer)
    [过程体]
End Sub
```

其中,"对象"是拖动过程中被越过的对象(目标)的名称;Source 代表被拖动的对象(源),X、Y 是当前鼠标光标位置;State 参数是一个整数,表示源对象与目标对象之间相对位置关系。可以有三个取值:

0 (vbEnter):进入状态。指被拖对象刚进入目标对象的边界。

1 (vbLeave):离开状态。指被拖对象正离开目标对象边界。

2 (vbOver):越过状态。指被拖对象仍在目标对象区域内。

3. 与拖放有关对象的方法

除了可以用 Move 方法真正移动一个控件外,还有一个非常重要的方法,就是 Drag 方法。不管控件的 DragMode 属性如何设置,都可以用 Drag 方法来人工地启动或停止一个拖放过程。Drag 方法的格式为:

对象.Drag[值]

其中,对象指被拖放对象;值为动作参数,有三种取值:

0 (vbCancel):取消指定控件的拖动。

1 (vbBeginDrag):允许开始拖动。默认值。

2 (vbEndDrag):结束控件的拖动,并发出一个 DragDrop 事件

注意:当参数设置为 0 和 2 时都可以停止拖动。但它们所不同的是,前者不触发 DragDrop 事件。

例 6-16 DragOver 事件示例。

编写一个程序,使得当一个 TextBox 控件被拖过一个 PictureBox 控件时,指针从缺省

的箭头变为特定的图标，当源被拖到其他地方时，指针恢复到缺省的状态。

创建一个包含1个TextBox和一个PictureBox的窗体，将TextBox控件的DragMode属性设置为1，编写如下代码。运行程序，然后按F5键并把TextBox拖过PictureBox。

```
Private Sub Picture1_DragOver (Source As Control,X As Single,Y As Single,State As Integer)
    Select Case State
        Case vbEnter        '装载图标。
        Source.DragIcon=LoadPicture("d:\k1.ico")
        Case vbLeave
        Source.DragIcon=LoadPicture()        '卸载图标.
    End Select
End Sub
Private Sub Picture1_DragDrop (Source As Control,X As Single,Y As Single)
    Source.DragIcon=LoadPicture()        '卸载图标。
End Sub
```

运行程序，把TextBox拖过PictureBox时，可以看到光标变为k1.ico中的图标，当光标在PictureBox外时将恢复原来的形状。

6.10 变量的作用域

变量的作用域指的是变量的有效范围。为了能正确地使用变量，应当明确变量在程序中的有效作用域。VB中的变量按作用域可以分为3类：局部(Local)变量、模块(Module)级变量及全局(Public)变量，其中模块级变量包括窗体模块变量和标准模块变量；按释放的时间分为动态变量和静态变量。

局部(Local)变量、模块(Module)变量及全局(Public)变量这三种变量的作用域见表6-5。

表6-5 变量的作用域

名称	作用域	声明位置	使用语句
局部变量	过程	过程中	Dim或Static
模块变量	窗体模块或标准模块	模块的声明部分	Dim或Private
全局变量	整个应用程序	模块的声明部分	Public

下面具体说明各类型变量的用法。

6.10.1 局部变量

在过程体内用用Dim或者Static声明的变量称为过程级变量或局部变量。

用Dim和Static声明的区别在于：在整个应用程序运行时，用Static声明的局部变量中的值一直存在，而用Dim声明的变量只存在于过程执行期间。

局部变量的作用域为定义它的过程体内。也就是说，在过程体中用Dim或者Static声明的变量（或不加声明直接使用的变量），只能在本过程中使用，别的过程不可访问。局部变量随过程的调用而分配存储单元，并进行变量的初始化，一旦该过程执行结束，局部变量的内容自动消失，其占用的存储单元也自动释放。不同的过程中可有相同名称的变量，彼此互不相干。使用局部变量有利于程序的调试。

例如我们可以为一个窗体编写下面这样一程序，可以对用户在窗体上单击的次数计数并显示在窗体上的标签上。

```
Private Sub Form_Click()
    Static I As Integer
    I=I+1
    Label1.Caption=I
End Sub
```

6.10.2 模块级变量

在一个模块的任何过程体外（即“通用声明”段中），用Dim语句或用Private语句声明的变量称为模块级变量，可被本模块的任何过程访问。其作用域为定义该变量的模块内的所有过程。

在模块级，Private和Dim的用法没有区别。

6.10.3 全局变量

在窗体或标准模块的任何过程或函数外（即模块的“通用声明”段中），用Public语句声明的变量称为全局变量或公共变量。

注意：只能在模块的声明段中声明公共变量，不能在过程中声明公共变量。

全局变量的作用域为整个应用程序内，可以被应用程序的任何过程或函数访问。全局变量的值在整个应用程序中始终不会消失或被重新初始化，只有当整个应用程序结束时，才会被释放。

6.10.4 同名变量

名字相同的变量称为同名变量，同一作用域内不允许出现同名变量。对不同范围内出现的同名变量，可以用模块名加以区别。一般情况下，当变量名相同而作用域不同时，优先访问局限性最大的变量。

同名变量的引用：

(1) 不同模块的全局变量同名

在本模块中：直接用变量名引用。

在外模块中：模块名.变量名

(2) 同一模块的全局变量与局部变量同名

在过程内：只能引用局部变量（用变量名）。

在过程外：只能引用全局变量（用变量名）。

(3) 同一模块的模块级变量与局部变量同名

在过程内:用变量名引用局部变量。

在过程外:用变量名引用模块级变量。

注意:在编程时,为了增加程序的可读性及减少引用时产生的错误,应尽量避免使用同名变量。

本章习题

1. 编写一个求 3 个数中最大值 Max 和最小值 Min 的过程,然后用这个过程分别求 3 个数、5 个数、7 个数中的最大值和最小值。

2. 编写程序,求 S=A! +B! +C!,阶乘的计算分别用 Sub 过程和 Function 过程两种方法来实现。

3. 编写一个过程,以整型数作为形参。当该参数为奇数时输出 False,而当该参数为偶数时输出 True。

4. 编写求解一元二次方程 ax2+bx+c=0 的过程,要求 a、b、c 及解 x1、x2 都以参数传送的方式与主程序交换数据,输入 a、b.c 和输出 x1、x2 的操作放在主程序中。

【微信扫码】
在线练习&参考答案

第 7 章　数据文件

此前，在编写应用程序时，数据的输入主要来自于文本框、InputBox 对话框，程序运行的结果则被输出显示到窗体或控件上。如果想重新运行程序，就必须再次输入数据，退出程序后，结果也无法保存。因此，为了方便使用、长期存放数据，必须将其以文件的形式保存在外存中。通过处理文件，应用程序可以方便地新建、复制、存储和共享大量数据。

文件(File)是具有符号名的、在逻辑上具有完整意义的、记录在外部介质上的一组相关信息项的集合，通常用来表示输入输出操作的对象。信息项是构成文件内容的基本单位，它可以是一个字符，也可以是一条记录，记录可以等长，也可以不等长。使用文件可以方便用户，提高输入输出的效率，是解决实际问题的常用手段。

文件按数据性质可以分为程序文件和数据文件。比如 Office 是程序文件，Word 文档、Excel 文档则是数据文件。程序文件可以存取和管理数据文件。在 Visual Basic 中，扩展名为.exe、.frm、.vbp、.vbg、.bas、.cls 等的文件都属于程序文件。本章主要讨论 Visual Basic 对数据文件的存取和管理。

Visual Basic 具有较强的文件处理能力，它提供了用来操作文件的控件和文件管理相关的语句、函数，方便用户读写文件。

7.1　数据文件处理

7.1.1　数据文件概述

文件的另一种分类方式是按照数据的存取方式和结构划分，分为顺序文件和随机文件。

顺序文件(Sequential File)是一种基本的文件结构，文件中的记录按顺序一个接一个地排列，读写文件时必须按记录顺序逐个进行。想要读取第 N 条记录，就得先从第一条记录开始依次读出前 N-1 条记录，写入记录也是这样。顺序文件的数据是以 ASCII 码方式存储的。

顺序文件的优点是结构简单，方便使用，占用内存资源较少；缺点是不能对文件进行灵活地随机存取，如果要修改数据，必须将数据全部读入计算机内存，然后再将修改好的数据重新写入外存储器，效率较低，适用于有规律的、不必经常修改的数据，比如文本文件。

随机文件(Random Access File)可以按任意次序被读写。因为它由固定长度的记录组成，每条记录又由字段组成，数据存放在字段中，每条记录包含的字段数以及同一字段的数据类型都是相同的，在设计记录长度时以最大可能为准，免得有的记录放不下。每条记录都有一个记录号，所以在存取数据时只要指明记录号，就可以迅速找到该条记录，将其读出修改，写入数据时，新记录会自动覆盖原有记录。随机文件的数据是作为二进制信息存储的。

随机文件的优点是存取数据灵活方便且效率高；缺点是增加了记录号，占用存储空间增大，程序设计较为繁琐。

此外，还可以根据数据的编码方式不同，把文件分成 ASCII 文件和二进制文件。

ASCII 文件：也称文本文件，以 ASCII 方式保存文件。可以用字处理软件建立和修改，但要以纯文本格式保存。

二进制文件(Binary File)：以二进制方式保存文件。不能用普通的字处理软件编辑，特点是文件占空间较小。如果把二进制文件中的每一个字节看作是一条记录的话，可以将其算作随机文件。

7.1.2 访问文件的语句和函数

在程序中对文件的操作，通常按三个步骤进行：打开(或建立)、读取或写入、关闭。

1. Visual Basic 用 Open 语句打开(或建立)文件。

格式：Open 文件说明[For 方式][Access 存取类型][Lock]As[#]文件号[Len=记录长度]

功能：为文件的输入输出分配缓冲区，并确定缓冲区所使用的存取方式。

说明：格式说明中的 Open、For、Access、As 和 Len 是关键字，文件说明是一个字符串类型的数据，表示要打开的文件名，可以包含驱动器名和目录。

(1) 方式：放在关键字 For 之后，用来指定文件的输入输出方式，是以下操作之一：

① Output:指定顺序输出方式，覆盖原有内容。

② Input:指定顺序输入方式。

③ Append:指定顺序输出方式，在文件末尾追加内容。

④ Random:指定随机存取方式，也是默认方式，在 Random 方式时，如果没有 Access 子句，则在执行 Open 语句时，Visual Basic 将试图按下列顺序打开文件：读/写、只读、只写。

⑤ Binary:指定二进制文件。在这种方式下，可以用 Get 和 Put 语句对文件中任何字节位置的信息进行读写。在 Binary 方式中，如果没有 Access 子句，则打开文件的类型与 Random 方式相同。

如果为输入(Input)打开的文件原先不存在，会出现“文件未找到”的错误提示，如果为输出(Output)、追加(Append)或随机(Random)访问方式打开的文件事先不存在，则会新建文件。

(2) 存取类型：放在关键字 Access 之后，用来指定访问文件的类型。是下述类型之一：

① Read:打开只读文件。

② Write:打开只写文件。

③ ReadWrite:打开读写文件。这种类型只对 Random、Binary 或用 Append 方式打开的文件有效。

存取类型指出了在打开的文件中即将进行的操作。如果该文件已由其他程序打开，则不允许指定存取类型，否则产生出错信息。

(3) Lock(锁定)：该子句只在多用户或多进程环境中使用，用来限制其他用户或其他进程对打开的文件进行读写操作。锁定类型包括：

① LockShared:任何机器上的任何进程都可以对该文件进行读写操作；

② LockRead:不允许其他进程读该文件。必须在没有其他 Read 存取类型的进程访问该文件时，才允许这种锁定；

③ LockWrite:不允许其他进程写这个文件。必须在没有其他 Write 存取类型的进程访问该文件时，才允许这种锁定；

④ LockReadWrite:不允许其他进程读写这个文件。

注意：缺省 Lock 子句时，默认为 LockReadwrite 类型。

(4) 文件号：是 1～511 之间的一个整数，可以由用户指定一个当前未被占用的文件号，也可以由 FreeFile 函数自动取得一个空闲的文件号。打开文件后，可以用该文件号进行读写等操作。

用 Output 或 Append 方式打开的文件，必须关闭后，才允许重新打开。而使用 Input、Random 或 Binary 方式打开的文件，则不必关闭文件就可以用不同的文件号同时打开。

(5) 记录长度：是一个整型表达式。用于为随机存取文件设置记录长度。对于使用随机访问方式打开的文件，该值是记录的长度；而对于使用顺序访问方式打开的文件，该值是缓冲字符数，默认值为 512 字节。其值不能超过 32767 字节，缓冲区越大，文件的输入输出操作越快。对于二进制文件，忽略 Len 子句。

Open 语句用法举例：

```
Open "grade.dat" For Output As#1
```

本例采用 Output(覆盖)方式打开文件。如果文件"grade.dat"不存在，那么就新建一个空文件。如果文件"grade.dat"已存在，那么这条 Open 语句执行后，将删除原有文件的全部内容。

```
Open "grade.dat" For Append As#2
```

本例采用 Append(追加)方式打开文件。与 Output(覆盖)方式不同的是，如果文件"grade.dat"已存在，那么这条 Open 语句执行后，原有文件内容被保留，未来写入的数据将被追加到文件末尾。

```
Open "grade.dat" For Input As#3
```

本例采用 Input(读)方式打开文件。如果文件"grade.dat"不存在，会出现“文件未找到”的错误提示(如图 7－1 所示)。

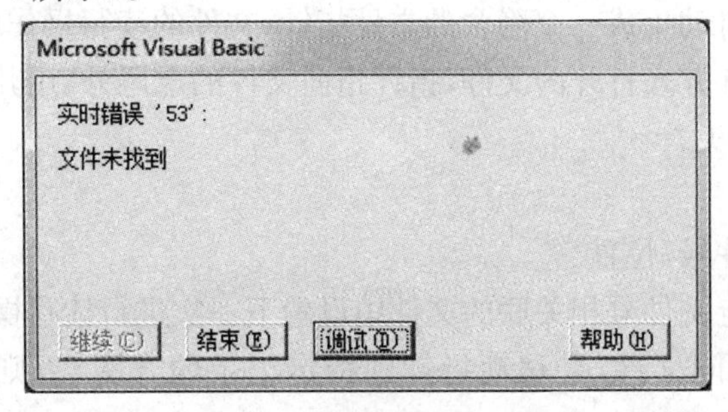

图 7－1 错误提示对话框

上述三个例子中打开的文件都是按顺序方式输入输出的。

Open "d:\xyz.dat" For Random As#4 Len=256

也可以写成:

FileName$ ="d:\xyz.dat"

Open FileName$ For Random As#4 Len=256

按随机方式打开或建立一个文件,读出或写入的记录长度为256字节。省略Len子句时,记录长度为128字节。

Open "abc.dat" For Random Access Read Lock Write As#1

为读取"abc.dat"文件,以随机方式打开它。该文件设置了写锁定,允许其他进程同时读。

注意:如果你编写的Visual Basic程序和它需要用到的文件(比如本例中的"abc.dat")被保存在同一个目录下(比如都在D:\VB下),那么代码中只需给出文件名即可。

2. 文件的读写操作完成后,应及时地将文件关闭,从而结束文件的输入输出操作。

Visual Basic用Close语句关闭文件。

格式:Close[[#]文件号][,[#]文件号]……

功能:关闭一个数据文件有两方面的作用:其一,将文件缓冲区中的所有数据安全地写入到外存上的文件中;其二,释放与该文件相关联的文件号和缓冲区,供其他Open语句使用。

说明:格式中的文件号是Open语句中使用的文件号。如果Close语句中省略文件号,则所有用Open语句打开的活动文件都被关闭。

除了可以用Close语句关闭文件外,当程序结束时,所有打开的数据文件也会自动关闭。

Close语句用法举例:

假设先用下面的语句打开文件:

Open "grade.dat" For Output As#1

则可以用下面的语句关闭文件:

Close#1

打开和关闭文件是为了进行文件的读写操作。接下来要介绍几个在文件的读、写操作中通用的语句和函数。

3. Seek语句和Seek函数

打开文件后,会自动生成一个隐含的文件指针,文件的读写操作就从指针所指的位置开始。除了用Append方式打开的文件,指针指向文件的末尾外,用其他方式打开文件后,指针都指向文件的开头。

(1) Seek语句

格式:Seek[#]文件号,位置

功能:是在与指定文件号相关联的文件中设置下一次进行读写操作的位置,即定位文件指针。对于随机访问文件,是移动指针到指定记录的开头,否则移动到指定的字符位置。

说明："位置"是一个数值表达式，用来指定下一个要读写的位置，取值在1～2147483647范围内。如果Seek语句指定的位置为0或负数时，将产生出错信息"错误的记录号"；超出文件的末尾，且待写入时，文件将会自动扩展。后面介绍的Get语句和Put语句本身就可以定位，所以不会受其影响。

Seek语句用法举例：

```
Private Sub Command1_Click()
    Dim S As String*1,i As Integer
    Open "D:\Exam" For Binary As#1
    For i=0 To 25
        S=Chr(i+65)
        Put#1,,S
    Next i
    Seek#1,24                   '将指针定位到第24个字节处
    Get#1,,S
    Print S
End Sub
```

单击命令按钮后，窗体上显示大写字母X。

(2) Seek函数

格式：Seek(文件号)

功能：用来返回当前文件指针的位置。

说明：其返回值为字节位置(产生下一个操作的位置)或下一个要读或写的记录号。

4. FreeFile函数

格式：FreeFile[(文件号范围)]

功能：用FreeFile函数可以取得一个未使用的文件号。

说明：文件号范围参数为0或缺省时，返回可用文件号在1～255之间；该参数为1时，函数返回的文件号在256～511之间。

请注意，通常在使用FreeFile函数时，会先声明一个变量，调用一次FreeFile函数，将其返回值放到该变量中，在后面和文件相关的语句中需要出现文件号的地方，均用该变量名代替，以保持文件号的一致性。

5. Loc函数

格式：Loc (文件号)

功能：Loc函数返回由Open语句中"文件号"指定文件的当前读写位置，是Long型数据。

说明：对于随机文件，Loc函数返回最近被访问的记录号；对于二进制文件，Loc函数返回最近被访问的字符位置；对于顺序文件，Loc函数返回该文件被打开以来读或写的字节数除以128后的值。

6. Lof函数

格式：Lof(文件号)

功能：Lof函数以长整型返回已经用Open语句打开文件的当前长度，即给文件分配

的字节数。

说明：对于尚未打开的文件，使用 FileLen 函数可获得其长度。

7. Eof 函数

格式：Eof(文件号)

功能：Eof 函数用来测试文件是否结束，当到达以 Random 或顺序 Input 模式打开的文件尾时，返回 Boolean 值 True，否则，返回 Boolean 值 False。

说明：Eof 函数常被用在循环终止条件的表达式中，结构如下：

```
Do While Not Eof(1)
    '文件读写语句
Loop
```

注意：Loc、Lof、Eof 这三个函数的参数均为文件号，请不要加“#”。比如 Loc(1)，不要写成 Loc(#1)。

8. Kill 语句

格式：Kill 文件名

功能：Kill 语句可以删除指定文件。

说明：文件名参数可以包含路径。例如：

```
Kill "D:\Exam\*.bak"
```

将删除 D 盘 Exam 文件夹里所有的备份文件。

注意：Kill 语句在执行时，没有任何提示信息，请谨慎使用。

9. FileCopy 语句

格式：FileCopy 源文件名，目标文件名

功能：FileCopy 语句可以把源文件复制到目标文件，执行后两个文件的内容完全一样。

例如：

```
FileCopy "D:\xyz.dat","E:\admin\Exam.dat"
```

该语句执行后，在 E 盘的 admin 文件夹下，会复制出一个内容与 D 盘根目录下的 xyz.dat 完全一样，名称为 Exam.dat 的文件。

说明：如果目标(Exam.dat)文件原先就存在，将不作提示，直接覆盖。

先用 FileCopy 语句拷贝文件，再用 Kill 语句删除源文件，可以实现文件移动。

注意：该语句中的文件名不能使用通配符(*或?)；复制已打开的文件会产生错误；文件名不包含路径则默认当前目录。

10. Name 语句

格式：Name 原文件名 As 新文件名

功能：Name 语句可以对文件或目录重命名，也可以跨驱动器移动文件。

说明：文件名是字符串表达式，不能使用通配符(*或?)，用来指定文件名和位置，可以包含目录或文件夹、以及驱动器；由新文件名所指定的文件名不能已存在，否则出错；已打开的文件不能被重命名，必须先将其关闭，否则出错；Name 语句不能创建新文件、目录或文件夹。

Name 语句用法示例：

如果新旧文件在相同位置下，Name 语句只执行重命名操作。例如：

Name "a.com" As "b.txt"

可以把当前目录下名为"a.com"的文件改名为"b.txt"。

如果新旧文件的位置不同但名称相同，Name 语句只执行移动操作。例如：

Name "d:\temp\a.com" As "e:\new\a.com "

语句执行后，D 盘 temp 文件夹里的“a.com”被移动到 E 盘的 new 文件夹下。

如果新旧文件的位置和名称均不同，Name 语句同时执行移动和重命名操作。例如：

Name "d:\temp\a.com" As "e:\new\b.txt"

语句执行后，在 E 盘的 new 文件夹下出现由文件“a.com”改名的“b.txt”，而 temp 文件夹里的“a.com”则被删除。

当新文件名和原文件名在同一驱动器中时，Name 语句可用来重新命名已经存在的目录或文件夹。例如：

Name "d:\temp\old" As "d:\temp\new"

语句执行后，在 D 盘的 temp 文件夹下的文件夹 old 被重命名为 new。

7.2　顺序文件

顺序文件中，记录的逻辑顺序和存储顺序是一致的，记录长度可以不同，访问时只能按顺序从第一条记录访问到最后一条记录。

对顺序文件的操作，也要按前节所述的三个步骤进行：

1. 用 Open 语句打开（或建立）文件：

要从顺序文件中读出内容，要用 Input 方式打开，例如：

Open 文件说明 For Input As [#]文件号

要向顺序文件中写入内容，可以用 Output 或 Append 方式打开，例如：

Open 文件说明 For Output As [#]文件号

Open 文件说明 For Append As [#]文件号

2. 读写操作

读取：用 Input#、LineInput#语句或 Input 函数，

写入：用 Print#或 Write#语句；

3. 用 Close 语句关闭。

7.2.1　顺序文件的写操作

顺序文件的写入操作可以由 Print#或 Write#语句来完成。

1. Print#语句

格式：Print#文件号，[[Spc(n)| Tab(n)][表达式][;| ,]]

功能：Print#语句可以把数据写入文件中。而之前学的 Print 方法“写”的对象可以是

窗体、图片框、立即窗口或打印机等。

说明：

Spc(n)：在显示或打印列表中的下一个表达式之前插入 n 个空格。

Tab(n)：在显示或打印列表中的下一个表达式之前移动到第 n 列。如果省略参数 n，则 Tab 将插入点移动到下一个打印区的开始位置。

分号与逗号与 Print 方法用法相同，分别是紧凑格式与标准格式。输出数值数据时，前有符号位后有空格，但如果用紧凑格式输出多个字符串数据时，各项中间没有分隔，可能引起麻烦。比如：

```
Print#1,"1"; "2"; "3"
Print#1,1; 2; 3
```

输出结果为：第一行 123，第二行 1　2　3 。

为避免出现此类问题，可以人为地在各项中间插入逗号。例如：

```
Print#1,"1"; ","; "2"; ","; "3"
```

输出结果为：1，2，3。

如果想用双引号（ASCII 码为 34）分隔各个输出项，可以参考下例：

```
Print#1,Chr(34); "12.34"; Chr(34); Chr(34); "ab,cd"; Chr(34)
```

输出结果为："12.34""ab,cd"

如果省略表达式，则将空行写入文件。例如：

```
Print#1,            '注意末尾的逗号不可以省略
```

执行后，写入一个空行。

例 7-1　编写程序，用 Print#语句向文件写入数据。

```
Private Sub Command1_Click()
    Open "d:\exercise\print.txt" For Output As#12
    Print#12,Spc(6); "《劝学》(节选)"
    Print#12,Tab(12); "荀子"
    Print#12,
    Print#12,"骐骥一跃，不能十步；"
    Print#12,"驽马十驾，功在不舍；"
    Print#12,"锲而舍之，朽木不折；"
    Print#12,"锲而不舍，金石可镂。"
    Close#12
End Sub
```

该事件过程首先在 D 盘的 exercise 文件夹下打开一个名为“print”的文本文件，文件号为 12。由于使用的是 Output 顺序输出方式，所以若文件原先存在，则打开并清空；否则新建。然后用 Print #语句把字符串写入文件，最后用 Close 语句关闭文件。执行结果如图 7-2 所示。

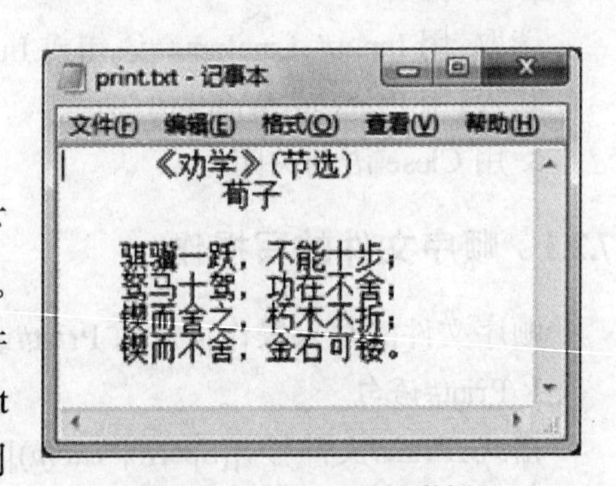

图 7-2　Print#语句举例

注意：Output是覆盖方式写文件，因此在Open语句执行后，文件里的原有内容即被删除。

2. Write#语句

格式：Write#文件号，[表达式表]

功能：Write#也可以把数据写入顺序文件。

说明：文件号指已打开文件的文件号；表达式表中各项以逗号分开，是可选参数。

例如：

```
Write#1,A,B,C,D
```

执行后，将变量A,B,C,D的值依次写入文件号为1的顺序文件中。

Write#和Print#语句的区别在于：

用Write#语句写到文件中的数据将以紧凑格式存放，各数据项之间自动插入逗号分隔；写入到文件中的正数前面不再留有空格；系统会自动地在字符串型数据前后添加双引号、逻辑型和日期型数据前后添加“# ”号作为定界符，且逻辑值“True”和“False”的字母总是大写显示。

例7-2 编写程序，用Write#语句向文件写入数据。

```
Private Sub Command1_Click()
    Open "d:\exercise\Write.txt" For Output As#13
    Write#13,1; -2,"My"
    Write#13,
    Write#13,"ABC"; "DEF",
    Write#13,
    Write#13,12<2*3,Date
    Write#13,
    Close 13
End Sub
```

执行结果如图7-3所示。可以看出，不论Write#语句中的分隔符是逗号还是分号，输出项均以紧凑格式存放，中间插入逗号。

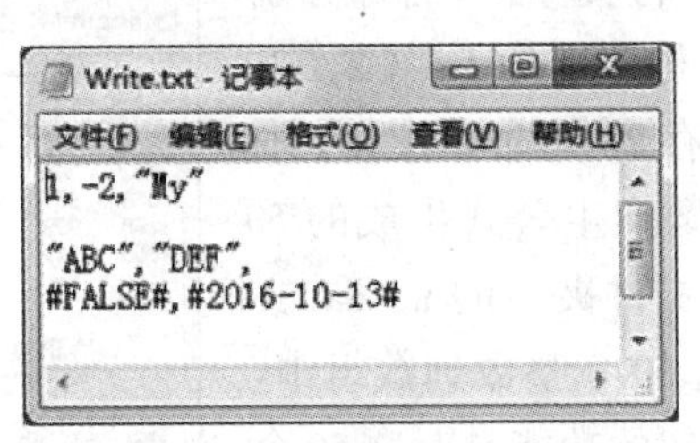

图7-3 Write#语句举例

注意：Write#13,这条语句是否可以实现插入空行的效果，要看前一句Write#语句最后有无逗号或分号。

7.2.2 顺序文件的读操作

顺序文件的读操作可以用 Input#、LineInput#语句或 Input 函数来实现。

1. Input#语句

格式:Input#文件号,变量表

功能:将已打开的顺序文件中的数据读入到相应的变量里。例如:

```
Input#1,A,B,C,D
```

执行后,从文件号为 1 的文件中读出 4 个数据项依次给变量 A,B,C,D 赋值。

说明:格式说明中的变量表可以由一个或多个变量组成,用逗号分隔多个变量。变量可以是字符串型、数值型等简单变量,也可以是数组元素或用户自定义类型变量。文件中各数据项的类型应该与相应的变量类型一致或相容,否则会产生“类型不匹配”的错误。

用 Input#语句把读出的数据赋给变量时将忽略前导空格、回车和换行符,即把遇到的第一个非空格、回车或者换行符作为数据开始,如遇到空格、回车或者换行符则数值数据结束;字符型数据则把遇到的第一个不在双引号内的逗号或回车符作为数据的结束。日期型数据以第一个“# ”字符作为开始,以第二个“# ”字符作为结束。例如:

假如在文件"test.dat"中只有如下一行数据(数据之间以空格间隔),

12　23　56　489

则执行

```
Input#2,A,B,C,St
```

语句后,整型变量 A=12,B=23,C=56,字符串变量 St="489"。

如果使用

```
Input#2,St,A,B,C
```

语句来读这个文件,则会产生“超出文件尾”的错误,原因是整行数据都被作为一个字符串读入字符串变量 St 中,此时文件已结束,而余下的三个变量没有对应的数据可读。

例 7-3　编写程序,对数值数据排序

[题目要求]

先在窗体上摆放两个多行文本框,名称分别为 Text1、Text2,再加三个名称分别为 C1、C2、C3,标题分别为"取数"、"排序"、"存盘"的命令按钮。"取数"按钮的功能是将用随机数产生公式生成的 50 个三位整数写入到 exercise 文件夹下的 in5.dat 文件中,全部写入后,再读出这 50 个整数到数组中,并在 Text1 中显示;"排序"按钮的功能是对这 50 个数按升序排序,并将结果显示在 Text2 中;"存盘"按钮的功能是把排好序的 50 个数存到 exercise 文件夹下的 out5.dat 文件中。如图 7-4 所示。

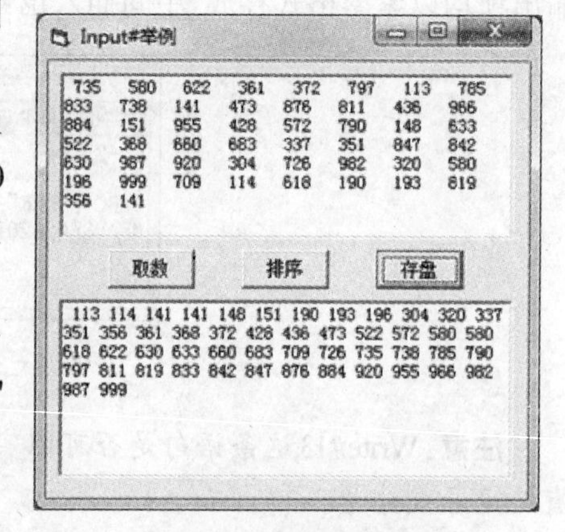

图 7-4　数值数据排序

[算法分析]

排序有很多方法,本题将用"冒泡法"对数值数据进行排序。它的核心思路是:50 个数

排序,需要比较49轮,每一轮比较都从第一个数组元素开始,用相邻两个数组元素进行比较,本题要求升序排列,因此,如果前一个元素大于后一个则需要交换。第一轮要进行49次比较,将最大的数据放到最后一个数组元素中,此时,该元素有序,它将不再参加下一轮的比较,因此,接下来每轮比上一轮都减少一次比较,通过这样的循环,直至最后第49轮只有第一个元素和第二个元素比较一次,排序结束。

需要定义一个窗体模块级的整型数组A,来存放这50个数据;在排序中,使用双重循环,外循环对应轮数,内循环对应每轮比较的次数。比如本题中外循环至第N轮时,内循环需要比较50-N次,每轮比较结束都会把当前范围内最大的数放在最后,从而实现升序排序。

```
Dim a(1 To 50) As Integer,ch$
Private Sub C1_Click()
    Dim k As Integer
    Open "in5.dat" For Output As#1
    For k=1 To 50
        Print#1,900*Rnd+100
    Next k
    Close#1
    Open "in5.dat" For Input As#1
    ch=""
    For k=1 To 50
        Input#1,a(k)
        ch=ch+Str(a(k))+""
    Next k
    Close#1
    Text1.Text=ch
End Sub
Private Sub C2_Click()'"排序"按钮的Click事件过程
    Dim i%,j%,t%
    ch=""
    For i=1 To 49' For i=50 To 2 Step-1
        For j=1 To 50-i'For j=1 To i-1
        If a(j)>a(j+1) Then
            t=a(j+1)
            a(j+1)=a(j)
            a(j)=t
        End If
        Next j
    Next i
    For j=1 To 50
```

```
        ch=ch+Str(a(j))+""
        Next j
        Text2.Text=ch
    End Sub
    Private Sub C3_Click()
    Open "out5.dat" For Output As#1
    Print#1,Text2.Text
    Close#1
    End Sub
```

程序运行后，先单击"取数"按钮，将生成的 50 个三位随机整数全部用 Print#语句写入到打开的"in5.dat"文件中，关闭文件，释放文件号 1，重新用文件号 1 打开该文件，从中用 Input#语句读出这 50 个数存入数组 A 中并显示在 Text1 中，再次关闭 1 号文件；再单击"排序"按钮，使用冒泡法将数组中的数据升序排列，将排序后的结果显示在 Text2 中；最后单击"存盘"按钮，以覆盖方式打开名为"out5.dat"的文件，将已排序的 50 个数据存入，再关闭文件。

注意：“排序”按钮中双重循环的两条注释需要同时替换原来的语句，效果一样。

2. LineInput#语句

格式：LineInput#文件号，字符串变量

功能：从一个打开的顺序文件中读出完整的一行数据（遇到回车符为止）赋值给一个字符串变量。

说明：格式中的字符串变量可以是一个字符串类型的简单变量或数组元素，用来接收从文件中读出的字符行。Input#语句和 LineInput#语句都可用于随机文件，只是前者按数据项读，后者则按行读取。

例 7-4　编写程序，用 LineInput#语句从顺序文件读出数据。

```
Private Sub Form_Click()
    Dim s As String,k As Integer
    Text1=""
    Open "lineinput.txt" For Input As#2
    Do While Not EOF(2)         '读取文件直到文件结束
        Line Input#2,s          '读取一行，存放在变量 s 中
        Text1=Text1+s+vbCrLf
    Loop
    Close#2
End Sub
```

运行程序，单击窗体后，先清空文本框，再用文件号 2 以读模式打开文本文件"lineinput"，在 Do 循环中用 Line Input#语句每次读一行内容到字符串变量 S 中，随即将其拼接到 Text1 里，再加上一个回车换行符，直到文件结束为止，最后关闭文件。程序执行结果，如图 7-5 所示。

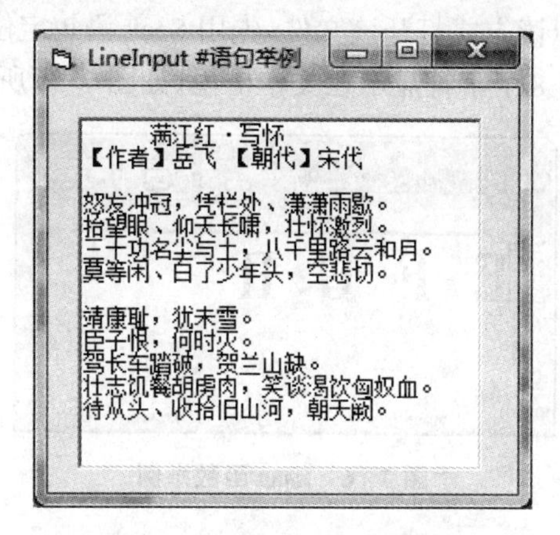

图 7-5　LineInput#语句举例

注意：文本框 Text1 的 MultiLine 属性应设置为“True”。

3. Input 函数

格式：Input $　(n,[#]文件号)

功能：以字符串形式返回从某个以 Input 或 Binary 方式打开的文件中读出的 n 个字符。

说明：其中 n 是任意合法的数值表达式，指明一次从文件中读出字符的个数。如果 n 的值超过文件长度，将产生“超出文件尾”的错误。与 Input#语句不同，Input 函数可以读出前导空格、逗号、双引号以及回车换行符。例如：

```
str=Input(10,#15)
```

从文件号为 15 的文件中读取 10 个字符，并把它赋给变量 str。

下面是用 Input 函数从文件中读数据的示例程序：

```
Private Sub Form_Click()
    Dim S As String,i As Integer
    Open "Examp1.txt" For Output As#1
    For i=1 To 14
        S=Chr(i+64)
        Print#1,S; " ";
        '注意双引号里有一个空格
    Next i
    Close 1

    Open "Examp1.txt" For Input As#2
    Seek#2,9
    Text1.Text=Input(8,#2)
    Close 2
End Sub
```

本例利用 For 循环将从“A”到“N”这 14 个大写字母（以空格间隔）写到文本文件

"Examp1"中，关闭后重新以读方式打开该文件，先用 Seek 语句定位文件指针到第 9 个字符位置，再用 Input 函数读出 8 个字符显示在文本框里（如图 7-6 所示）。

图 7-6 Input 函数举例

例 7-5 编写程序，用 Input 函数复制文件，并在原文件中查找指定的字符串。

```
Option Explicit
Private Sub Form_Click()
    Dim S As String,X As String
    Open "Examp1.txt" For Input As#2
    Open "Examp2.txt" For Output As#3
    S=Input(LOF(2),#2)
    Print#3,S
    X=Input Box("请输入要查找的字符串:")
    If In Str(1,S,X)=0 Then
        Print "不存在"
    Else
        Print "找到了"
    EndIf
    Close#2,#3
End Sub
```

假定上例中的"Examp1.txt"文件已经存在并关闭，可以用文件号 2 以 Input 方式打开它，用文件号 3 以 Output 方式打开"Examp2.txt"（计划创建的备份文件名）文件，利用 LOF 函数求出的 2 号文件的长度，结合 Input 函数读出原文件的全部内容到字符串变量 S 中，再用 Print#语句将 S 中的内容写到备份文件"Examp2.txt"中，完成复制。为了查找用 InputBox 函数输入的待查字符 X，可以使用 InStr 函数在字符串变量 S 中，从第一个位置起，查找所需要的字符串 X。InStr 函数的返回值若为 0，则说明没有找到，否则在窗体上输出“找到了”字样。

注意：本题使用了 Lof 函数，它返回的是文件的字节数，汉字的编码是两个字节，而 Input 函数则是把一个汉字作为一个字符处理的，因此，用上述方法去处理含有汉字或其他非标准 ASCII 码字符的文件，会出现“超出文件尾”的错误。

7.3 随机文件

随机文件可以看成是由等长记录集合组成的文件。对随机文件的操作实际上是对文件中的记录进行操作。文件中每条记录都有自己的记录号并且记录长度相等,按指定的记录号访问文件时,可以通过公式“(n-1)* 记录长度”计算出 n 号记录与文件首记录的相对地址,从而直接快速地访问任意一条记录。

对随机文件的操作,也要按前节所述的三个步骤进行:

1. 用 Open 语句打开(或建立)文件:

格式:Open 文件说明[For Random]As [#]文件号 Len=记录长度

功能:用 Random 方式打开随机文件,既可以从中读出内容,又可以向其写入内容。

说明:For Random 表示以随机方式打开文件,该子句可以省略;打开文件后,可以同时进行读写操作,不必像顺序文件那样打开后只能读或只能写;在 Open 语句中要指明记录的长度,记录长度的默认值为 128 个字节。

2. 读写操作

读取:用 Get#语句,

写入:用 Put#语句;

3. 用 Close 语句关闭。

7.3.1 变量声明

随机文件通常把需要读写的记录中的各字段放在一个记录类型中,需要用户事先定义变量。

一条记录可以由多个不同类型和长度的数据项组成,变量要定义成随机文件中一条记录的类型,需要采用用户自定义类型说明语句,先定义记录的类型结构,再将变量声明成该类型,从而使变量获得相应的内存空间用于存放记录。

记录类型用 Type ...End Type 语句定义,该语句通常放在标准模块中,如果在窗体模块中定义,则必须在关键字 Type 前加上 Private。例如:

```
Private Type Student
    Name As String*8
    Id As Integer
    grade As Single
End Type
```

再使用 Dim w As Student 语句声明变量 w 是该记录类型,接下来就可以用

Print w.Id

语句在窗体上输出该记录 Id 字段的值。

注意:在记录类型中不能使用动态数组。

7.3.2 随机文件的打开

由于随机文件的记录长度是固定的,因此在打开文件时要用 Len 子句指定记录的长度,否则以 128 计算,刚才定义的 Student 类型变量 w 的记录长度为 8+2+4=14 个字节,可以使用如下语句打开文件:

```
Open "Stuinfo.dat" For Random As#1 Len=14
```

当记录中的字段较多时,手工计算记录的长度很不方便,容易出错。建议通过 Len 函数自动获取,因为记录的长度也就是记录类型变量的长度。上述语句可改为:

```
Open "Stuinfo.dat" For Random As#1 Len=Len(w)
```

注意:区分两个 Len,前者是 Open 语句的子句,后者则是一个函数。

7.3.3 随机文件的写操作

Put#语句

格式:Put[#]文件号,[记录号],变量

功能:把除对象变量和数组变量外的任何变量(包括含有单个数组元素的下标变量)的内容写入由"文件号"指定的随机文件中由记录号指定的记录位置,覆盖原记录内容。例如:

```
Put#1,,w
```

说明:格式中的记录号是待写入的记录编号,缺省时写入下一条记录的位置(可以是最近执行 Put 或 Get 语句后,也可以是由最近的 Seek 语句所指定的位置)。

注意:省略记录号时,其后的逗号分隔符不可省略;

当实际写入数据的长度小于 Len 子句中所指定的长度时,Put#语句会以记录长度为边界写入随后的记录,中间的空缺会用文件缓冲区中的内容填充,由于填充的长度无法确定,建议最好使记录长度与写入数据的长度相匹配;

由于写入变长字符串变量或数值型变体变量时,Put#语句会额外增加 2 个字节的描述信息,而写入变长字符串的变体变量时,Put#语句会额外增加 4 个字节的标记信息,因此,Len 子句所指定的记录长度需要比实际长度多 2 个或 4 个字节;

当写入的变量不是变长字符串或变体型变量时,Put#语句只写入变量的内容,Len 子句所指定的记录长度应大于或等于实际长度。

7.3.4 随机文件的读操作

Get#语句

格式:Get[#]文件号,[记录号],变量

功能:读随机文件,执行与 put 相反的操作。例如:

```
Get#1,,w
```

Get#语句的其他说明,均与 Put#语句类似,不再重复。

下面通过一个例子说明随机文件的读写操作。

例 7-6 编写程序,向一个已有三条记录的随机存取的通信录文件中追加两条记录

后，再读出全部数据显示到窗体上。

窗体上有两个名称分别为Command1和Command2，标题分别为"写文件"和"读文件"的命令按钮。其中"写文件"命令按钮事件过程负责接收从键盘上输入的记录中各个字段的值，再以随机存取方式将记录写入通信录文件t5.txt中；而"读文件"命令按钮事件过程用来读出文件t5.txt中的每个记录，并在窗体上显示出来。

按以下步骤操作：

1. 定义数据类型

通信录中的每个记录由3个字段组成，结构如下：

姓名(Name)	电话(Tel)	邮政编码(Pos)
ZhuXiaoJia	(0516)83500123	221006
……		

各字段的类型和长度为：

姓名(Name):	字符串	16
电话(Tel):	字符串	14
邮政编码(Pos)	长整型(Long)	

根据上述字段长度和数据类型，定义记录类型。执行“工程”菜单中“添加模块”命令，建立标准模块，在其中定义如下记录类型：

```
Type Tele
    Name As String*16
    Tel As String*14
    Pos As Long
End Type
```

定义了上述记录类型后，可以在窗体模块的通用声明处定义该类型的变量：

```
Dim Pers As Tele
```

2. 打开文件并指定记录长度

因为记录的长度也就是记录类型变量Pers的长度。所以Open语句可以这样写：

```
Open "t5.txt" For Random As#1 Len=Len(Pers)
RecNum=LOF(1)/Len(Pers)
```

变量RecNum中是用1号文件的长度除以每条记录的长度得到的当前文件里记录的数目。

3. 从键盘上输入记录中的各个字段，对文件进行读写操作

打开文件后，就可以输入数据，把记录写入文件，可以通过如下语句实现：

```
Pers.Name=InputBox("请输入姓名")
Pers.Tel=InputBox("请输入电话")
Pers.Pos=InputBox("请输入邮政编码")
RecNum=RecNum+1
Put#1,RecNum,Pers
```

上述代码可以向文件中写入一条记录，将其放入循环中，可以把多条记录写入文件，

不必关闭文件就可以用 Get#语句读出记录，例如：

Get#1,,Pers

4. 关闭文件

Close 1

以上是建立和读取随机文件的一般步骤，具体编程时，要设计好文件结构。

下面给出完整的程序。

在标准模块中定义如下记录类型：

```
Type Tele
    Name As String*16
    Tel As String*14
    Pos As Long
End Type
```

在窗体模块的通用声明处定义记录类型变量和其他变量：

```
Dim Pers As Tele
Dim Rec Num As Integer
```

编写如下代码段，执行数据输入及写文件的操作：

```
Private Sub Command1_Click()
    Open "t5.txt" For Random As#1 Len=Len(Pers)
    RecNum=LOF(1)/Len(Pers)
    Do
        Pers.Name=InputBox("请输入姓名")
        Pers.Tel=InputBox("请输入电话")
        Pers.Pos=InputBox("请输入邮政编码")
        RecNum=RecNum+1
        Put#1,RecNum,Pers
        asp=InputBox("More(Y/N)?")
    Loop While UCase(asp)="Y"
    Close 1
End Sub
```

编写如下事件过程，从随机文件中从头到尾读出全部数据，并显示在窗体上，最后将文件关闭。

```
Private Sub Command2_Click()
    Open "t5.txt" For Random As#1 Len=Len(Pers)
    RecNum=LOF(1)/Len(Pers)
    Cls
    For I=1 To RecNum
        Get#1,I,Pers
        Print Pers.Name; Pers.Tel; Pers.Pos
    Next I
```

```
    Close 1
End Sub
```

程序执行情况如下：

在运行程序前，文件 t5.txt 中已有三条记录，如单击"读文件"命令按钮，窗体上显示的结果如图 7－7 所示。

图 7－7　文件 t5.txt 原有内容

程序运行后，如果单击"写文件"命令按钮，则可以随机存取方式打开文件 t5.txt，并根据提示向文件中添加记录，每写入一个记录后，都要询问是否再输入新记录，回答"Y"(或"y")则输入新记录，回答"N"(或"n")则停止输入。通过消息框（如图 7－8 所示）将如下两条记录内容写入文件中(全部采用西文方式)：

WuMinHao　　(0516)83500366260798

LiYuTong　　(0523)75389450651432

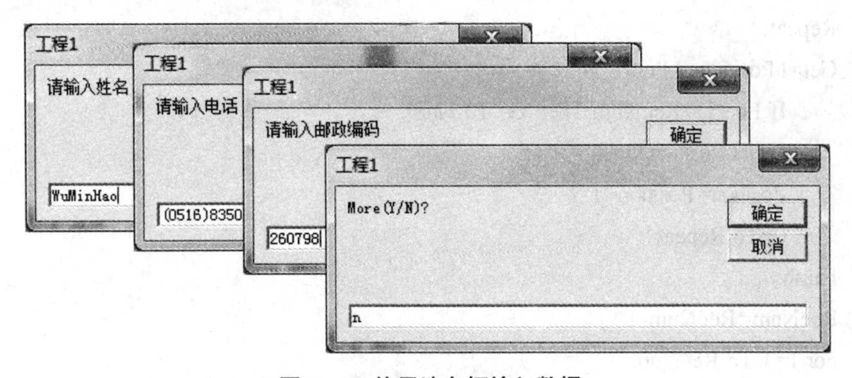

图 7－8　使用消息框输入数据

如果再单击"读文件"命令按钮，则可以随机存取方式打开文件 t5.txt，读出文件中的全部记录(共 5 个)，并在窗体上显示出来，如图 7－9 所示，程序结束。

图 7－9　文件 t5.txt 全部内容

7.3.5 增加、删除随机文件中的记录

1. 增加记录

在随机文件的尾部附加记录，需要先找到文件当前最后一个记录的记录号，然后把新记录写入其后。上例中的“写文件”命令按钮的事件过程就实现了这一功能，这里不再重复。

2. 删除记录

在随机文件中删除记录比追加记录要复杂一些，它需要把下一条记录重写到要删除记录的位置上，且其后的所有记录依次前移。例如，上例中建立的文件里最后总计有 5 条记录，假设要删除第 2 条记录，其方法是：先将第 3 条记录写到第 2 条记录上，再将第 4 条记录写到第 3 条记录上，最后将第 5 条记录写到第 4 条记录上。但是，此时文件中仍有 5 条记录，且其最后两条记录重复，即最后一条记录是多余的。解决方法是：将记录个数减 1，由 5 条记录变为 4 条，这样，当再向文件中增加记录时，将会覆盖多余的记录。

假设在上例中添加一个命令按钮 Command3，名称为“删记录”，则删除记录的代码可以这样写：

```
Private Sub Command3_Click()
    Open "t5.txt" For Random As#1 Len=Len(Pers)
    Rec Num=LOF(1)/Len(Pers)
    Position=InputBox("请输入待删记录号")
    Repeat:
    Get#1,Position+1,Pers
        If Loc(1)>RecNum Then Go To Finish
        Put#1,Position,Pers
        Position=Position+1
        GoTo Repeat
    Finish:
    RecNum=RecNum-1
    For I=1 To RecNum
        Get#1,I,Pers
        Print Pers.Name; Pers.Tel; Pers.Pos
    Next I
    Close 1
End Sub
```

运行程序，单击“删记录”命令按钮，输入待删记录号 2，再单击“读文件”按钮，结果如图 7-10 所示。

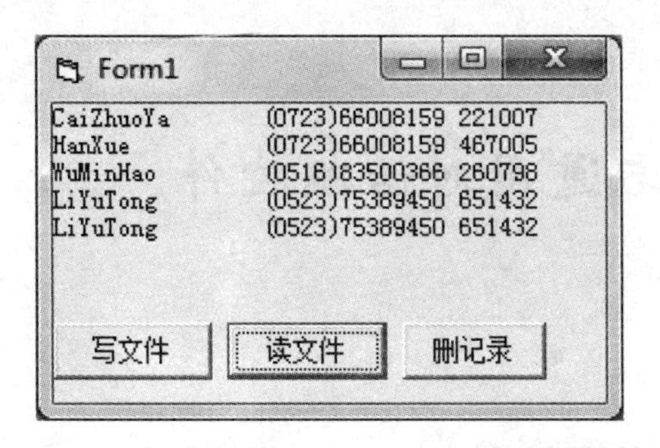

图 7－10(a)　删除第二条记录后文件实际内容

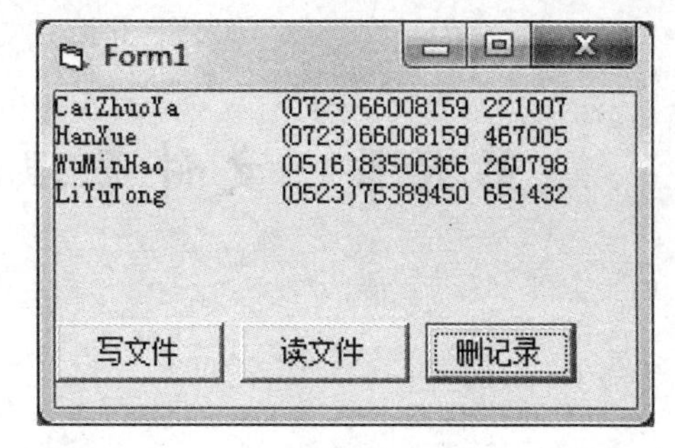

图 7－10(b)　记录号减 1 后，显示文件内容

7.4　二进制文件

任意类型的文件都可以以二进制访问方式打开。二进制访问方式与随机存取方式一样使用 Get#语句读数据、put#语句写数据。不同之处在于：二进制访问方式可以定位到文件中任一字节位置，而随机存取要定位到记录的边界上。对于用二进制方式访问的文件，除了可以用 Eof 函数判断文件是否结束外，还可以结合使用 Lof(计算文件长度)和 Loc(返回文件指针的当前位置)函数来判断。即当这两个函数的返回值相等时，文件结束。

1. 利用文件操作语句，在 D 盘根目录上建立文件“myvb.dat”，内容为：

　　1，2，“aa”

　　3，4

2. 再利用文件操作语句，将上题中新建的 D 盘上的文件“myvb.dat”的内容读出，显示在窗体上。

3. 在窗体上画个文本框，名称为 Text1，然后编写程序实现下述功能：

在 C 盘根目录下建立个名为 dat.txt 的文件，在文本框中输入字符，每次按回车键(回车符的 ASCII 码是 13)都把当前文本框中的内容写入文件 dat.txt 中，并清空文本框中的内容；如果输入“END”，则结束程序。

【微信扫码】
在线练习&参考答案

第 8 章　文件管理与通用对话框控件

8.1　文件管理控件

Visual Basic 提供了三种常用的文件管理控件：驱动器列表框（DriveListBox）、目录列表框（DirListBox）和文件列表框（FileListBox）。用户通常同时使用它们进行文件操作。文件管理控件在工具箱中的图标如图 8－1 所示。和前面学过的控件比较，文件管理控件除了具有像 Enabled、Visible、FontName、FontSize、FontBold、FontItalic、Height、Width、Top 和 Left 这样的标准属性之外，还有一些特别的属性需要重点掌握。

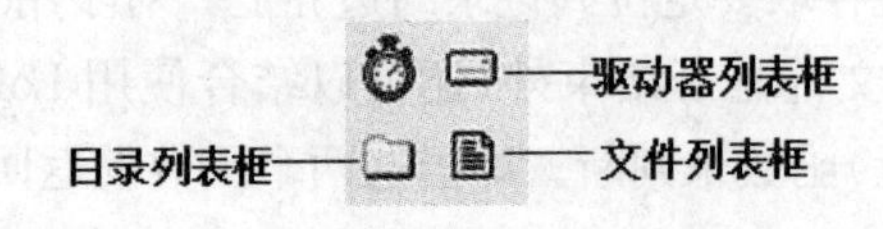

图 8－1

8.1.1　驱动器列表框

Visual Basic 提供的驱动器列表框控件是一个下拉式列表框，该控件用来显示和选择用户系统中的全部驱动器名称。在默认时显示计算机系统中的当前驱动器（图 8－2）。当该控件具有焦点时，用户可以输入任何有效的驱动器名，或者单击驱动器列表框右侧的箭头，则把该系统中所有有效驱动器的名称下拉显示出来，若用户从中选定某个驱动器名，则它将出现在驱动器列表框的顶端。

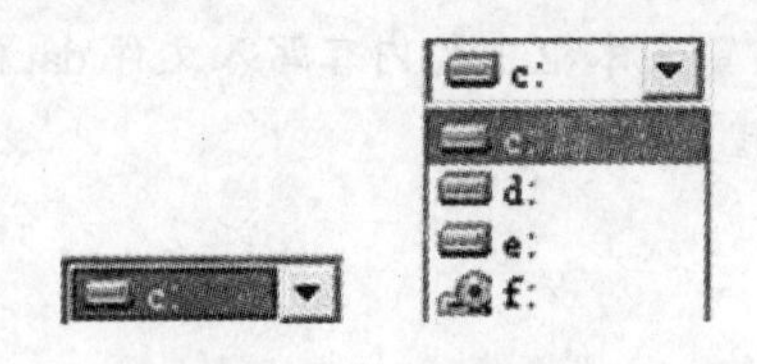

图 8－2　驱动器列表框

1. 属性

(1) Name 属性

缺省时，驱动器列表框控件的 Name 属性值为“Drive1”，程序员通常采用“Drv”作为驱动器列表框控件名的前缀。

(2) Drive 属性

驱动器列表框控件最重要且常用的属性是 Drive 属性，用于返回或设置在驱动器列表框顶端的驱动器名，默认值为当前驱动器。Drive 属性不能在设计时通过属性窗口静态设置，只能在程序代码中设置，或者在运行时用鼠标选择修改。其格式为：

驱动器列表框名称. Drive[= 驱动器名]

例如：Drive1.Drive="D:\"

注意：修改驱动器列表框控件 Drive 属性的值并不能使计算机系统自动地变更当前的工作驱动器，必须通过 ChDrive 语句实现，其用法如下：

ChDrive Drive1.Drive

该语句不会改变 Drive 属性的值，不会触发 Change 事件，也不会改变驱动器列表框顶端显示的驱动器名，只是改变当前的工作驱动器，即指定对文件进行存取操作时的缺省驱动器。

2. 事件

Change 事件是驱动器列表框控件最常用的事件。每次重新设置驱动器列表框控件的 Drive 属性时，都将触发 Change 事件。通常在该事件中使用 Drive 属性来更新目录列表框中显示的目录，以保证总是显示当前驱动器下的目录。

8.1.2　目录列表框

目录列表框用来显示用户系统当前驱动器上的目录结构，并突出显示当前目录。建立初始，目录列表框的当前目录为 Visual Basic 的安装目录(如图 8-3 所示)。程序运行后，双击顶层目录(此处是"d:\")，即显示其下的子目录名，单击某个子目录时，该项即被突出显示，双击某个子目录时，则将该项目录的路径赋给 Path 属性，此目录项就变为当前目录，目录列表框中的显示内容也随之发生改变。

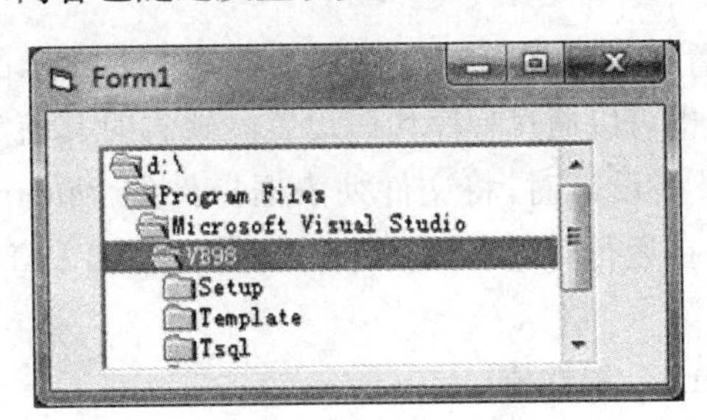

图 8-3　目录列表框(设计阶段)

1. 属性

(1) Name 属性

缺省时，目录列表框控件的 Name 属性值为"Dir1"，程序员通常采用"Dir"作为目录列表框控件名的前缀。

(2) Path 属性

Path 属性是目录列表框和文件列表框控件最常用的属性，用于设置或返回当前驱动器的路径，默认值为当前路径。Path 属性在设计时不可用。其格式为：

目录列表框| 文件列表框. Path [= "路径"]

如省略“= 路径”，则显示当前路径。例如：

Print Dir1.Path

该语句会将当前路径显示到窗体上。而

Dir1.Path= "c:\Program Files"

将重设路径，执行该语句后，目录列表框被重绘显示 c 盘上 Program Files 目录下的目录结构。

2. 事件

当用户双击目录列表框中的目录项或者使用赋值语句在代码中改变该控件的 Path 属性值时，都会触发目录列表框控件的 Change 事件。

8.1.3 文件列表框

文件列表框是驱动器—目录—文件链中最后一个环节。用驱动器列表框和目录列表框可以指定当前驱动器和当前目录，文件列表框则用来显示当前目录下即文件列表框 Path 属性所指定目录中的文件列表。

1. 属性

(1) Name 属性

缺省时，文件列表框控件的 Name 属性值为“File1”，程序员通常采用“File”作为文件列表框控件名的前缀。

(2) Path 属性

Path 属性用于设置或返回当前目录的路径，其格式和用法与目录列表框的 Path 属性相似。只是当文件列表框的 Path 属性改变时，会触发 PathChange 事件。

(3) Pattern 属性

Pattern 属性用来设置在程序运行时文件列表框中需要显示的文件类型。该属性既可以在属性窗口中修改，也可以通过程序代码设置。缺省时其值为*.*，即显示所有文件(如图 8-4 所示)。如果在设计时，将文件列表框控件的 Pattern 属性值在属性窗口中由*.* 修改为*.EXE，那么在运行时，文件列表框中只能显示出 EXE 类型的文件(如图 8-5 所示)。其代码格式为：

文件列表框名. Pattern[= 属性值]

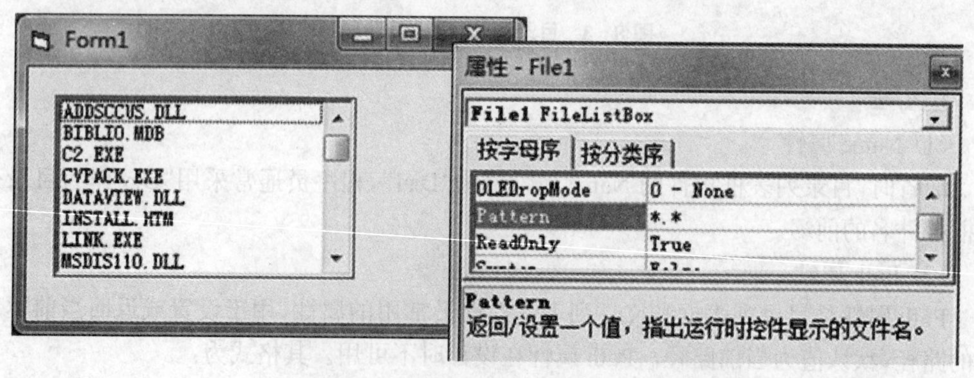

图 8-4 文件列表框的 Pattern 属性(缺省值)

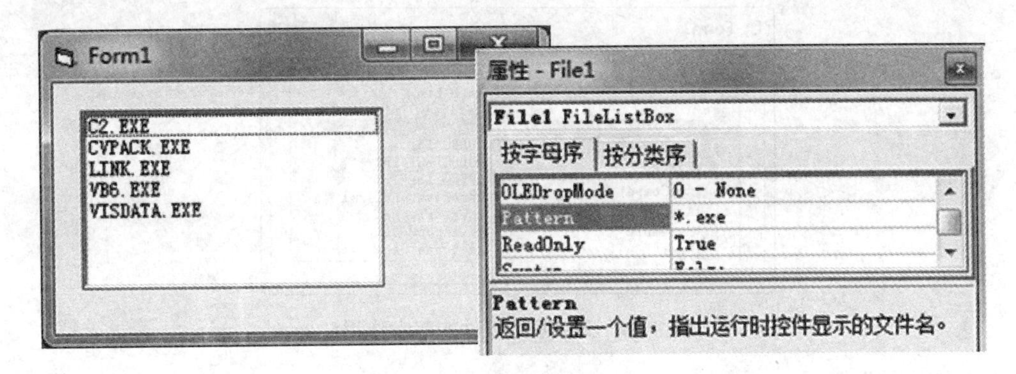

图 8-5　文件列表框的 Pattern 属性(修改后)

例如，执行 Print File1.Pattern 语句后，窗体上会输出此时文件列表框 File1 的 Pattern 属性值。如果执行 File1.Pattern="*.txt"语句，则运行时，文件列表框中只能显示出扩展名为“.txt”类型的文件。如果想同时显示多种指定类型的文件，文件扩展名之间用分号分隔。比如想要只显示所有文本文件和 Word 文档文件，可以将文件列表框的 Pattern 值设置为"*.txt;*.docx"。

(4) Filename 属性

Filename 属性用来设置或返回在文件列表框中选中的某个文件名，此“文件名”中可以有通配符，可以带有路径，因此可以用来设置 Drive、Path 或 Pattern 属性。

(5) List、ListCount 和 ListIndex 属性

这三个属性的功能和用法请参见列表框控件的介绍。应用举例：

```
For i=0 To File1.ListCount-1
    Print File1.List(i)
Next i
```

该例用 List 属性来输出文件列表框中的所有文件名，其中 File1.ListCount 指的是文件列表框中的文件总数，而 File1.List(i)指的是每一个文件名。

2. 事件

在文件列表框中单击，会选中所单击的文件，改变 ListIndex 属性值，并将 FileName 属性的值设为所单击的文件名字符串。例如，单击文件列表框，会在弹出的消息框中显示所选文件名：

```
Private Sub File1_Click()
    MsgBox File1.FileName
End Sub
```

8.1.4　组合使用文件管理控件

前面章节所介绍的驱动器列表框、目录列表框和文件列表框三个文件管理控件，通常被用户同时使用进行文件操作。三者的同步，需要解决两件事：其一，要使驱动器列表框中当前驱动器的变动触发目录列表框中的当前目录与之联动；其二，当目录列表框中的当前目录发生改变时，文件列表框的目录也随之改变。

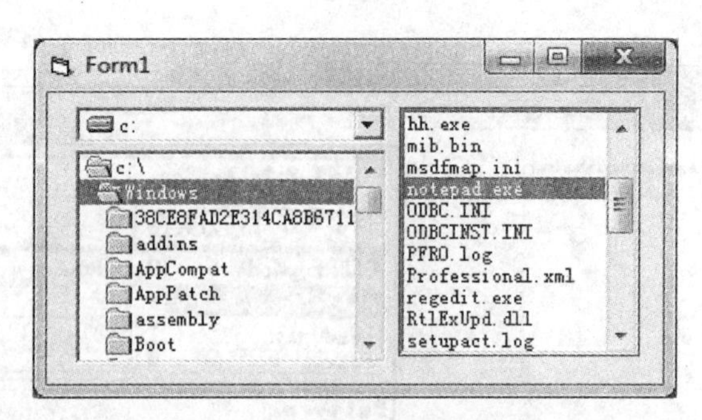

图 8-6 文件系统控件的组合作用

每次重新设置驱动器列表框控件的 Drive 属性时，都将触发它的 Change 事件。在该事件中使用 Drive 属性来更新目录列表框中显示的目录，使目录列表框总是显示当前驱动器下的目录。代码如下：

```
Private Sub Drive1_Change()
    Dir1.Path=Drive1.Drive              '实现驱动器列表框与目录列表框的同步
End Sub
```

类似地，改变目录列表框的 Path 属性值时，会触发该控件的 Change 事件。在该事件中使用 Path 属性来更新文件列表框中显示的目录，使文件列表框总是显示当前目录下的文件。代码如下。从而实现上述三种列表框控件的同步（效果如图 8-6 所示）。

```
Private Sub Dir1_Change()
    File1.Path=Dir1.Path             '实现目录列表框与文件列表框的同步
End Sub
```

例 8-1 简易图片浏览器。设计一个程序，运行后，文件列表框只显示当前文件夹中的所有扩展名为 jpg 的文件；双击文件列表框中某个图片文件名时，能在图像框中显示出该张图片，并将该图片文件的信息（包括路径及文件名）显示到标签中；单击“下一张”命令按钮可以选中并显示上次选中文件的下一个图片文件（如果文件列表框中没有被选中的图片文件或上次选中的是最后一个文件名，则从第 1 个图片文件开始显示）。设计及运行时窗体如图 8-7 所示。假设所需要的图片文件和当前程序在同一个文件夹中。

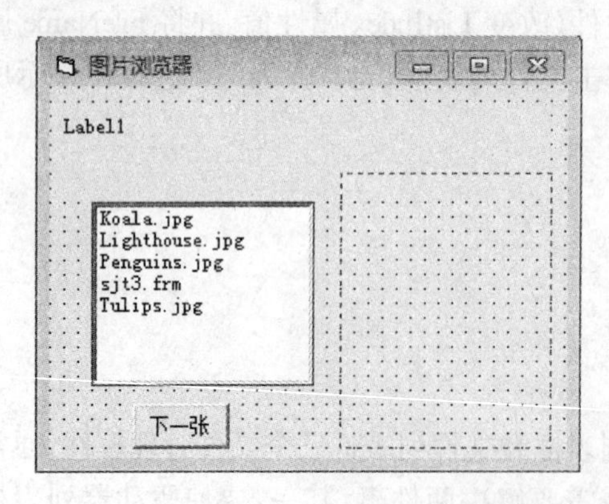

图 8-7 简易图片浏览器

```
Private Sub Form_Load()
```

```
    File1.Pattern="*.jpg"
End Sub
Private Sub Command1_Click()
    If File1.ListIndex=File1.ListCount-1 Then
        File1.ListIndex=0
    Else
        File1.ListIndex=File1.ListIndex+1
    End If
    Call File1_DblClick
End Sub
Private Sub File1_DblClick()
    Label1.Caption=File1.Path+"\"+File1.FileName
    Image1.Picture=Load Picture(Label1.Caption)
End Sub
```

首先执行 Form_Load()事件过程，将文件列表框的 Pattern 属性值改为*.jpg，那么在运行时，文件列表框中只能显示出 jpg 类型的文件；在文件列表框的双击事件中，给标签的标题属性赋值为文件列表框的当前路径拼接上被双击文件的文件名，中间用"\"隔开，再使用 LoadPicture 函数按照标签中所显示的路径给图像框控件加载图像；如果用户单击了标题为“下一张”的命令按钮，那么在调用 File1_DblClick 事件过程之前，要先设置文件列表框的 ListIndex 属性值增 1，来选中上次选中文件的下一个图片文件(要考虑到两种特殊情况：其一，在单击命令按钮之前，用户并未选中文件列表框中的任何一个图片文件，则此时 ListIndex 的值为-1，直接执行 File1.ListIndex=File1.ListIndex+1 将其变成 0，实现从第 1 个图片文件开始显示的目的；其二，在单击命令按钮之前，用户已选中文件列表框中的最后一个图片文件，则此时 ListIndex 属性的值为 File1.ListCount-1，想要从第 1 个图片文件开始显示，可以直接将 ListIndex 属性的值设置为 0。)。

注意：需要事先将所使用的图片文件和当前程序保存在同一个文件夹中。

8.1.5 执行文件

文件列表框也可以接收 DblClick 事件，在上述代码的基础上，只要再添加如下事件过程：

```
Private Sub File1_DblClick()
    x=Shell(File1.FileName,1)
End Sub
```

那么，在程序执行时，只需在文件列表框中双击某个可执行文件名，比如上图中选择的 notepad.exe，就可以执行该文件(如图 8－8 所示)，这主要依靠 Visual Basic 提供的内部函数 Shell。

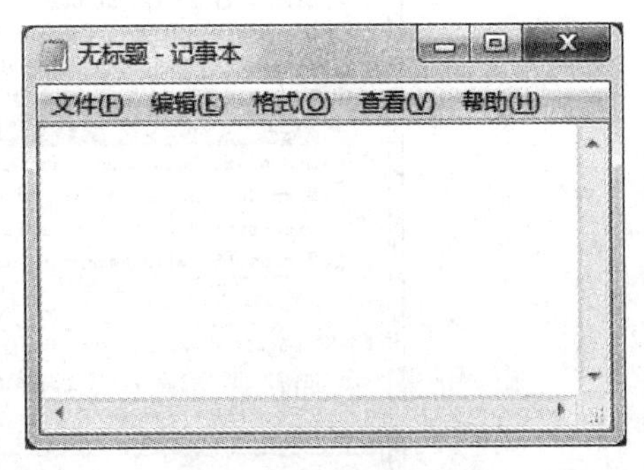

图 8－8　执行文件举例

8.2 通用对话框

对话框(DialogBox)是应用程序与用户进行交互的主要途径。Visual Basic 中的对话框分为三种类型：

即预定义对话框、用户自定义对话框和系统提供的通用对话框。例如：我们学过的 InputBox 函数建立的输入框和 MsgBox 函数建立的消息框就属于预定义对话框；用户自己建立对话框可以这样做：建立一个窗体，在窗体上根据需要放置控件，通过设置控件属性值来定义窗体的外观。因为对话框没有控制菜单框(标题栏左侧)和最大化、最小化按钮，不能改变其大小，所以应设置窗体的 ControlBox 为 False、MaxButton 为 False、MinButton 为 False；通用对话框是一种控件，用它可以设计较为复杂的对话框。在这一节中，将介绍最后一种对话框，即通用对话框。

8.2.1 概述

虽然用户可以自己根据需要使用标准控件来定制对话框，但这样做效率不高。为了提高程序开发的效率，Visual Basic 提供了多种 ActiveX 控件供开发人员使用，通用对话框控件就是其中之一，这类控件平时并不在标准控件工具箱里，使用前才被添加进去。随后就可以像工具箱中的其他标准控件一样使用。

添加通用对话框控件到工具箱中的步骤如下：

单击“工程”菜单的“部件”命令或右击工具箱，在快捷菜单中选择“部件”命令，系统弹出“部件”对话框；在“控件”选项卡中勾选“Microsoft Common Dialog Control 6.0”（如图8－9所示）；单击“确定”按钮。

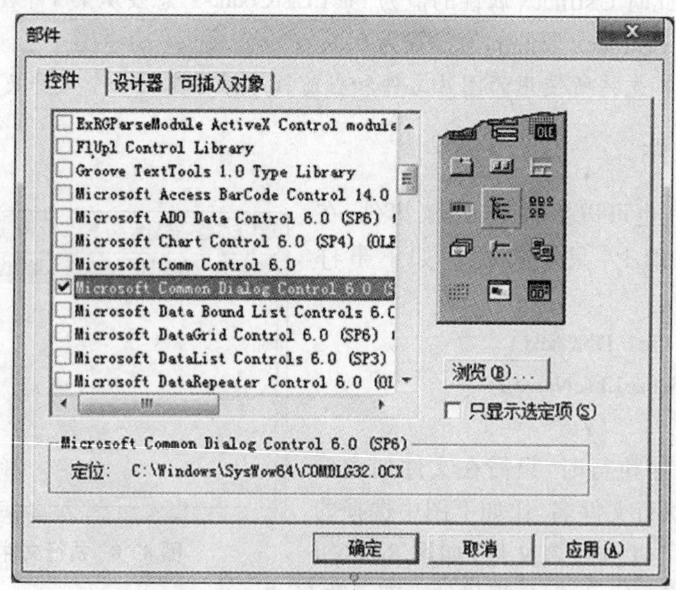

图 8－9 添加通用对话框控件到控件工具箱

通用对话框(CommonDialog)控件,可以在窗体上创建六种标准对话框:打开(Open)、另存为(Save)、颜色(Color)、字体(Font)、打印机(Printer)、帮助(Help)。

和时钟控件一样,通用对话框控件也不能改变大小,在设计时它以图标的形式显示在窗体上,运行时被隐藏,只有调用该控件的 Show 方法或修改 Action 属性后才能打开指定的对话框。表 8-1 中列出了调用各类对话框所需要的 Action 属性值和方法名。例如:

CommonDialog1.Action= 1

或 CommonDialog1.ShowOpen

就指定了名称为 CommonDialog1 的通用对话框为“打开文件”类型。

表 8-1　六种类型对话框的调用方法

对话框类型	Action 属性值	方法
打开文件	1	ShowOpen
保存文件	2	ShowSave
选择颜色	3	ShowColor
选择字体	4	ShowFont
打印	5	ShowPrinter
调用 Help 文件	6	ShowHelp

8.2.2　文件对话框

Visual Basic 中除了可以用上节所介绍的文件控件来建立选择文件的对话框外,还可以使用通用对话框控件所提供的文件对话框查看目录结构或对文件进行选择。

通用对话框控件中文件对话框分为两种:它们是打开(Open)文件对话框和保存(Save As)文件对话框(如图 8-10 所示)。下列是它们共有的属性:

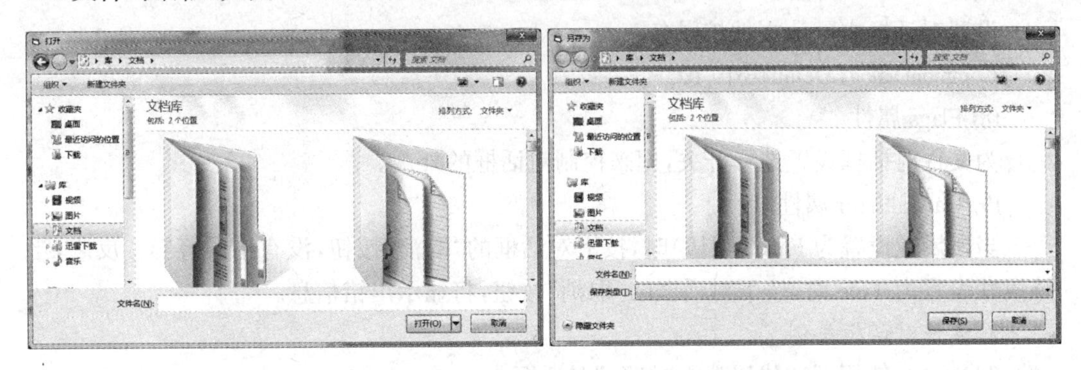

图 8-10　Open 文件对话框和 Save As 文件对话框

1. 常用属性:

(1) FileName 属性

设置或返回要“打开”、“保存”、“打印”的文件名(包含路径)。

(2) FileTitle 属性

指定在文件对话框中所选择的文件名(不包含路径)。

(3) Filter 属性

文件过滤器属性用来指定在文件对话框中显示的文件类型。

格式:描述 1| 过滤器 1| 描述 2| 过滤器 2…。

例如:所有文件(*.*)| *.* | RTF 格式(*.RTF)| *.rtf| 文本文件(*.txt)| *.txt

(4) FilterIndex 属性

指定默认的文件过滤器。

例如:

```
CommonDialog1.Filter="所有文件(*.* )| *.* | RTF 格式(*.RTF)| *.rtf| 文本文件(*.txt)| *.txt"
CommonDialog1.FilterIndex=3          '表示指定默认文件过滤器为*.txt
CommonDialog1.ShowOpen
```

执行该组语句后,将显示"打开"文件对话框,且在其文件列表栏里仅显示扩展名为 txt 的文件,打开文件类型栏的下拉列表可以看到 Filter 属性设置的效果如图 8-11 所示。

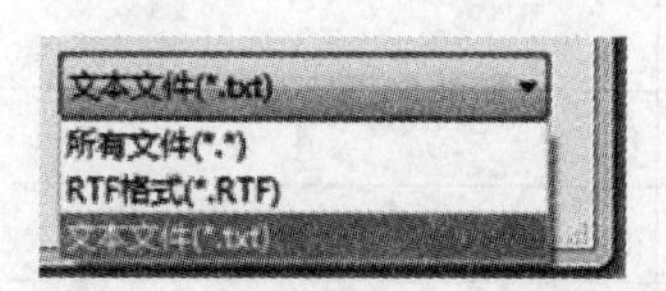

图 8-11 Filter 属性设置效果

(5) InitDir 属性

初始化路径属性,返回或设置对话框的初始文件目录。未指定时使用当前目录。

(6) DialogTitle 属性

设置对话框的标题,默认时"打开"对话框的标题是"打开","保存"对话框的标题是"保存"。

(7) DefaultExt 属性

设置对话框中默认文件扩展名。

```
CommonDialog1.DefaultExt="txt"
```

(8) Flags 属性

为文件对话框设置选择开关,用来控制对话框的外观。

(9) CancelError 属性

当该属性设置为 False(默认)时,按下对话框的"取消"按钮,没有错误警告。反之,当该属性设置为 True 时,按下对话框的"取消"按钮,将显示出错信息。

2. 文件对话框举例

例 8-2 使用下述代码建立"打开"对话框。

```
Private Sub Command1_Click()
    CommonDialog1.DialogTitle="请打开文件"
    CommonDialog1.Filter="全部文件| *.* | 文本文件| *.txt"          '设置文件过滤器
    CommonDialog1.FilterIndex=2
    CommonDialog1.InitDir="C:"          '设置初始目录
```

```
        CommonDialog1.ShowOpen                   '显示"打开"对话框
        Print CommonDialog1.FileName              '包括路径和文件名
        Print CommonDialog1.FileTitle             '只是选中的文件名
    End Sub
```

程序运行后，单击 Command1 命令按钮，将会打开如图 8－12 所示“打开”对话框的初始界面；在其中选择一个文本文件时的界面如图 8－13 所示；最后，单击对话框右下角的“打开”命令按钮，则窗体上将会输出如图 8－14 所示的两行内容。

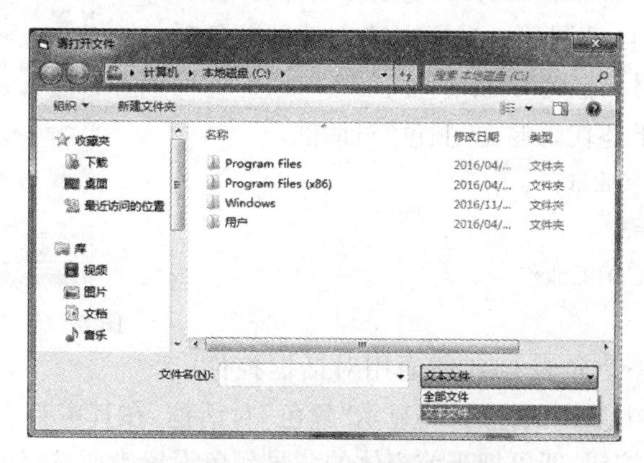

图 8－12　“打开”对话框初始界面

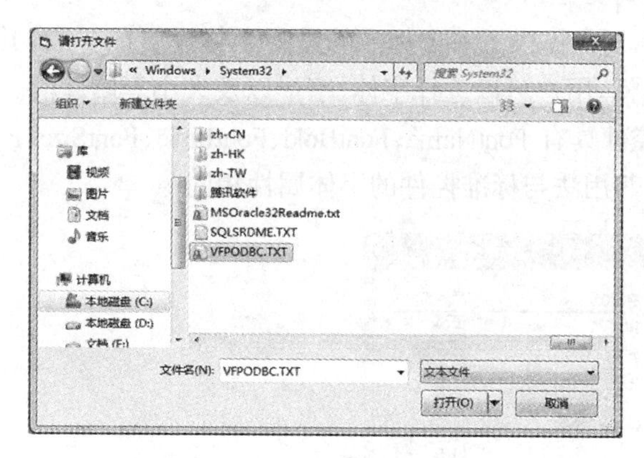

图 8－13　选择文件时界面

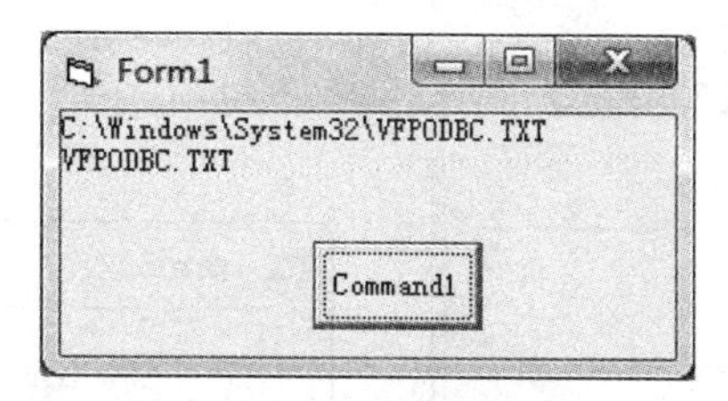

图 8－14　窗体输出界面

思考一下：本例中，如果把 CommonDialog1.ShowOpen 提前。结果会有怎样的变化？是不是依旧可以选择文件，但是我们对文件对话框属性的设置没有发挥作用？

注意：文件对话框本身并不能真正执行打开和保存文件的操作，仅仅是显示出相应的对话框，允许用户进行文件的选择而已。

8.2.3 其他对话框

1. “颜色”(Color)对话框

“颜色”对话框用来设置颜色。从表 8-1 中可以得知，其对应的 Action 属性值为 3。它为用户提供了一个标准的调色板界面。如图 8-15 所示。用户可以使用其中的基本颜色，也可以自己调色。当用户选中某种颜色时，其颜色值会赋予该对话框的 Color 属性。

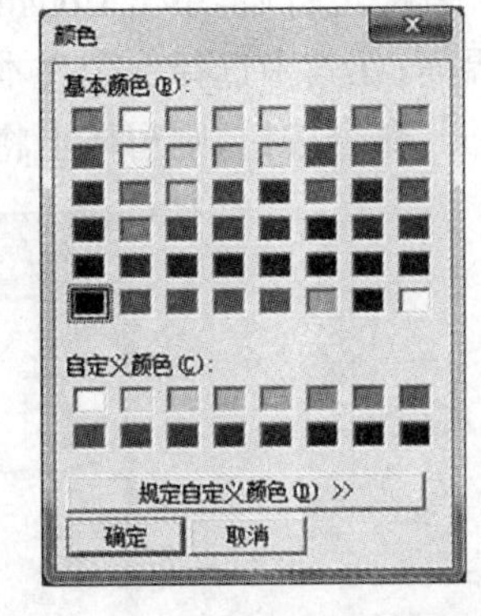

图 8-15 “颜色”(Color)对话框

例 8-3 使用下述代码建立“颜色”对话框。

```
Private Sub Form_Click()
    CD1.Action=3
    BackColor=CD1.Color
End Sub
```

假设窗体上有一个名为 CD1 的通用对话框控件，运行上述程序，在窗体上单击鼠标后，将显示“颜色”对话框，在其中某个基本颜色的色块上单击，再点击“确定”按钮，即可把当前窗体的背景颜色设置为所选择的颜色。

2. “字体”(Font)对话框

“字体”对话框为用户提供了一个标准的进行字体设置的界面，其对应的 Action 属性值为 4。使用该对话框，用户可以选择字体、字形以及大小等属性值。

“字体”对话框控件具有 FontName、FontBold、FontItalic、FontSize、FontStrikeThru 和 FontUnderLine 等属性。其用法与标准控件的字体属性相同。

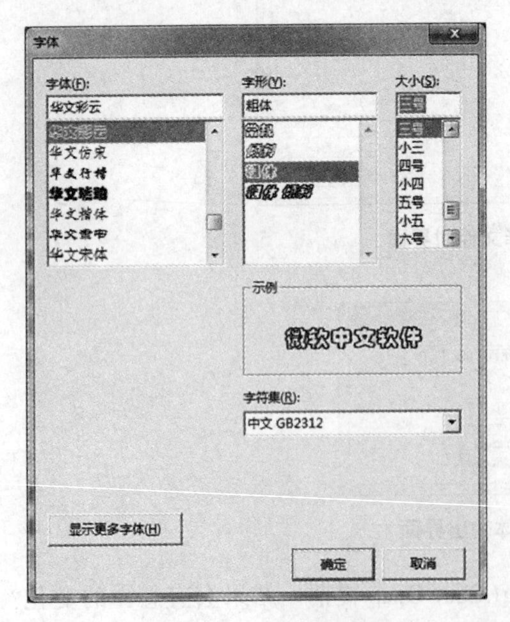

图 8-16 “字体”对话框

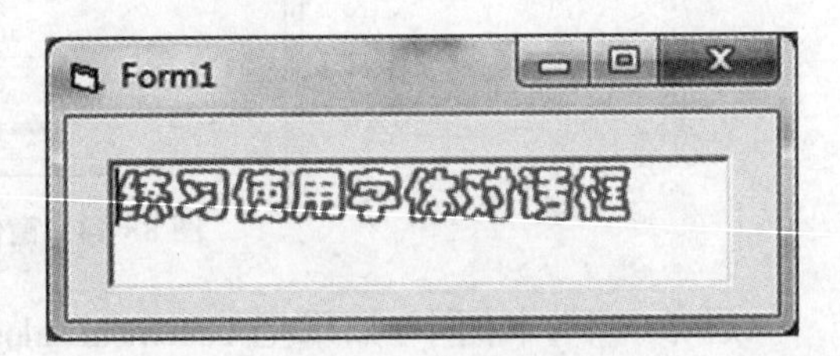

图 8-17 运行效果

例 8－4　结合下述代码,用“字体”对话框对文本框中的字进行设置。

```
Private Sub Form_Click()
    CommonDialog1.ShowFont
    CommonDialog1.Color=RGB(255,0,0)
    Text1.ForeColor=CommonDialog1.Color
    Text1.FontName=CommonDialog1.FontName
    Text1.FontSize=CommonDialog1.FontSize
    Text1.FontBold=CommonDialog1.FontBold
    Text1.FontItalic=CommonDialog1.FontItalic
    Text1.FontUnderline=CommonDialog1.FontUnderline
    Text1.FontStrikethru=CommonDialog1.FontStrikethru
End Sub
```

窗体上有一个名为 Text1 的文本框,通过属性窗口,将它的 Text 属性设置为“练习使用字体对话框”,运行程序后,单击窗体,在显示出“字体”对话框中进行选择(如图 8－16 所示),再点击此对话框中的“确定”按钮,即可把文本框中文字的格式改变为图 8－17 所示。

3. “打印”(Printer)对话框

用“打印”对话框可以选择要使用的打印机,并指定相应的打印选项,比如打印的范围和数量等。注意,它并不能真正地启动实际的打印过程,那需要编写代码实现。图 8－18 就是“打印”(Printer)对话框的界面。

4. “帮助”(Help)对话框

它是一个标准的帮助窗口(如图 8－19 所示),可用来制作应用程序的在线帮助。

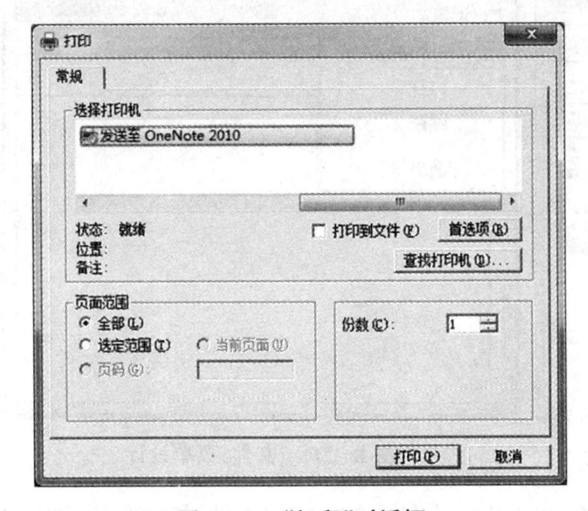

图 8－18　“打印”对话框

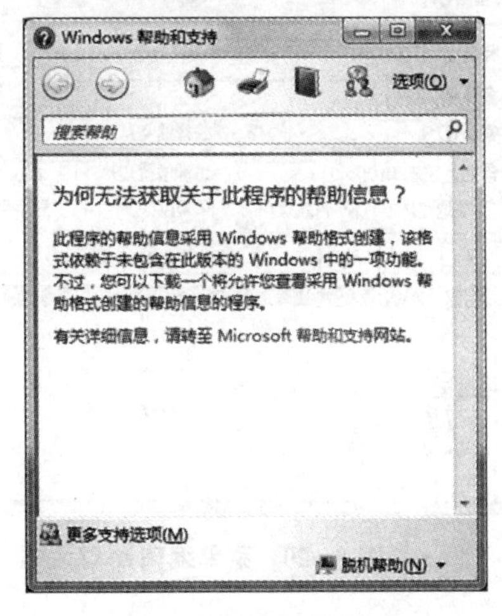

图 8－19　“帮助”对话框

8.2.4 通用对话框控件的应用

例 8-5 设计一个简单的文本编辑程序。

要求如下：

界面：在名称为“Form1”，标题为“记事本”的窗体上添加一个名为“Text1”，初始为空的文本框和一个名为“CD1”的通用对话框，将文本框的 MultiLine 属性修改为 True，ScrollBars 属性设置为 3，再添加一个菜单，各菜单项的设置见表 8-2。程序设计界面如图 8-20、8-21、8-22 所示。

表 8-2 各菜单项的设置

Name 属性	Caption 属性	内缩符号	快捷键
File	文件(&F)	无	
open	打开	1	Ctrl+O
save	保存	1	Ctrl+S
line	-	1	
exit	退出	1	Ctrl+E
edit	编辑(&E)	无	
font	字体	1	Ctrl+F
color	颜色	1	Ctrl+C
help	帮助(&H)	无	

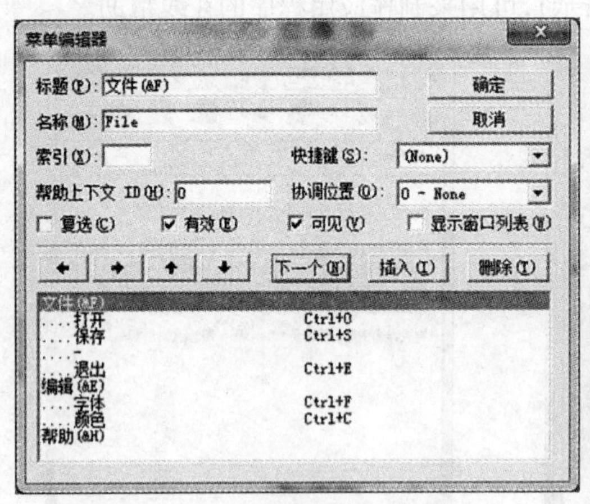

图 8-20 菜单编辑器对话框

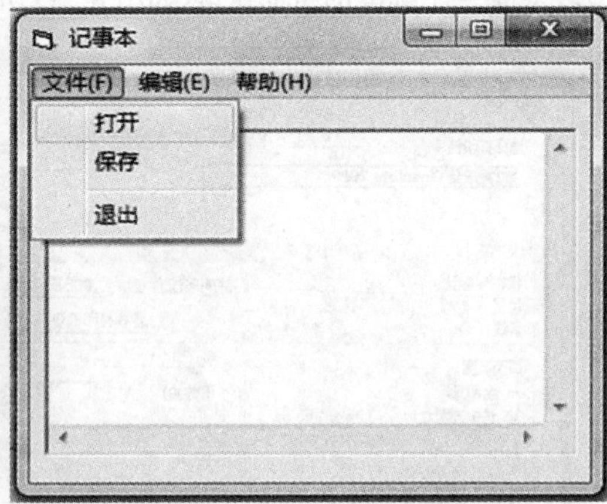

图 8-21 “文件”菜单设计

功能：使用“文件”菜单中的“打开”命令可以显示出一个“打开”文件对话框，用户从中选择一个文本文件，单击“确定”按钮后，文件内容将显示到文本框中；用户可以使用“编辑”菜单下的“字体”命令，打开“字体”对话框，对文本框中的文字格式进行编辑，还可以使用“颜色”命令，打开“颜色”对话框，选择一种颜色作为文本框的背景色；如果用户单击“帮助”菜单，可以打开“帮助”对话框；最后，用“文件”菜单下的“保存”命令打开“保存”对话

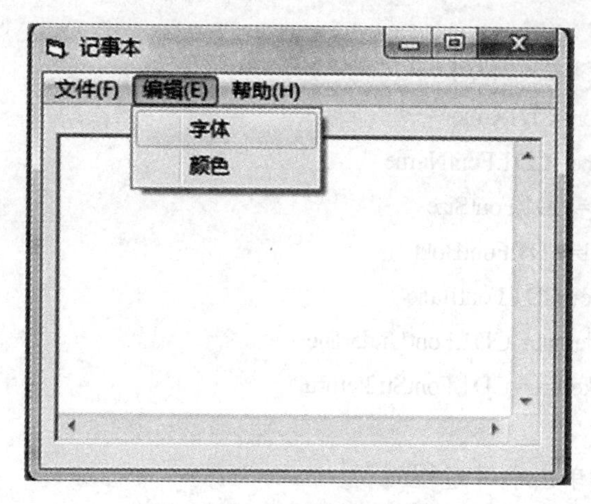

图 8－22　“编辑”菜单设计

框，保存文件。

代码如下：

```
'“打开”菜单项的单击事件过程
Private Sub open_Click()
    CD1.DialogTitle="请打开一个文本文件"
    CD1.Filter="文本文件| *.txt| 全部文件| *.* "          '设置文件过滤器
    CD1.FilterIndex=1
    CD1.InitDir="D:\"                      '设置初始目录
    CD1.Action=1                           '显示"打开"对话框
    Text1=""
    If CD1.FileTitle <>"" Then
        Open CD1.FileName For Input As#1
        Do While Not EOF(1)
            Line Input#1,S
            Text1=Text1+S+vbCrLf
        Loop
        Close#1
    End If
End Sub
'“颜色”菜单项的单击事件过程
Private Sub color_Click()
    CD1.ShowColor
    Text1.BackColor=CD1.color
End Sub
'“字体”菜单项的单击事件过程
Private Sub font_Click()
```

```
        CD1.ShowFont
        CD1.Color=RGB(255,255,0)
        Text1.ForeColor=CD1.Color
        Text1.FontName=CD1.FontName
        Text1.FontSize=CD1.FontSize
        Text1.FontBold=CD1.FontBold
        Text1.FontItalic=CD1.FontItalic
        Text1.FontUnderline=CD1.FontUnderline
        Text1.FontStrikethru=CD1.FontStrikethru
    End Sub
    '"帮助"菜单项的单击事件过程
    Private Sub help_Click()
        CD1.Action=6
    End Sub
    '"保存"菜单项的单击事件过程
    Private Sub save_Click()
        CD1.DialogTitle="请保存文件"
        CD1.DefaultExt="txt"
        CD1.FileName="out1"
        CD1.InitDir="C:\" ' 设置初始目录
        CD1.ShowSave
        Open CD1.FileName For Output As#2
        Print#2,Text1.Text
        Close#2
    End Sub
    '"退出"菜单项的单击事件过程
    Private Sub exit_Click()
        End
    End Sub
```

程序运行后,先单击“文件”菜单中的“打开”命令,显示“打开”文件对话框(如图 8－23 所示),从中选择一个文本文件,单击“确定”按钮后,窗体界面如图 8－24 所示。再单击“编辑”菜单下的“字体”命令,在打开的“字体”对话框中进行字体属性的设置(如图 8－25 所示),文本框中的文字格式随之发生改变,继续单击“颜色”菜单命令,选择蓝色作为文本框的背景色,结果如图 8－26 所示。如果用户单击“帮助”菜单,可以打开“帮助”对话框;最后,用“文件”菜单下的“保存”命令打开“保存”对话框(如图 8－27 所示),保存文件。

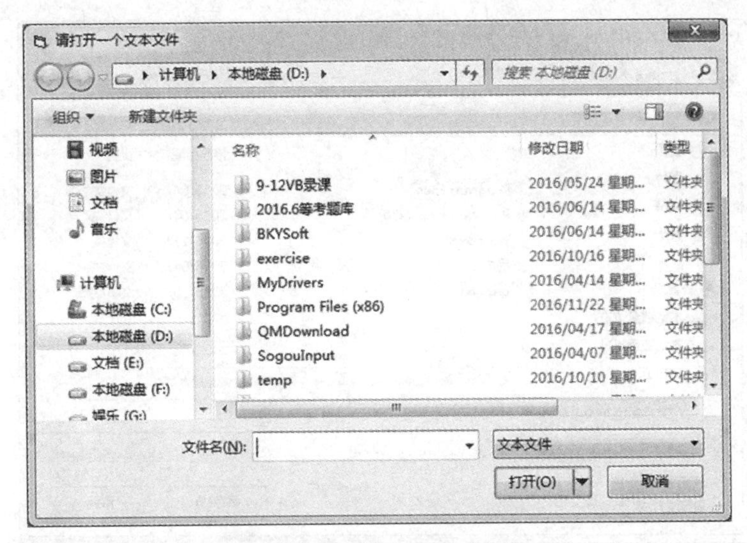

图 8－23　“打开”文件对话框

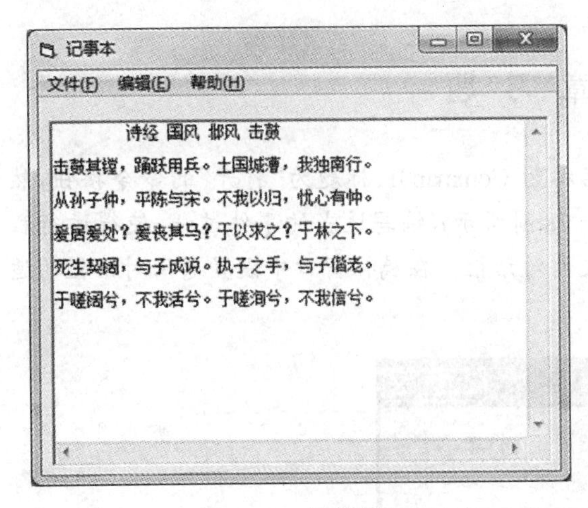

图 8－24　窗体界面

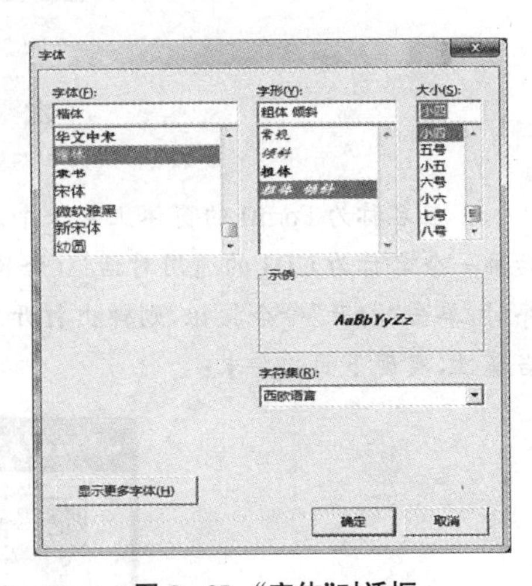

图 8－25　“字体”对话框

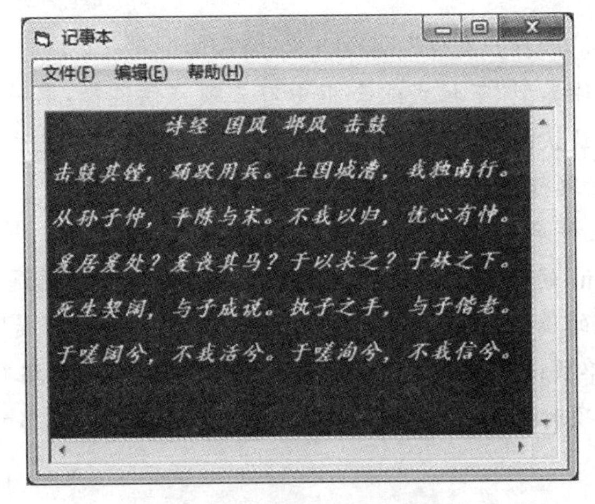

图 8－26　编辑后窗体界面

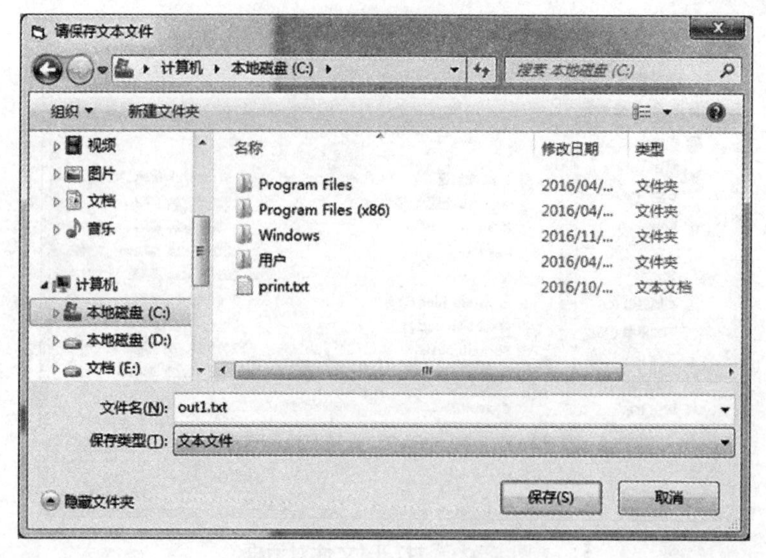

图 8 - 27 "保存"对话框

本章习题

1. 在名称为 Form1 的窗体上画一个名称为 Command1、标题为"打开"的命令按钮,然后画一个名称为 CD1 的通用对话框(如 8 - 28 图所示),编写适当的事件过程,使得运行程序时,单击"打开"命令按钮,则弹出打开文件对话框。在属性窗口中设置通用对话框的适当属性,实现下面的要求:

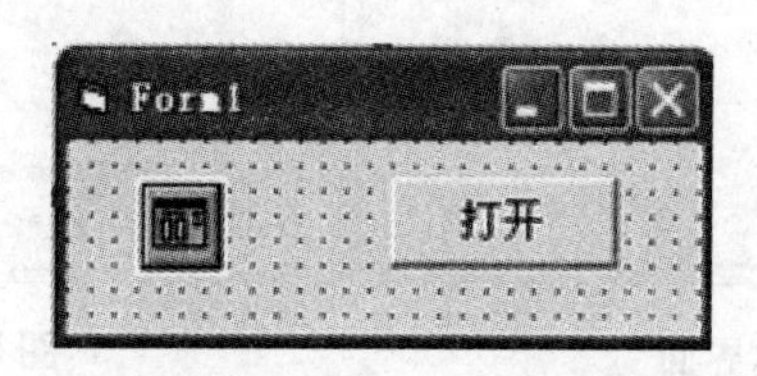

图 8 - 28 设计时窗体界面

① 对话框的标题为"打开文件";

② 对话框的"文件类型"下拉式组合框中有三项可供选择:第一项为"所有文件",第二项为"Word 文档",默认的过滤器为.DOC 文件,第三项为"文本文件";

③ 对话框的初始路径为"C:\";

④ CD1 默认的文件名是 myfile1。

2. 在名称为 Form1 的窗体上画一个名称为 CommonDialog1 的通用对话框,在属性窗口中设置通用对话框的属性,使得打开通用对话框时,其初始路径是"D:\"。按照下表设计菜单,窗体外观及菜单项设置如表 8 - 3 所示。请编写程序,使得运行程序,单击"打开文件"或"保存文件"菜单项时,相应的出现"打开"或"保存"对话框。图 8 - 29 是设计时的窗体界面。

表 8-3 菜单项设置

标题	名称	内缩符号
文件	File	无
打开文件	PenFile	1
保证文件	SaveFile	1

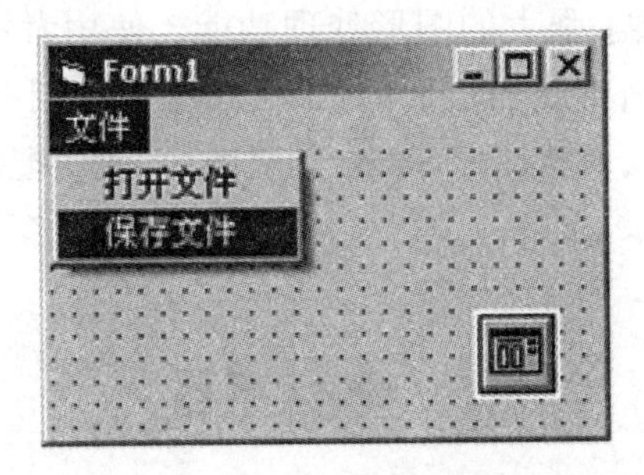

图 8-29 设计时窗体界面

3. 利用驱动器列表框(DriveListBox)、目录列表框(DirListBox)和文件列表框(FileListBox)设计一个(如图 8-30 所示)"打开文件"对话框,要求运行时三个控件的窗口内容可以联动。

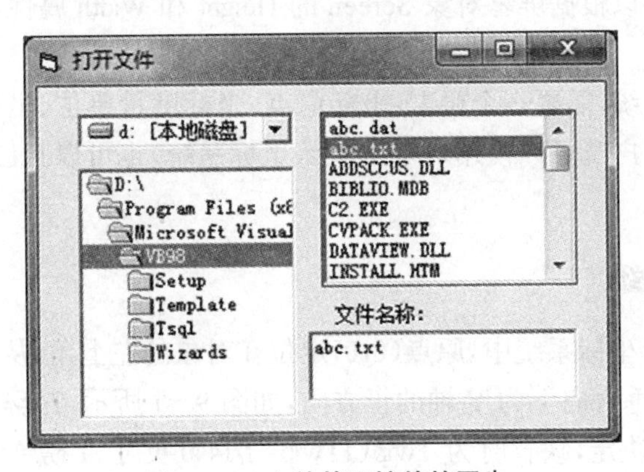

图 8-30 文件管理控件的同步

【微信扫码】
在线练习&参考答案

第 9 章　图形处理

Visual Basic 为用户提供了强大的图形处理功能。使用者不仅可以在窗体或图片框等对象上使用画点的 Pset、画直线和矩形的 Line、画圆和椭圆的 Circle 等方法绘制图形，还可以直接用直线控件 Line、形状控件 Shape 创建图形，或者把已有的图片装入窗体和图片框、图像框等控件中。

9.1　坐标系统

在显示或者绘制图形时，图形的大小和位置要通过坐标系统决定。Visual Basic 中的容器对象都有一套默认的坐标系统。所谓容器对象，就是可以放置其他对象的对象，比如窗体、图片框和框架控件。系统对象 Screen（屏幕）和 Printer（打印机）也是容器，窗体就是放置在屏幕中的。可以根据屏幕对象 Screen 的 Height 和 Width 属性，来设置窗体合适的大小和位置。

构成一个坐标系统，需要三个要素：坐标原点、坐标度量单位、坐标轴的长度与方向。在 Visual Basic 中，用户既可以使用对象的默认坐标系统，也可以自己为某个对象定义新的坐标系统。

9.1.1　默认坐标系统

Visual Basic 默认坐标系统中，原点(0,0)定位在对象的左上角，从原点出发，水平向右方向为 X 轴正方向，垂直向下为 Y 轴的正方向，如图 9－1 所示。坐标度量单位由容器对象的 ScaleMode 属性决定，缺省时为 Twip（1Twip= 1/1440 英寸、1 磅= 20Twip）。ScaleMode 属性主要设置值如表 9－1 所示。

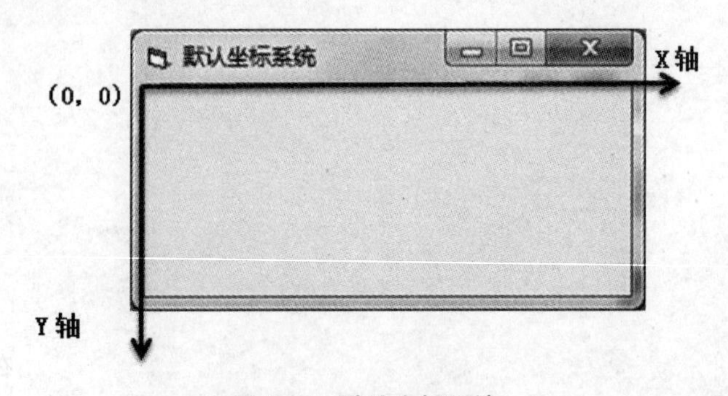

图 9－1　默认坐标系统

表9-1　ScaleMode属性值及其含义

常数	设置值	描述
VbUser	0	用户定义。若直接设置了ScaleHeight、ScaleWidth、ScaleLeft和ScaleTop属性中的一个或多个值，ScaleMode属性自动设为0
VbTwips	1	（缺省值）缇（每逻辑英寸为1440缇；每逻辑厘米为567个缇）
VbPoints	2	磅（每逻辑英寸为72个磅）
VbPixels	3	像素（监视器或打印机分辨率的最小单位）
VbCharacters	4	字符（水平每个单位=120缇；垂直每个单位=240缇）
VbInches	5	英寸
VbMillimeters	6	毫米
VbCentimeters	7	厘米

9.1.2　自定义坐标系

用户可以使用Scale方法自己定义坐标系统。

格式：[对象名.]Scale (x1,y1)-(x2,y2)

说明：其中，(x1,y1)是对象左上角的坐标，(x2,y2)是对象右下角的坐标，其数据类型都是单精度数。

注意：若Scale方法不带参数，则坐标系统恢复为以特维为单位的默认坐标系统。使用Scale方法自定义的坐标系统，运行时，会对所有的绘图语句包括相关控件的位置产生影响。

例9-1　观察坐标系统改变带来的影响。程序代码如下：

```
Private Sub Form_Click()
    Cls
    Form1.Scale (-200,800)-(800,-200)      '定义用户坐标系统
    CurrentX=0
    CurrentY=0
    Print "★使用自定义坐标系统"
End Sub

Private Sub Form_Load()
    Show
    Cls
    Scale                                  '采用默认坐标系统
    CurrentX=0
    CurrentY=0
    Print "★使用默认坐标系统"
End Sub
```

CurrentX 和 CurrentY 属性

功能：容器对象的 CurrentX 和 CurrentY 属性用来返回或设置下一次打印或绘图方法的起始位置坐标，设计时不可用。

格式：[对象.]CurrentX[= X]

[对象.]CurrentY[= Y]

说明：其中"对象"可以是窗体、图片框或打印机，X 和 Y 表示横坐标值和纵坐标值，默认时以 twip 为单位.如果省略"= X"或"= Y"，则显示当前的坐标值，如果省略"对象"，则指的是当前窗体。

Form_Load 事件采用默认坐标系统，坐标原点在窗体的左上角（如图 9－2(a)所示）。Form_Click 事件定义了用户坐标系统，坐标原点位置发生了改变（如图 9－2(b)所示），此时，窗体的左上角坐标为(-200,800)，右下角坐标为(800,-200)。程序运行后，首先看到的是 a 图的效果，单击窗体后，结果如 9－2(b)图所示。

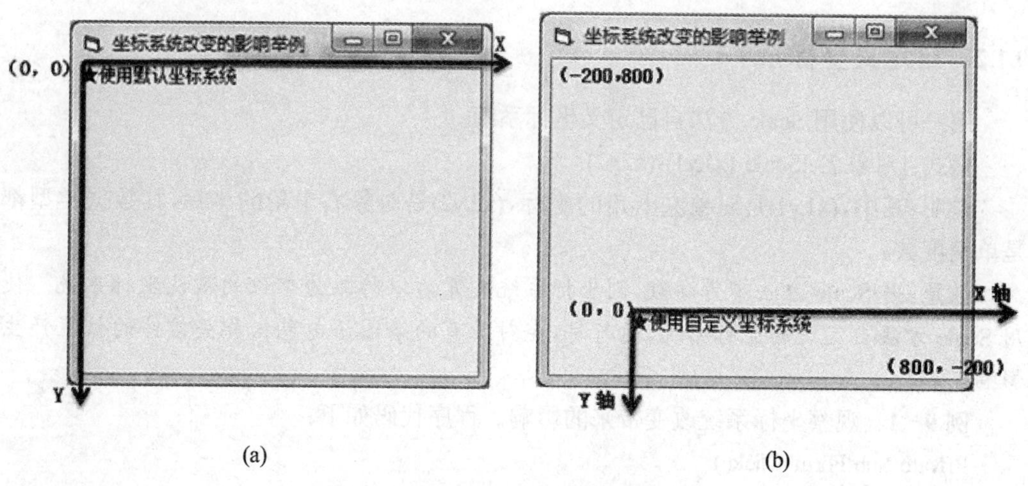

图 9－2　Form_Load 事件的坐标系统

9.2　色彩函数

在进行图形处理时，经常要修改图形或文本的背景色、前景色。在 Visual Basic 系统中，所有的颜色值都由一个长整型数表示。在设计时，用户可以通过属性窗口打开 BackColor、ForeColor 等与颜色有关属性的调色板进行设置，但若要在程序运行时通过程序代码来改变对象的相关色彩，颜色值的表示可以有以下 4 种方式：

1. 使用 RGB(红,绿,蓝)函数

功能：RGB 函数可以返回一个长整数来表示颜色值。

格式：RGB(red，green，blue)

说明：三个参数 red，green，blue 分别为红色、绿色、蓝色三种基本色的亮度等级，取值范围为 0～255 之间的整数（0 表示亮度最低，255 表示亮度最高）。如使用下面的语句可以将窗体的背景色设置为黄色：

Form1.BackColor= RGB(255,255,0)

2. 使用 QBColor 函数

功能：QBColor 函数也可返回一个长整型数来表示颜色值。

格式：QBColor(颜色码)

说明：颜色码使用 0～15 之间的整数，分别代表 16 种颜色，其对应关系如表 9－2 所示。

表 9－2　颜色码代表颜色对照表

颜色码	0	1	2	3	4	5	6	7
颜色	黑色	蓝色	绿色	青色	红色	洋红色	黄色	白色
颜色码	8	9	10	11	12	13	14	15
颜色	灰色	亮蓝色	亮绿色	亮青色	亮红色	亮洋红色	亮黄色	亮白色

如使用下述语句可以将窗体的背景色设置为亮黄色：

Me.BackColor= QBColor(14)

3. 使用系统提供的颜色常量

色彩常量是系统内置的，可直接使用。比如，可使用下面的代码将名为 Label1 的标签对象上显示文字颜色改为红色：

Label1.ForeColor= vbRed

4. 直接使用 Long 型颜色值

Visual Basic 可以直接使用十六进制数来指定颜色。

格式：&HBBGGRR

说明："&H"表示它是一个十六进制数，其中 BB 指定蓝色的取值，GG 指定绿色的取值，RR 指定红色的取值。每个数段都是两位十六进制数，取值范围从 00～FF。

例如，将窗体背景指定为蓝色可用下面的语句：

Form1.BackColor= &HFF0000

9.3　图形控件

Visual Basic 包含的与图形有关的标准控件有四个：形状控件（Shape）、直线控件（Line）、图片框（PictureBox）和图像框（Image）控件。它们的初始名称属性值分别为 Shapex、Linex、Picturex 和 Imagex（x 为 1，2，3…）。

绘图控件 Shape 和 Line 可以在窗体或容器控件内绘制图形或画线，只用来装饰界面，它们不支持任何事件。

9.3.1　Shape（形状）控件

Shape 控件可以显示多种形状，其最重要的属性是 Shape 属性，取值从 0 到 5，依次对应矩形(缺省值)、正方形、椭圆、圆、圆角矩形、圆角正方形。如图 9-3 所示。

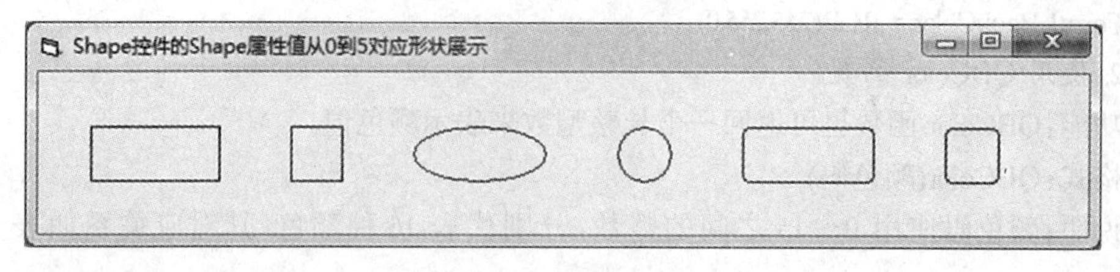

图 9-3 Shape 据件

利用 FillStyle 属性可以设置 Shape 控件的底纹图案,取值从 0 到 7(缺省值为 1),效果如图 9-4 所示。

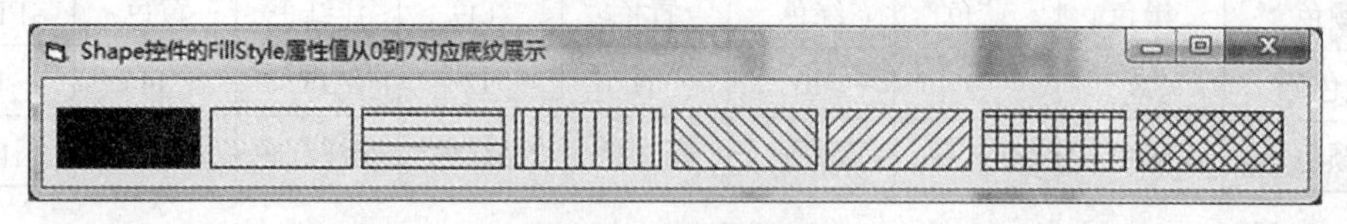

图 9-4 效果图

此外,Shape 控件还有一些与外观有关的属性,如:BackColor、BackStyle、BorderColor、BorderWidth、BorderStyle、FillColor 等,以及 Visible 属性。

Shape 控件有 Move 方法,可以移动控件并改变控件的大小。

下面举一个例子。

例 9-2 图形变换程序

在名称为 Form1,标题为"图形变换程序"的窗体上添加一个名称 Shape1 的形状控件,在属性窗口中将其形状设置为圆形。将列表框 List1、List2、List3 逐一添加到三个名称分别为 Frame1、Frame2、Frame3 的框架控件中,框架控件的标题依次为"选择形状"、"选择边框"和"选择底纹",并在属性窗口中设置每个列表框的列表项分别为 0~5、0~6 和 0~7。单击列表框中的某一项,则将其值作为形状控件的对应参数。例如,当三个列表框都选择 2 时,形状控件为椭圆形,边框线型为虚线(具体参见 Line 控件的 BorderStyle 属性用法),形状内部被水平线填充,如图 9-5 所示。为了美观,在边框和底纹做出选择之前,先使用 RGB 函数设置其颜色值为随机产生。

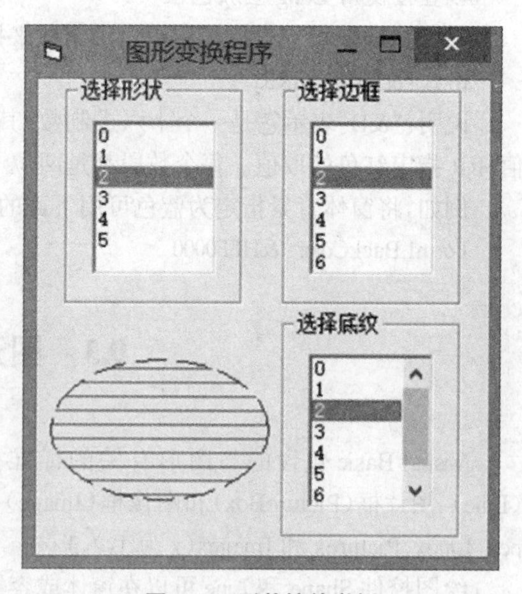

图 9-5 形状控件举例

代码如下:

```
Private Sub List1_Click()
```

```
    Shape1.Shape=List1.Text
End Sub
Private Sub List2_Click()
    Shape1.BorderColor=RGB(Rnd*256,Rnd*256,Rnd*256)
    Shape1.BorderStyle=List2.Text
End Sub
Private Sub List3_Click()
    Shape1.FillColor=RGB(Rnd*256,Rnd*256,Rnd*256)
    Shape1.FillStyle=List3.Text
End Sub
```

9.3.2　Line(直线)控件

Line 控件 可用来显示各种类型和宽度的线条。它最重要的属性是 X1、Y1、X2、Y2,用来设置线段两端的坐标。和 Shape 控件一样,Line 控件也具有 BorderColor、BorderWidth、BorderStyle 等属性,但没有 Move 方法。

改变 Line 控件的 BorderStyle 属性,可以得到不同的线型,取值从 0 到 6(缺省值为 1),其效果依次为透明线、实心线(缺省值)、由破折号组成的虚线、由点号组成的虚线、由破折号- 点号组成的点划线、由破折号- 点号- 点号组成的双点划线、内实线。如图 9－6 所示。

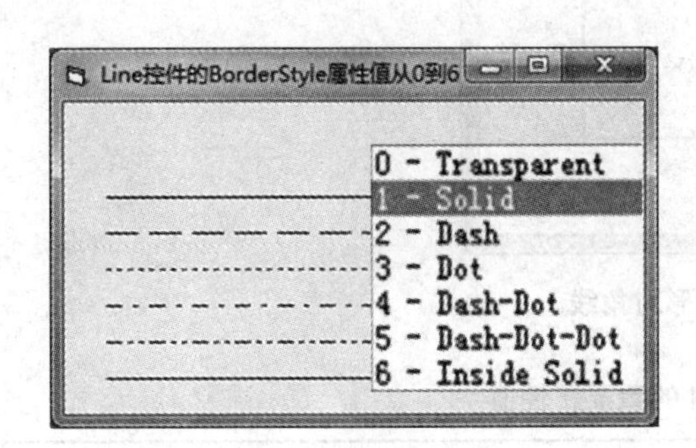

图 9－6　BorderStyle 属性

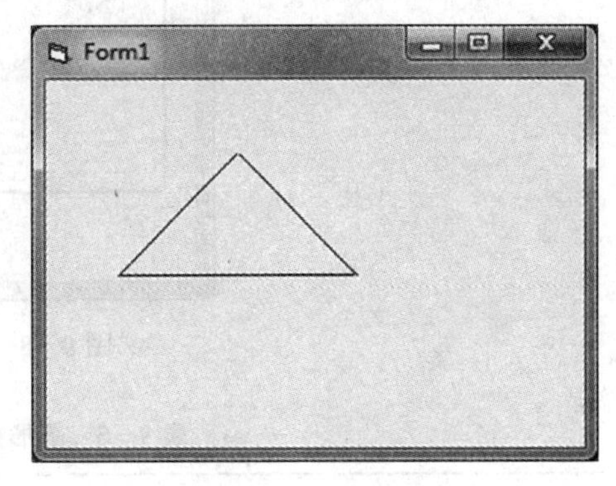

图 9－7　构建三角形

注意:只有在 BorderStyle 属性值为 0、1、6 时,BorderWidth 可设置成 1 以外的数值,否则只显示实线。

例 9－3　用 Line 控件构建三角形

在名称为 Form1 的窗体上画出如图 9－7 所示的三角形。表 9－3 给出了直线 Line1、Line2 的坐标值,请按此表画 Line1、Line2,并画出直线 Line3,从而组成如图 9－7 所示的三角形。

分析:直线控件 Line1、Line2 的起点坐标从表中可以看出是重合的,因此,Line3 的起点坐标和终点坐标必须与 Line1、Line2 的终点坐标重合。所以 Line3 的坐标值可以如表 9－4所示。

表 9-3 Line1、Line2 控件坐标值

名称	X1	Y1	X2	Y2
Line1	600	1600	1600	600
Line2	600	1600	2600	1600

表 9-4 Line3 控件可选择的坐标值

名称	X1	Y1	X2	Y2
Line3	2600	1600	1600	600
Line3	1600	600	2600	1600

下面再举一个例子。

例 9-4 矩形与直线

题目要求:在名称为 Form1,标题为"矩形与直线"的窗体上画一个名称为 Line1 的直线,其 X1、Y1 属性分别为 200、100,X2、Y2 属性分别为 2200,1600。再画一个名称为 Shape1 的矩形,并设置适当属性(如表 9-5 所示),使 Line1 成为它的对角线,如图 9-8 所示。

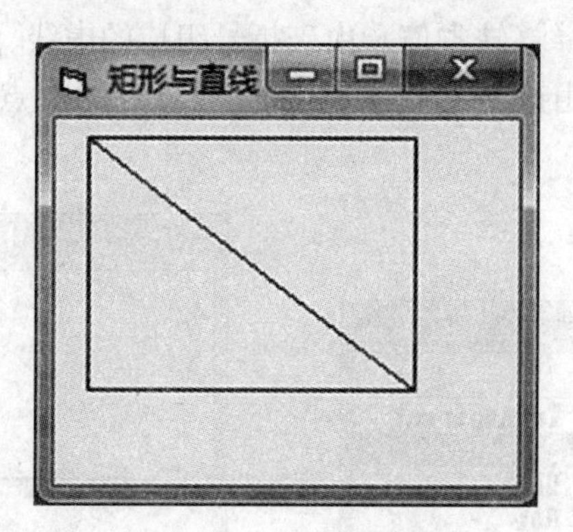

图 9-8 矩形对角线

表 9-5 图形控件的重要属性值

控件	Line				Shape			
属性	X1	Y1	X2	Y2	Left	Top	Height	Width
设置值	200	100	2200	1600	200	100	1500	2000

9.3.3 PictureBox(图片框)控件

图片框和图像框是 Visual Basic 中用来显示图形的基本控件,可以将图形显示在窗体的指定位置。Visual Basic 中,支持显示的图形文件包括位图文件(.bmp)、图标文件(.ico)、光标文件(.cur)、图元文件(.wmf)、增强图元文件(.emf)、JPEG 文件(.jpg)和 GIF 文件(.gif)等类型。

1. 常用属性

图片框和图像框都具有一些常规的属性，如：Enabled，Name，Visible，FontBold，FontItalic, FontName，Fontsize，FontUnderLine、AutoRedraw，Height，Left，Top，Width 等。使用时，可以参考窗体对这些属性的用法，但要注意，图片框或图像框的对象名称不能省略。因为，在属性赋值语句中省略对象名称，系统会默认窗体作为对象。

图片框和图像框具有的最重要的属性是用来装入图形的 Picture 属性。其用法说明如下：

(1) 设计阶段，在属性窗口中设置 Picture 属性。

操作步骤如下：

① 窗体上建立一个图片框。

② 单击图片框，在其属性窗口中找到并单击 Picture 属性，右端会出现三个点(…)

③ 单击右端的"…"按钮，显示"加载图片"对话框，单击"文件类型"栏右端的箭头，将下拉显示可以装入的图形文件类型，如图 9-9 所示。从中选择所需要的文件类型。

④ 在中间的目录及文件列表框中选择含有图形文件的目录，可以根据需要选择某个目录，然后在该目录中选择所要装入的文件。

⑤ 单击"打开"按钮。

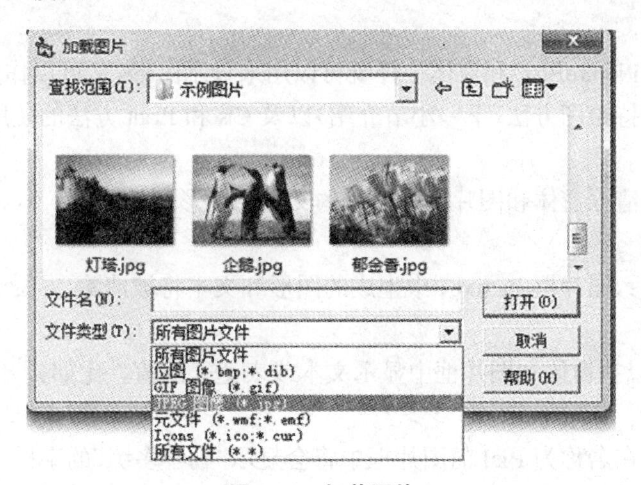

图 9-9　加载图片

注意：使用 Picture 属性也可以在属性窗口删除已装入的图形。只需要选中或置光标于该属性值前，按【Delete】键即可，其属性值会还原为"(None)"。

(2) 运行期间用程序代码将 LoadPicture 函数的值赋给 Picture 属性。

LoadPicture 函数

功能：用来把图形文件装入窗体、图片或图像框中。

格式：[对象.]Picture= LoadPicture([filename])

说明：filename 字符串表达式指定一个图形文件名，可以包括文件夹和驱动器名。省略 filename 参数，可以删除图形。例如，假定在窗体上有两个名称分别为 Picture1 和 Picture2的图片框，则用下面的语句：

Picture1.Picture= LoadPicture("C:\vb60\a.bmp")

可以把一个名为 a 的位图文件装入到图片框 Picture1 中。图片框 Picture1 中如果原先有图形，会被覆盖。此时，可以使用如下语句：

Picture2.Picture= Picture1.Picture

将装入图片框 Picture1 中的图形拷贝到图片框 Picture2 中。

当 LoadPicture 函数不包含 filename 参数时，例如：

Picture1.Picture=Loadpicture()

执行该语句后，将删除图片框 Picture1 中的图形。

(3) 用剪贴板把图形直接粘贴到窗体、图片框或图像框中。

以粘贴到图片框为例，操作步骤如下：

① 把图形拷贝到剪贴板中；

② 单击图片框，使其处于活动状态；

③ 执行“编辑”菜单中的“粘贴”命令，剪贴板中的图形即出现在图片框中。

注意：图片框控件不提供滚动条，被装入的图形将保持原始尺寸，也就是说，如果图片尺寸大于控件，则显示不全。想要使图片框控件能自动调整为所装图片大小，就需要将该控件的 Autosize 属性值设置为 True。

2. 常用方法

图片框控件(PictureBox)和窗体一样既可以用来显示图形，又可以作为摆放其他控件的容器，还可以支持绘图方法(下一小节介绍)以及 Cls 和 Print 方法的使用。

(1) Cls 方法

Cls 方法用于清除窗体和图片框中显示的文字和图形。比如：

Picture1. Cls

执行该语句后，图片框 Picture1 中生成的图形和文本将被清除。

(2) Print 方法

Print 方法可以在窗体和图片框中显示文本或表达式的值。比如：

Pic1.Print "勤学多练"

语句执行后，在名称为 Pic1 的图片框中将会显示“勤学多练”的字样。

注意：图片框可以通过 Print 方法接收文本，并可接收由像素组成的图形，而图像框不能接收用 Print 方法输入的信息。每个图片框都有一个内部光标(不显示)，用来指示下一个将被绘制的点的位置，这个位置就是当前光标的坐标，通过 CurrentX 和 CurrentY 属性来记录。

(3) Move 方法

图片框和图像框都支持 Move 方法，用法与其他控件相同。

3. 常用事件

图片框和图像框都具有 Click(单击)和 DblClick(双击)事件，用法与其他控件相同。

图片框还具有 Change 事件，当图片框的 Picture 属性发生改变时触发该事件。

9.3.4 Image（图像框）控件

图像框(Image)控件 只能用于显示图形，不像图片框控件可以作为容器，也不支持 Print 方法。虽然图像框控件没有图片框控件的功能强大，但是图像框控件可以调整图形的尺寸使之适应控件的大小。

1. 重要属性

（1）Picture 属性

图像框(Image)控件 Picture 属性的用法和用途同图片框一样。

（2）Stretch 属性

该属性返回或设置一个值，用来决定是否调整图形的大小以适应图像控件。它既可通过属性窗口设置，也可通过程序代码设置。该属性的取值为 True 或 False。

当 Stretch 属性的值为 False（缺省值）时，控件调整大小去适应图形的原始尺寸；

当 Stretch 属性的值为 True 时，图形调整大小去适应控件的尺寸。

图像框比图片框占用的内存少，显示速度快。在用图片框和图像框都能满足需要的情况下，应优先考虑使用图像框。

2. 常用方法

图像框控件支持 Move 方法，用法与其他控件相同。

3. 常用事件

图像框控件支持 Click(单击)和 DblClick(双击)事件，用法与其他控件相同。

例 9-5　编写程序，交换两个图像框中的图形。

通常，交换两个变量的值需要引入第三个变量来中转。由此，交换两个图像框中图形的操作也需要第三个图像框控件的辅助。

首先在窗体上建立三个名称分别为 Image1、Image2 和 Image3 的图像框控件，然后编写如下事件过程：

```
Private Sub Form_Click()                '交换图片
    Image3.Picture=Image1.Picture
    Image1.Picture=Image2.Picture
    Image2.Picture=Image3.Picture
    Image3.Picture=LoadPicture() '把第三个图像框设置为空
End Sub
Private Sub Form_Load()                 '装入图片
    Image1.Picture=LoadPicture("sun.ico")
    Image2.Picture=LoadPicture("buf.ico")
End Sub
```

程序中，先用 Form_Load 事件过程把两个图标文件分别装入图像框 1 和 2 中，然后在事件过程 Form_Click 中通过第三个图像框交换两个图片框中的图形。程序运行后，单击窗体，可以看到图像框 1 和 2 中图形的交换过程，如图 9-10 所示。最后，用 LoadPicture 函数把第三个图像框设置为空，被交换的图形在该图像框中一闪即逝。也可以将 Image3

的可见属性设置为 False。

注意：本题中的图片文件需要和窗体文件事先保存在同一位置，否则会出现"文件未找到"的错误提示。

图 9-10　图像框的交换

9.4　绘图方法

Visual Basic 中，使用绘图方法也可在窗体或图片框上绘图。常用的绘图方法有三种，分别是 Pset、Line 和 Circle 方法。

9.4.1　Pset(画点)方法

1. 格式

[对象名.] Pset [Step](x,y)[,颜色]

2. 功能

在对象的指定位置(x,y)上按选定的颜色画点。

说明：参数(x,y)为所画点的坐标，关键字 Step 表示采用当前作图位置的相对值。如省略颜色参数，则使用当前的 ForeColor 属性值。

3. 示例

下列语句能在坐标位置(500，900)处画一个红点：

Pset (500,900)，RGB(255,0,0)

9.4.2　Line(画线或矩形)方法

1. 格式

[对象名.] Line [[Step] (x1,y1)]-(x2,y2)[,颜色][,B[F]]

2. 功能

画直线或矩形。

3. 说明

(x1,y1)，(x2,y2)为线段的起终点坐标或矩形的左上角右下坐标。关键字 B 表示画矩形，关键字 F 表示用画矩形的颜色来填充矩形。

4. 示例

下列语句可在窗体上绘制一个绿色填充的矩形，再画出由它左上角到右下角的对角线。

```
Line (600,600)-(2000,3000),vbGreen,BF
Line (600,600)-(2000,3000)
```

执行如下的代码：

```
Line (1000,500)-  (2000,800)
Line-(1500,1600)
Line-(1000,500)
```

将在窗体上绘制一个三角形（如图 9－11 所示）

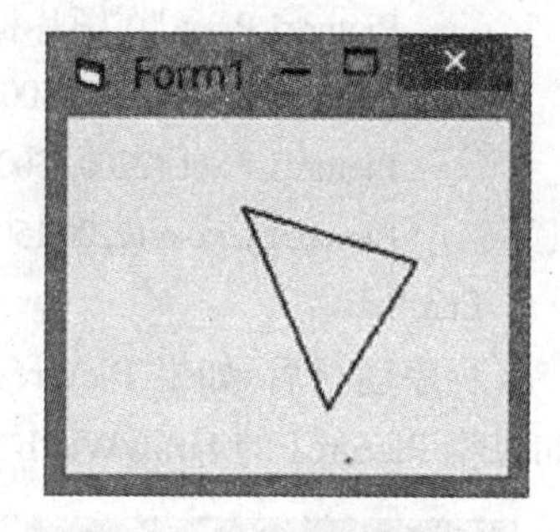

图 9－11　运行效果

9.4.3　Circle(画圆)方法

1. 格式

[对象名.] Circle [Step](x,y)，Radius [，颜色，Start，End，Aspect]

2. 功能

在对象上画圆、椭圆、扇形或圆弧。

3. 说明

(x，y)：x、y 分别为绘制的圆的圆心或椭圆的中心水平与垂直坐标；

Radius：圆的半径或椭圆的长轴半径；

Start：在画圆弧时，用于设置圆弧的起始弧度值；

End：在画圆弧时，用于设置圆弧的结束弧度值；

Aspect：在画椭圆时用于指定水平长度和垂直长度比的正浮点数，由于 Radius 永远指定的是椭圆的长轴半径，所以，当 Aspect 的值小于 1 时，Radius 指的是水平方向的 X 半径；当 Aspect 的值大于等于 1 时，Radius 指的是垂直方向的 Y 半径。

需要注意的是，在省略参数时，逗号是不可缺省的。

4. 示例

```
Private Sub Form_Load()
    Const PI=3.14159
    Show
    Circle (2500,1500),1200,vbBlue,-PI,-PI/2
    Circle Step(-600,-600),600
    Circle Step(0,0),600,,,,5/25
End Sub
```

程序运行效果，如图 9－12 所示。

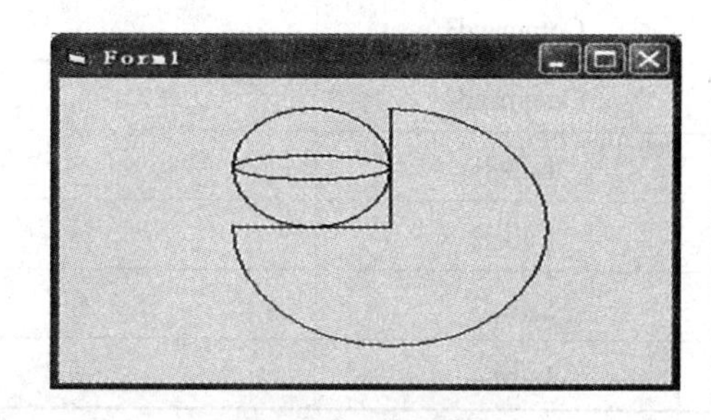

图 9－12　运行效果

下面再举一个例子。

例 9－5　在窗体上添加一图片框Picture1，并使用三种绘图方法输出图形。

```
Private Sub Form_Load()
```

```
    Show
    Picture1.Print "在图片框内写字和画圆";
    Picture1.Line (2200,1500)-(2800,1500)
    Picture1.PSet (2200,1500),RGB(255,0,0)
    Picture1.Circle (2200,1500),600,RGB(0,0,255)
End Sub
```

程序运行后，如果 Picture1 的 DrawWidth 属性值为 1，则显示效果如 9－13 左图所示，如果将 Picture1 的 DrawWidth 属性值设置为 20，则显示效果如 9－13 右图所示。

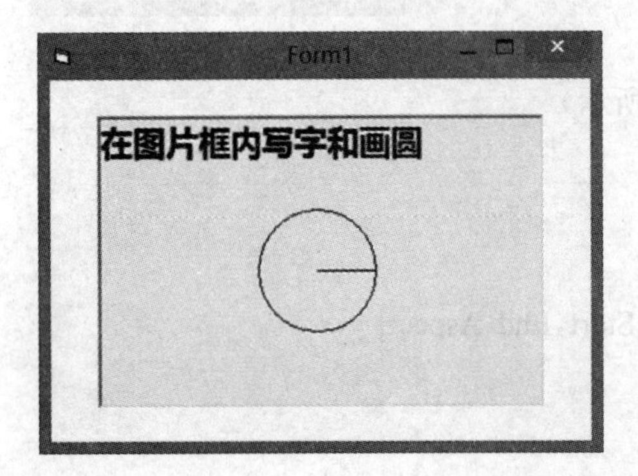

图 9－13　运行效果

9.5　应用举例

例 9－6　文件、控件数组和直线控件 Line、形状控件 Shape 综合应用题。

表 9－6

控件名称	Caption 属性值
Command1	写入数据
Command2	读出数据
Command3	计算平均
Command4	显示图形
Label1	A　B　C　D　E
Label2	100
Label3	50
Label4	0

1. 设计界面

设计出如图 9－14 所示界面，具体要求如下：窗体上摆放了 4 个命令按钮、4 个标签、2 个直线控件、5 个形状控件和 5 个文本框控件。它们的重要属性值参见表 9－6、9－7 和

9－8,均通过属性窗口进行设置。

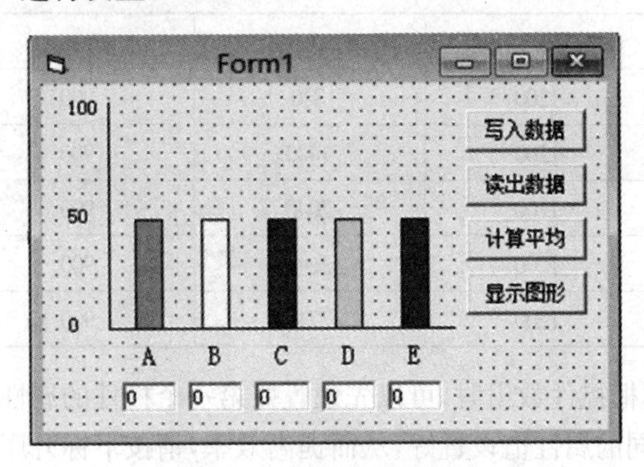

图 9－14　程序设计界面

表 9－7　Line1、Line2 控件坐标值

名称	X1	Y1	X2	Y2
Line1	600	170	600	2170
Line2	600	2170	3720	2170

在属性窗口中,把 5 个文本框控件数组的 Text 属性初始都设置为 0。还要将 5 个形状控件的 Visible 属性设置为 False,FillStyle 属性修改为 0,再分别设置每个形状不同的 FillColor 属性。

启动程序后界面显示效果如图 9－15 所示。

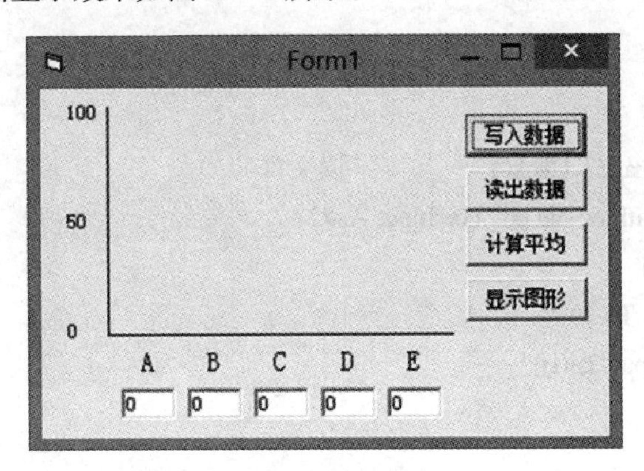

图 9－15　程序界面

建议使用“格式”菜单中的“统一尺寸”和“对齐”命令来调整命令按钮和文本框控件的大小和位置。

表 9-8　形状控件数组属性值

名称	Top	Left	Height	Width
Shape1(0)	1200	840	900	260
Shape1(1)	1200	1440	900	260
Shape1(2)	1200	2040	900	260
Shape1(3)	1200	2640	900	260
Shape1(4)	1200	3240	900	260

建立形状和文本框控件数组时，可以先设置好第一个控件的属性，再使用复制粘贴的方式添加，最后将不同的属性值设置好，从而提高效率，请按下标升序从左到右摆放控件。

2. 编写代码

```
Option Base 1
Dim a(5,10) As Integer
Dim s(5)
Private Sub Command1_Click()              '写文件
    Open "in.txt" For Output As#1
    Randomize
    For i=1 To 50
        Print#1,Int(Rnd*90)+10 '随机生成 50 个两位随机整数
    Next i
    Close#1
End Sub

Private Sub Command2_Click()               '读文件
    Open App.Path & "\in.txt" For Input As#2
    For i=1 To 5
        For j=1 To 10
            Input#2,a(i,j)
        Next j
    Next i
    Close#2
End Sub

Private Sub Command3_Click()
    For i=1 To 5
        s(i)=0
        For j=1 To 10
            s(i)=s(i)+a(i,j)          '累加
```

```
            Next j
        s(i)=CInt(s(i)/10)          '求平均值(取整)
        Text1(i-1)=s(i)
    Next i
End Sub

Private Sub Command4_Click()        '显示图形
    For k=1 To 5
        Shape1(k-1).Height=s(k)*20
        m=Line2.Y1
        Shape1(k-1).Top=m-Shape1(k-1).Height
        Shape1(k-1).Visible=True
    Next k
End Sub
```

3. 运行调试

程序在窗体模块的通用声明处声明了两个数组，这使该窗体成了它们的作用域。窗体中有 4 个事件过程，运行后，先单击 Command1 命令按钮，使用随机数产生公式将 50 个两位随机整数写入文件"in.txt"；再单击 Command2 命令按钮，将刚才写入的 50 个数字，分 5 组，每组 10 个读出到二维数组 A 中保存；此时，单击 Command3 命令按钮，分别求出每组数据的平均值，显示到 5 个文本框中；最后，单击 Command4 命令按钮，根据对应文本框中的数值，调整形状控件的高度，并将其显示出来。程序运行结果如图 9－16 所示。

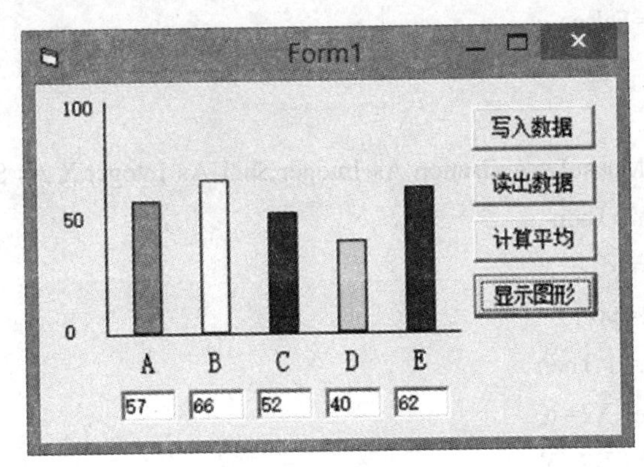

图 9－16　运行效果

4. 保存文件

将窗体文件保存为 sjt.frm，再将工程文件保存为 sjt.vbp。

下面再举一个例子。

例 9－7　转动的指针程序

窗体上有个钟表图案，其中代表指针的直线的名称是 Line1，还有一个名称为 Label1 的标签，和其他一些控件。在程序运行时，若用鼠标右键单击圆的边线，则指针恢复到起始位置(如 9－17 左图所示)；若用鼠标左键单击圆的边线，则指针指向鼠标单击的位置(如

9－17右图所示)；若鼠标左键或右键单击其他位置，则在标签上输出“请单击圆的边框”。

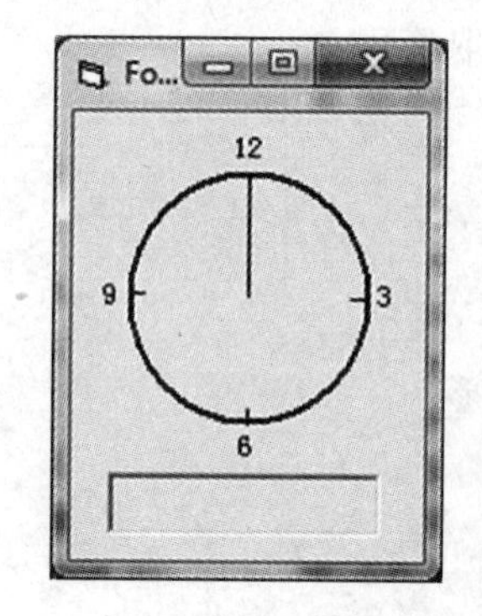

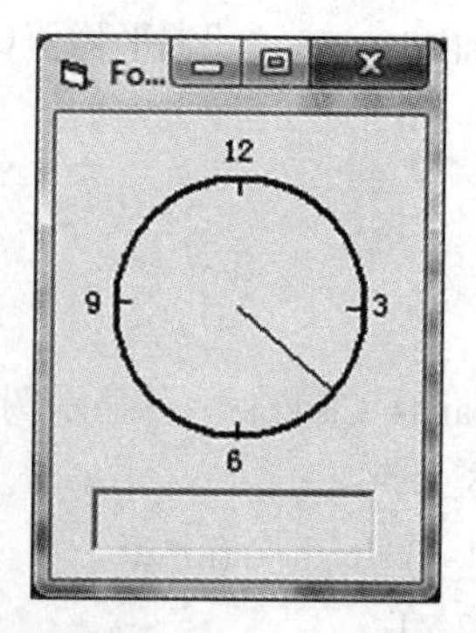

图 9－17　运动效果

程序中 oncircle 函数的作用是判断鼠标单击的位置是否在圆的边线上(判断结果略有误差)，是则返回 True，否则返回 False。符号常量 x0、y0 是圆心距窗体左上角的距离；符号常量 R 是圆的半径。

代码如下：

```
Const y0&=1110,x0&=1100,R&=750
Private Function oncircle(X As Single,Y As Single) As Boolean
    P=55000
    If Abs((X-x0)*(X-x0)+(y0-Y)*(y0-Y)-R*R) <P Then
        oncircle=True
    Else
        oncircle=False
    End If
End Function
Private Sub Form_MouseDown(Button As Integer,Shift As Integer,X As Single,Y As Single)
    If oncircle(X,Y) Then
        Line1.X1=x0
        Line1.Y1=y0
        If Button=1 Then
            Line1.X2=X
            Line1.Y2=Y
        Else
            Line1.X2=Line1.X1
            Line1.Y2=y0-R&
        End If
        Label1.Caption=""
    Else
        Label1="请单击圆的边框"
    End If
```

End Sub

本章习题

1. 有一个由直线 Line1、Line2 和 Line3 组成的三角形，直线 Line1、Line2 和 Line3 的坐标值如下表所示：

名称	X1	Y1	X2	Y2
Line1	600	1200	1600	300
Line2	600	1200	2600	1200
Line3	1600	300	2600	1200

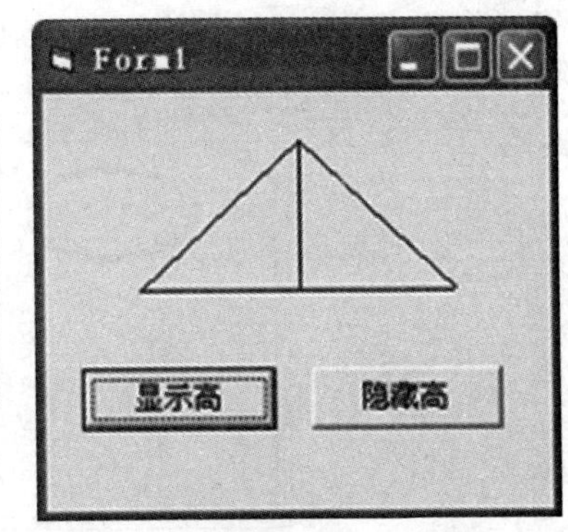

图 9－18

要求添加一条直线 Line4 以构成三角形的高，且该直线的初始状态为不可见。再添加两个命令按钮，名称分别为 Cmd1、Cmd2，标题分别为"显示高"、"隐藏高"，如上图所示。请编写适当的事件过程使得在程序运行时，单击"显示高"按钮，则显示三角形的高；单击"隐藏高"按钮，则隐藏三角形的高。

2. 在名称为 Form1 的窗体上添加 1 个名称为 Shape1 的形状控件，初始形状为圆角矩形，高、宽分别为 1000、2000。请利用属性窗口设置适当的属性以满足下列要求：

① 圆角矩形中填满绿色(颜色值为：&H0000FF00& 或 &HFF00&)；

② 边框为虚线(线型不限)。

再添加四个标题分别是"垂直线"、"水平线"、"圆形"和"红色边框"，名称分别为 Command1、Command2、Command3 和 Command4 的命令按钮。编写四个命令按钮的 Click 事件过程。程序运行后，如果单击"垂直线"命令按钮，则形状控件的内部用垂直线填充；如果单击"水平线"命令按钮，则形状控件的内部用水平线填充；单击"圆形"按钮将形状控件设为圆形。单击"红色边框"按钮，将形状控件的边框颜色设为红色(&HFF&)，如图所示。

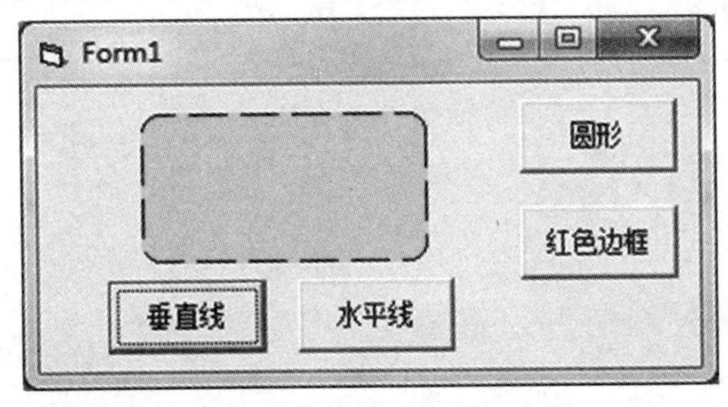

图 9－19

3. 在名称为 Form1、标题为"椭圆练习"的窗体上,画 1 个名称为 Shape1 的椭圆,其高为 800、宽为 1200,左边距为 600,边框是宽度为 5 的蓝色(&H00C00000&)实线,内部填充色为黄色(&H0000FFFF&)。再添加 4 个标题分别是"横向"、"纵向"、"左移"和"右移",名称分别为 Command1、Command2、Command3 和 Command4 的命令按钮。

要求:编写四个命令按钮的 Click 事件过程。使得每单击"横向"按钮一次,椭圆的宽度增加 100;每单击"纵向"按钮一次,椭圆的高度增加 100;每单击"左移"按钮一次,椭圆向左移动 100;每单击"右移"按钮一次,椭圆向右移动 100。设计界面如下图所示。

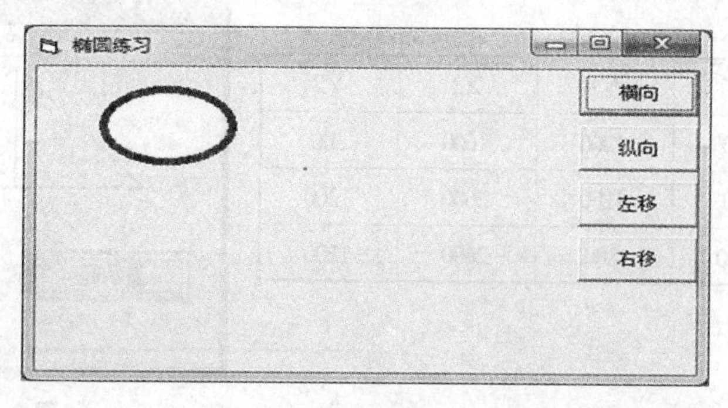

图 9－20

【微信扫码】
在线练习&参考答案

参考文献

[1] 张淑平,霍秋艳.程序员教程:第四版[M]. 北京:清华大学出版社,2014.

[2] 牛又奇,孙建国. Visual Basic 程序设计教程(2013 年版)[M].苏州:苏州大学出版社,2013.

[3] 罗朝盛. Visual Basic 6.0 程序设计教程:第四版[M]. 北京:人民邮电出版社,2013.

[4] 刘炳文.Visual Basic 程序设计教程:第四版[M].北京:清华大学出版社,2016.

[5] 许庆芳,翁婉真. Visual Basic 6 程序设计与应用教程 [M]. 北京:清华大学出版社,2007.

[6] 谭浩强等. Visual Basic 程序设计:第二版[M]. 北京:清华大学出版社,2004.

[7] 教育部考试中心.全国计算机等级考试二级教程——Visual Basic 语言程序设计(2016 年版)[M] .北京:高等教育出版社,2016.

[8] 王栋. Visual Basic 程序设计实用教程 [M].北京:清华大学出版社,2013.

[9] (美) Harvey M. Deitel,Paul J. Deitel,Tem R. Nieto. Visual Basic 6 大学教程[M].北京:电子工业出版社,2003.

[10] 刘卫国. Visual basic 程序设计教程:第二版[M]. 北京:北京邮电大学出版社,2009.

[11] 安剑,巩建华. Visual Basic 编程之道[M].北京:人民邮电出版社,2011.

[12] 周霭如,官士鸿. Visual Basic 程序设计教程 [M].北京:清华大学出版社,2000.